普通高等院校土建类专业系列教材

建筑结构抗震设计

主 编 李志军 王海荣

参 编 周雪峰 王 斌 王亚楠

北京理工大学出版社
BEIJING INSTITUTE OF TECHNOLOGY PRESS

内 容 简 介

本书根据高等学校土木工程专业教学大纲的要求，结合《建筑抗震设计规范（2016版）》（GB 50011—2010）进行编写，主要介绍建筑结构抗震的基本理论和设计方法。全书共分8章，分别为绪论，建筑场地、地基与基础，结构地震作用计算和抗震验算，多层和高层钢筋混凝土房屋抗震设计，多层砌体结构房屋抗震设计，多层和高层钢结构房屋抗震设计，单层钢筋混凝土柱厂房抗震设计，隔震和消能减震。

本书可供普通高等院校土木工程专业学生及教师使用，也可供从事建筑结构抗震设计及相关行业的工程技术人员参考。

版权专有　侵权必究

图书在版编目（CIP）数据

建筑结构抗震设计/李志军，王海荣主编 . —北京：北京理工大学出版社，2018.8（2024.8重印）

ISBN 978－7－5682－6215－6

Ⅰ. ①建… Ⅱ. ①李… ②王… Ⅲ. ①建筑结构－防震设计－高等学校－教材 Ⅳ. ①TU352.104

中国版本图书馆 CIP 数据核字（2018）第193454号

责任编辑：江　立	**文案编辑**：赵　轩
责任校对：周瑞红	**责任印制**：李志强

出版发行 / 北京理工大学出版社有限责任公司
社　　址 / 北京市丰台区四合庄路6号
邮　　编 / 100070
电　　话 / （010）68914026（教材售后服务热线）
　　　　　　（010）68944437（课件资源服务热线）
网　　址 / http://www.bitpress.com.cn
版 印 次 / 2024年8月第1版第4次印刷
印　　刷 / 河北世纪兴旺印刷有限公司
开　　本 / 787 mm×1092 mm　1/16
印　　张 / 17
字　　数 / 456千字
定　　价 / 53.00元

图书出现印装质量问题，请拨打售后服务热线，负责调换

前　言

建筑结构抗震设计是高等学校土木工程专业的主要专业课。为了适应普通高等学校土木工程专业建筑结构抗震设计课程教学的需要，并反映近年来我国在结构抗震方面的研究成果，在西安工业大学教务处统一规划，西安工业大学建筑工程学院精心组织下，我们编写了本书。

本书按照高等学校土木工程专业教学大纲的要求编写，吸收了国内外工程结构抗震领域的最新研究和教改成果，以满足新形势下土木工程专业创新应用型人才培养的要求为出发点，突出了新体系、新内容和新规范三大特点；紧紧围绕我国最新颁布执行的《建筑抗震设计规范（2016年版）》（GB 50011—2010），侧重对规范内容的理解和应用，充分考虑了与其他课程内容的统一，以基本概念、基本原理和实用方法为重点，以少而精为编写原则叙述结构抗震的基本知识。本书内容新颖，并附有大量工程设计实例和习题等，能够激发学生的学习兴趣，有利于提高学生分析问题和解决问题的能力、培养学生的创新精神。

全书共分8章，分别为绪论，建筑场地、地基与基础，结构地震作用计算和抗震验算，多层和高层钢筋混凝土房屋抗震设计，多层砌体结构房屋抗震设计，多层和高层钢结构房屋抗震设计，单层钢筋混凝土柱厂房抗震设计，隔震和消能减震。

本书由李志军教授、王海荣副教授担任主编，并统一修改定稿。具体编写分工为：李志军（第5、6章）、王海荣（第4章）、周雪峰（第1章）、王斌（第2、7章）、王亚楠（第3、8章）。

由于编者能力有限，书中难免有不妥之处，敬请读者批评指正。

编　者

目 录

第 1 章　绪论 …………………………………………………………………………… (1)

1.1　地震基本知识 …………………………………………………………………… (1)

1.1.1　地球的构造 ………………………………………………………………… (1)

1.1.2　地震的类型与成因 ………………………………………………………… (2)

1.1.3　地震波及震级 ……………………………………………………………… (3)

1.1.4　地震烈度、基本烈度及抗震设防烈度 …………………………………… (5)

1.2　地震震害 ………………………………………………………………………… (6)

1.2.1　世界地震活动 ……………………………………………………………… (6)

1.2.2　我国地震活动 ……………………………………………………………… (6)

1.2.3　近期世界地震活动 ………………………………………………………… (7)

1.2.4　地震所造成的破坏 ………………………………………………………… (7)

1.3　工程结构的抗震设防 …………………………………………………………… (9)

1.3.1　建筑抗震设防分类和设防标准 …………………………………………… (9)

1.3.2　抗震设防的目标 …………………………………………………………… (10)

1.3.3　建筑结构抗震设计方法 …………………………………………………… (11)

1.4　建筑抗震概念设计 ……………………………………………………………… (11)

1.4.1　建筑场地、地基和基础设计 ……………………………………………… (11)

1.4.2　建筑结构体型设计 ………………………………………………………… (12)

1.4.3　抗震结构体系 ……………………………………………………………… (15)

1.4.4　建筑结构分析 ……………………………………………………………… (16)

1.4.5　非结构构件 ………………………………………………………………… (16)

1.4.6　结构材料与施工质量 ……………………………………………………… (16)

1.5　建筑抗震性能设计 ……………………………………………………………… (16)

1.5.1　建筑结构的预期性能与参考指标 ………………………………………… (16)

1.5.2　抗震性能设计的内容和要求 ……………………………………………… (18)

  1.5.3 抗震性能设计的抗震计算要求 ……………………………………… (18)

第 2 章 建筑场地、地基与基础 …………………………………………… (19)

 2.1 建筑场地 ………………………………………………………………… (19)
  2.1.1 场地土类型 ……………………………………………………… (19)
  2.1.2 场地土层和场地类别 …………………………………………… (20)
  2.1.3 发震断裂的影响 ………………………………………………… (21)
  2.1.4 场地土的卓越周期 ……………………………………………… (22)
 2.2 地基与基础的抗震验算 ………………………………………………… (22)
  2.2.1 抗震验算的一般原则 …………………………………………… (22)
  2.2.2 天然地基基础抗震验算 ………………………………………… (23)
 2.3 地基土的液化 …………………………………………………………… (24)
  2.3.1 地基土液化概述 ………………………………………………… (24)
  2.3.2 液化的判别 ……………………………………………………… (24)
  2.3.3 液化地基的评价 ………………………………………………… (26)
  2.3.4 地基抗液化措施 ………………………………………………… (28)

第 3 章 结构地震作用计算和抗震验算 ………………………………………… (30)

 3.1 概述 ……………………………………………………………………… (30)
  3.1.1 地震作用 ………………………………………………………… (30)
  3.1.2 结构地震反应 …………………………………………………… (30)
  3.1.3 结构计算简图和结构自由度 …………………………………… (30)
 3.2 单自由度弹性体系的地震反应分析 …………………………………… (31)
  3.2.1 计算简图 ………………………………………………………… (31)
  3.2.2 运动方程 ………………………………………………………… (31)
  3.2.3 运动方程的解 …………………………………………………… (32)
 3.3 单自由度弹性体系的水平地震作用及其反应谱 ……………………… (34)
  3.3.1 单自由度体系水平地震作用 …………………………………… (34)
  3.3.2 地震反应谱 ……………………………………………………… (34)
  3.3.3 设计反应谱 ……………………………………………………… (35)
  3.3.4 重力荷载代表值 ………………………………………………… (38)
 3.4 多自由度弹性体系的地震反应分析 …………………………………… (39)
  3.4.1 计算简图 ………………………………………………………… (39)
  3.4.2 运动方程 ………………………………………………………… (40)
  3.4.3 自由振动特性 …………………………………………………… (42)
  3.4.4 振型分解法 ……………………………………………………… (43)
 3.5 多自由度弹性体系的水平地震作用 …………………………………… (47)
  3.5.1 振型分解反应谱法 ……………………………………………… (47)

3.5.2　底部剪力法 ·· (50)
3.6　结构基本周期的近似计算 ·· (53)
　　3.6.1　能量法 ·· (53)
　　3.6.2　顶点位移法 ·· (54)
　　3.6.3　基本周期的修正 ·· (54)
3.7　平动扭转耦联振动时结构的地震作用及其效应计算 ···································· (54)
　　3.7.1　刚心与质心 ·· (55)
　　3.7.2　考虑平动扭转耦联时地震作用的计算 ·· (56)
　　3.7.3　考虑平动扭转耦联时地震作用效应的计算 ···································· (56)
3.8　竖向地震作用的计算 ·· (57)
　　3.8.1　高层建筑及高耸结构竖向地震作用的计算 ···································· (57)
　　3.8.2　大跨度结构竖向地震作用的计算 ·· (58)
3.9　结构抗震验算 ·· (59)
　　3.9.1　结构抗震验算的一般原则 ·· (59)
　　3.9.2　截面抗震验算 ·· (60)
　　3.9.3　抗震变形验算 ·· (61)
3.10　结构非弹性地震反应分析 ·· (63)
　　3.10.1　弹塑性时程分析法 ·· (64)
　　3.10.2　静力弹塑性分析法 ·· (66)

第4章　多层和高层钢筋混凝土房屋抗震设计 ·· (70)

4.1　概述 ·· (70)
　　4.1.1　多层和高层钢筋混凝土房屋的结构体系 ······································ (70)
　　4.1.2　多层和高层钢筋混凝土房屋的震害及分析 ···································· (70)
4.2　多层和高层混凝土结构房屋抗震概念设计 ·· (74)
　　4.2.1　最大适用高度和高宽比 ·· (74)
　　4.2.2　抗震等级的划分 ·· (76)
　　4.2.3　结构布置 ·· (77)
　　4.2.4　结构材料 ·· (78)
4.3　钢筋混凝土框架结构房屋的抗震计算 ·· (79)
　　4.3.1　水平地震作用计算及位移验算 ·· (79)
　　4.3.2　水平地震作用下的框架内力计算 ·· (80)
　　4.3.3　竖向荷载作用下的框架内力计算 ·· (82)
　　4.3.4　内力组合 ·· (82)
　　4.3.5　构件截面设计 ·· (83)
　　4.3.6　框架结构薄弱层弹塑性变形验算 ·· (89)
4.4　钢筋混凝土框架结构房屋的抗震构造措施 ·· (89)
　　4.4.1　框架梁的构造措施 ·· (89)

  4.4.2 框架柱的构造措施 ………………………………………………………………… (90)
  4.4.3 框架节点的构造措施 ……………………………………………………………… (93)
  4.4.4 砌体填充墙的构造措施 …………………………………………………………… (93)
 4.5 抗震墙结构的抗震设计要点 ………………………………………………………………… (94)
  4.5.1 抗震墙的分类 ……………………………………………………………………… (94)
  4.5.2 抗震墙结构的抗震概念设计 ……………………………………………………… (96)
  4.5.3 抗震墙结构的抗震计算方法 ……………………………………………………… (96)
  4.5.4 抗震墙结构的抗震构造措施 ……………………………………………………… (98)
 4.6 钢筋混凝土框架结构抗震设计实例 ……………………………………………………… (100)
  4.6.1 计算简图及对重力荷载代表值的计算 ………………………………………… (101)
  4.6.2 框架抗侧移刚度的计算 ………………………………………………………… (102)
  4.6.3 自振周期计算 …………………………………………………………………… (103)
  4.6.4 水平地震作用计算及弹性位移验算 …………………………………………… (104)
  4.6.5 水平地震作用下框架的内力分析 ……………………………………………… (105)
  4.6.6 框架重力荷载作用效应计算 …………………………………………………… (107)
  4.6.7 内力组合与内力调整 …………………………………………………………… (107)
  4.6.8 截面设计 ………………………………………………………………………… (109)
  4.6.9 罕遇地震作用下变形验算 ……………………………………………………… (112)

第5章 多层砌体结构房屋抗震设计 ……………………………………………… (114)

 5.1 概述 …………………………………………………………………………………………… (114)
 5.2 结构方案与结构布置 ……………………………………………………………………… (115)
  5.2.1 设计基本要求及防震缝设置 …………………………………………………… (115)
  5.2.2 房屋总高度和层数限制 ………………………………………………………… (115)
  5.2.3 房屋最大高宽比 ………………………………………………………………… (116)
  5.2.4 房屋抗震横墙的间距 …………………………………………………………… (116)
  5.2.5 房屋局部尺寸限值 ……………………………………………………………… (116)
 5.3 多层砌体房屋的抗震计算 ………………………………………………………………… (117)
  5.3.1 计算简图 ………………………………………………………………………… (117)
  5.3.2 水平地震作用及地震剪力计算 ………………………………………………… (118)
  5.3.3 楼层地震剪力在墙体中的分配 ………………………………………………… (118)
  5.3.4 墙体抗震承载力验算 …………………………………………………………… (123)
 5.4 多层砌体结构房屋的抗震构造措施 ……………………………………………………… (125)
  5.4.1 多层砖房的抗震构造措施 ……………………………………………………… (125)
  5.4.2 多层砌块结构房屋的抗震构造措施 …………………………………………… (129)
  5.4.3 多层砌块结构房屋抗震设计实例 ……………………………………………… (130)
 5.5 配筋混凝土小型空心砌块抗震墙房屋的抗震设计要点 ……………………………… (135)
  5.5.1 结构方案与结构布置 …………………………………………………………… (135)

  5.5.2 配筋混凝土小型空心砌块抗震墙抗震计算 …………………………………… (136)
  5.5.3 配筋混凝土小型空心砌块抗震墙房屋抗震构造措施 ………………………… (138)

第6章 多层和高层钢结构房屋抗震设计 ……………………………………………… (142)

 6.1 概述 ……………………………………………………………………………………… (142)
  6.1.1 多层和高层钢结构房屋的结构体系 …………………………………………… (142)
  6.1.2 多层和高层钢结构房屋的震害及分析 ………………………………………… (144)
 6.2 多层和高层钢结构房屋抗震概念设计 ………………………………………………… (144)
  6.2.1 结构平面、立面布置 …………………………………………………………… (144)
  6.2.2 最大高度和最大高宽比 ………………………………………………………… (144)
  6.2.3 钢结构房屋的抗震等级 ………………………………………………………… (145)
  6.2.4 结构布置的其他要求 …………………………………………………………… (145)
 6.3 多层和高层钢结构房屋的抗震计算要点 ……………………………………………… (146)
  6.3.1 地震作用计算 …………………………………………………………………… (146)
  6.3.2 地震作用下内力与位移计算 …………………………………………………… (147)
  6.3.3 钢构件的抗震设计和构造措施 ………………………………………………… (147)
  6.3.4 钢结构节点连接的抗震设计和构造措施 ……………………………………… (153)

第7章 单层钢筋混凝土柱厂房抗震设计 ……………………………………………… (160)

 7.1 厂房的震害特征及其原因 ……………………………………………………………… (160)
  7.1.1 横向地震作用下厂房主体结构的震害 ………………………………………… (160)
  7.1.2 纵向地震作用下厂房主体结构的震害 ………………………………………… (161)
 7.2 单层厂房抗震概念设计 ………………………………………………………………… (163)
  7.2.1 厂房的结构布置 ………………………………………………………………… (163)
  7.2.2 厂房天窗架的设置 ……………………………………………………………… (163)
  7.2.3 厂房屋架的设置 ………………………………………………………………… (163)
  7.2.4 厂房柱的设置 …………………………………………………………………… (164)
  7.2.5 围护墙的布置 …………………………………………………………………… (164)
 7.3 单层钢筋混凝土柱厂房的横向抗震计算 ……………………………………………… (164)
  7.3.1 横向抗震计算方法 ……………………………………………………………… (164)
  7.3.2 计算简图和质量集中 …………………………………………………………… (165)
  7.3.3 自振周期的计算 ………………………………………………………………… (167)
  7.3.4 排架地震作用的计算 …………………………………………………………… (168)
  7.3.5 排架地震作用效应的计算及调整 ……………………………………………… (169)
  7.3.6 排架内力组合和构件强度验算 ………………………………………………… (172)
  7.3.7 突出屋面的天窗架的横向抗震计算 …………………………………………… (173)
  7.3.8 支撑低跨屋盖牛腿的水平受拉钢筋抗震验算 ………………………………… (173)
  7.3.9 厂房其他部位的横向抗震验算 ………………………………………………… (174)

7.4 单层钢筋混凝土柱厂房的纵向抗震计算 ……………………………………… (174)
   7.4.1 计算方法的选择 ………………………………………………………… (174)
   7.4.2 空间分析法 ……………………………………………………………… (175)
   7.4.3 修正刚度法 ……………………………………………………………… (180)
   7.4.4 柱列法 …………………………………………………………………… (183)
   7.4.5 柱间支撑的抗震验算及设计 …………………………………………… (183)
   7.4.6 突出屋面天窗架的纵向抗震计算 ……………………………………… (185)
   7.4.7 厂房设计实例 …………………………………………………………… (185)
7.5 单层钢筋混凝土柱厂房的抗震构造措施 …………………………………… (192)
   7.5.1 屋盖构件的连接及支撑布置 …………………………………………… (192)
   7.5.2 构件截面及配筋 ………………………………………………………… (194)
   7.5.3 柱间支撑的设置及构造 ………………………………………………… (196)
   7.5.4 构件连接节点 …………………………………………………………… (197)
   7.5.5 围护墙体 ………………………………………………………………… (198)
   7.5.6 其他构造要求 …………………………………………………………… (198)

第8章 隔震和消能减震 …………………………………………………………… (200)

8.1 工程结构减震控制概述 ……………………………………………………… (200)
   8.1.1 工程结构减震控制与传统抗震技术的比较 …………………………… (200)
   8.1.2 工程结构减震控制的优越性 …………………………………………… (201)
   8.1.3 工程结构减震控制的发展阶段 ………………………………………… (201)
8.2 隔震结构 ……………………………………………………………………… (201)
   8.2.1 隔震技术的特点 ………………………………………………………… (201)
   8.2.2 隔震装置 ………………………………………………………………… (202)
   8.2.3 隔震设计 ………………………………………………………………… (203)
   8.2.4 隔震结构设计实例简介 ………………………………………………… (208)
8.3 消能减震结构 ………………………………………………………………… (218)
   8.3.1 消能建筑技术特点 ……………………………………………………… (218)
   8.3.2 消能减震装置 …………………………………………………………… (219)
   8.3.3 消能减震结构设计 ……………………………………………………… (221)

附录 ………………………………………………………………………………… (225)

附录A 中国地震烈度表（2008） ……………………………………………… (225)
附录B 我国主要城镇抗震设防烈度、设计基本地震加速度和设计地震分组 ……… (227)
附录C D值法计算表格 ………………………………………………………… (258)

参考文献 …………………………………………………………………………… (262)

第1章

绪 论

1.1 地震基本知识

地震是一种突发性的自然现象,经常给人类带来巨大的生命和财产损失。据统计,全世界每年大约发生500万次地震,其中5级以上的破坏性地震有1 000多次,7级以上的大地震平均每年大约发生18次。

据资料统计,在1900—1980年,全球因地震造成的死亡人数高达105万,平均每年死亡1.3万人。我国地处世界上两个最活跃的地震带中间,东部处于环太平洋地震带,西部和西南部处于欧亚地震带,是世界上多地震国家之一。因此,为了抗御和减轻地震灾害,进行建筑结构的抗震设计是非常必要的。

1.1.1 地球的构造

地球是一个平均半径约6 400 km的椭圆球体,由三个不同的层构成。最表面的一层是很薄的地壳,平均厚度为30~40 km,中间很厚的一层是地幔,厚度约为2 900 km,最里层是地核,其半径约为3 500 km(见图1-1)。

地壳由各种不均匀的岩石组成,除地面的沉积层外,陆地下面的地壳主要为:上部是花岗岩层,下部为玄武岩层;海洋下面的地壳一般只有玄武岩层。地壳各处厚薄不一,最厚处可达70 km,最薄处约为5 km。世界上绝大部分地震都发生在这一薄薄的地壳内。

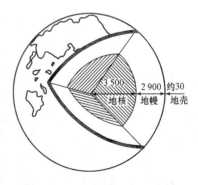

图1-1 地球的构造(单位:km)

地幔主要由质地坚硬的橄榄岩组成,这种物质具有黏弹性。由于地球内部放射性物质不断释放热量,地球内部的温度也随深度的增加而升高。从地下20 km到地下700 km,其温度由大约600 ℃上升到2 000 ℃。在这一范围内的地幔中存在着一个厚几百千米的软流层。由于温度分布不均匀,就发生了地幔内部物质的对流。另外,地球内部的压力也是不均衡的,在地幔上部约为900 MPa,地幔中间则达370 000 MPa。地幔内部物质就是在这样的热状态和不均衡压力作用下缓慢地运动着。这可能是地壳运动的根源。到目前为止，人们监测到的最深的地震发生在地下 720 km 左右处，可见地震仅发生在地球的地壳和地幔上部。

地核是地球的核心部分，可分为外核（厚约 2 100 km）和内核，其主要构成物质是镍和铁。据推测，外核可能处于液态，而内核可能是固态。

1.1.2 地震的类型与成因

1.1.2.1 地震按其成因分类

地震按其成因可分为火山地震、陷落地震和构造地震。

由于火山爆发而引起的地震叫火山地震；由于地表或地下岩层突然大规模陷落和崩塌而造成的地震叫陷落地震；由于地壳运动，推挤地壳岩层使其薄弱部位发生断裂错动而引起的地震叫构造地震。前两种地震的影响范围和破坏程度相对较小，而后一种地震的破坏作用大，影响范围也广，在研究工程地震时，通常将其作为重点。

构造地震成因的局部机制可以用地壳构造运动来说明。地球内部在不停地运动着，而在它的运动过程中，始终存在巨大的能量，组成地壳的岩层在巨大的能量作用下，也不停地连续变动，不断地发生褶皱、断裂和错动（见图1-2），这种地壳构造状态的变动，使岩层处于复杂的地应力作用之下。地壳运动使地壳某些部位的地应力不断加强，当弹性应力的积累超过岩石的强度极限时，岩层就会发生突然断裂和猛烈错动，从而引起振动。振动以波的形式传到地面，形成地震。由于岩层的破裂往往不是沿一个平面发展，而是形成由一系列裂缝组成的破碎地带，沿整个破碎地带的岩层不可能同时达到平衡，因此，在一次强烈地震（即主震）之后，岩层的变形还有不断的零星调整，从而形成一系列余震。

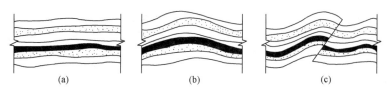

图 1-2 地壳构造变动与地震形成示意
(a) 岩层原始状态；(b) 受力后发生褶皱变形；(c) 岩层断裂，发生地震

构造地震成因的宏观背景可以借助板块构造学说来解释。板块构造学说认为，地球表层由六大板块和若干小板块组成，这六大板块即亚欧板块、美洲板块、非洲板块、太平洋板块、印度洋板块和南极洲板块（见图1-3）。由于地幔的对流，这些板块在地幔软流层上异常缓慢而又持久地相互运动着。由于它们的边界是相互制约的，因而板块之间处于拉张、挤压和剪切状态，从而产生了地应力。地球上的主要地震带就处于这些大板块的交界地带。

1.1.2.2 地震按震源的深度分类

地层构造运动中，在断层形成的地方大量释放能量，产生剧烈振动，此处就叫作震源，震源正上方的地面位置叫震中。

按震源的深浅，地震又可分为：①浅源地震。震源深度在 70 km 以内，一年中全世界所有地震释放能量的约 85% 来自浅源地震；②中源地震。震源深度为 70～300 km，一年中全世界所有地震释放能量的约 12% 来自中源地震；③深源地震。震源深度超过 300 km，一年中全世界所有地震释放能量的约 3% 来自深源地震。

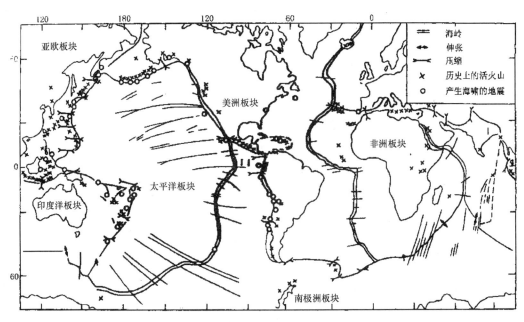

图 1-3 地球板块分布

1.1.3 地震波及震级

1.1.3.1 地震波

地震引起的振动以波的形式从震源向各个方向传播并释放能量,这就是地震波。它包含在地球内部传播的体波和沿地球表面传播的面波。

体波有纵波与横波两种形式。纵波在传播过程中,其介质质点的振动方向与波的前进方向一致,故又称为压缩波(P波)。纵波的特点是周期短、振幅小,传播速度最快,能引起地面上下颠簸。横波在传播过程中,其介质质点的振动方向与波的前进方向垂直,故又称为剪切波(S波)。横波的周期较长、振幅较大,传播速度次于纵波,能引起地面左右摇晃(见图1-4)。

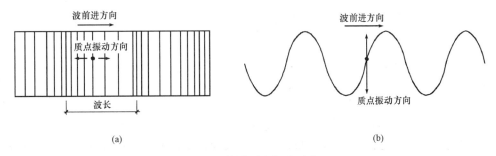

图 1-4 体波质点振动形式
(a)压缩波;(b)剪切波

体波在地球内部的传播速度随深度的增加而增大,如图1-5所示。

面波是体波经地层界面多次反射形成的次生波,有瑞利波(R波)和洛夫波(L波)两种。瑞利波传播时,质点在波的传播方向和地面法线组成的平面(xz平面)内做椭圆运动,而在与该平面垂直的水平方向（y方向）没有振动，质点在地面上呈滚动形式［见图1-6（a）］。洛夫波传播时，质点只在与传播方向垂直的水平方向（y方向）运动，在地面上呈蛇形运动形式［见图1-6（b）］。

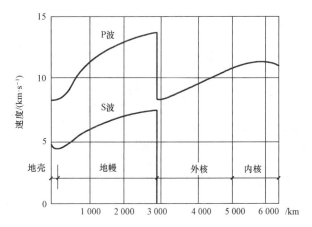

图1-5 体波在地球内传播速度的变化

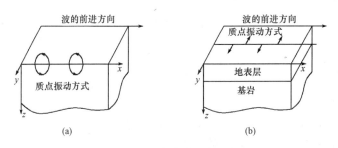

图1-6 面波质点振动形式

（a）瑞利波质点振动；（b）洛夫波质点振动

面波振幅大、周期长，只在地表附近传播，比体波衰减慢，故能传播到很远的地方。

地震时，纵波最先到达，继而是横波，面波到达最晚。一般情况是，当横波或面波到达时，其振幅大，地面振动最猛烈，造成的危害也最大。

1.1.3.2 震级

震级是表示一次地震本身强弱程度的尺度。目前，国际上比较通用的是里氏震级，其原始定义是在1935年由里克特（Richter）给出，即地震震级M为

$$M = \lg A \tag{1-1}$$

式中，A是标准地震仪在距震中100 km处记录的以微米（$1\mu m = 10^{-6}$ m）为单位的最大水平地动位移（单振幅）。例如，在距震中100 km处地震仪记录的振幅是1 mm，即1 000 μm，其对数为3，根据定义，这次地震就是3级。

震级与震源释放能量的大小有关，震级每差一级，地震释放的能量将差32倍。

一般认为，小于2级的地震，人感觉不到，只有仪器才能记录下来，称为微震；2～4级的地震，人就能感觉到了，称为有感地震；5级以上的地震能引起不同程度的破坏，称为破坏性地震；7级以上的地震，称为强烈地震或大地震；8级以上的地震，称为特大地震。

1.1.4 地震烈度、基本烈度及抗震设防烈度

1.1.4.1 地震烈度

地震烈度是指某一地区的地面和各类建筑物遭受到一次地震影响的强弱程度。对于一次地震，表示地震大小的震级只有一个，但它对不同地点的影响是不一样的。一般来说，随距离震中的远近不同，烈度有差异，距震中越远，地震影响越小，烈度就越低；反之，距震中越近，烈度就越高。此外，地震烈度还与地震震级大小、震源深度、地震传播介质、表土性质、建筑物动力特性、施工质量等许多因素有关。

为评定地震烈度，就需要建立一个标准，这个标准称为地震烈度表。它是以描述震害宏观现象为主的，即根据建筑物的损坏程度、地貌变化特征、地震时人的感觉、家具动作反应等方面进行区分。由于对烈度影响轻重的分段不同，以及在宏观现象和定量指标确定方面有差异，加之各国建筑情况及地表条件不同，各国所制定的烈度表也就不同。现在，除了日本采用从0度到7度分成8等的烈度表、少数国家（如欧洲一些国家）用10度划分的地震烈度表外，绝大多数国家包括我国都采用分成12度的地震烈度表。我国2008年公布的地震烈度表见附录A。

震中烈度与震级的大致对应关系如表1-1所示。

表1-1 震中烈度与震级的大致对应关系

震级 M	2	3	4	5	6	7	8	8以上
震中烈度	1~2	3	4~5	6~7	7~8	9~10	11	12

1.1.4.2 基本烈度

基本烈度是指一个地区在一定时期（我国取50年）内，在一般场地条件下，按一定的超越概率（我国取10%）可能遇到的最大地震烈度。

我国在1990年颁布了《中国地震烈度区划图》，给出了全国不同地区的基本烈度。随着研究的深入，我国在2001年颁布了《中国地震动参数区划图》（GB 18306—2001），给出了全国各地区的地震动峰值加速度和地震动反应谱特征周期，2015年颁布了《中国地震动参数区划图》（GB 18306—2015），对2001年的区划图进行了修订。

1.1.4.3 抗震设防烈度

抗震设防烈度是按国家规定的权限批准作为一个地区抗震设防依据的地震烈度。一般情况下，我国抗震设防烈度可采用《中国地震动参数区划图》（GB 18306—2015）中的基本烈度，对已编制抗震设防区划的城市，可按批准的抗震设防烈度或设计地震动参数进行抗震设防。我国主要城镇抗震设防烈度、设计基本地震加速度和设计地震分组见附录B。

抗震设防烈度和设计基本地震加速度取值的对应关系如表1-2所示。

表1-2 抗震设防烈度和设计基本地震加速度取值的对应关系

抗震设防烈度	6	7	8	9
设计基本地震加速度	0.05g	0.10（0.15）g	0.20（0.30）g	0.40g

注：g 为重力加速度

1.2 地震震害

1.2.1 世界地震活动

对世界各国强烈地震的记录统计分析表明，全球地震主要发生在以下两个地震带上（见图 1-7）。

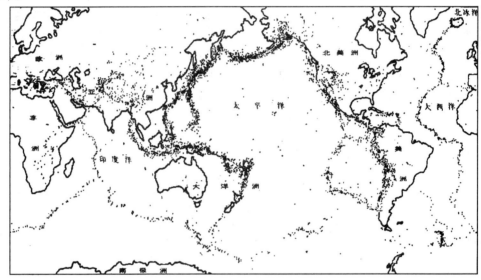

图 1-7 世界地震震中分布略图

（1）环太平洋地震带：全球约 80% 的浅源地震和 90% 的中深源地震，以及几乎所有的深源地震都集中在这一地带。它沿南北美洲西海岸、阿留申群岛，转向西南到日本列岛，再经我国台湾地区，到达菲律宾、巴布亚新几内亚和新西兰。

（2）欧亚地震带：除分布在环太平洋地震带的中深源地震以外，几乎所有其他中源地震和一些大的浅源地震都发生在这一活动带，这一活动带内的震中分布大致与山脉走向一致。它西起大西洋的亚速尔群岛，经意大利、土耳其、伊朗、印度北部、我国西部和西南地区，过缅甸至印度尼西亚与环太平洋地震带相衔接。

除上述两条主要地震带以外，在大西洋、太平洋和印度洋中也有一些狭窄的浅震活动带，沿着海洋底部隆起的山脉延伸。这些地震带与人类活动关系不大，地震发生的次数在所有地震中占的比例亦不高。

1.2.2 我国地震活动

我国东临环太平洋地震带，南接欧亚地震带，地震区分布很广。我国主要地震带有两条。

（1）南北地震带。北起贺兰山，向南经六盘山、穿越秦岭沿川西至云南省东北，纵贯南北。地震带宽度各处不一，大致在数十千米至百余千米，分界线由一系列规模很大的断裂带及断陷盆地组成，构造相当复杂。

（2）东西地震带。主要的东西地震带有两条，北面的一条沿陕西、山西、河北北部向东延伸,直至辽宁北部的千山一带;南面的一条自帕米尔高原起经昆仑山、秦岭,直到大别山区。

据此,我国大致可划分成六个地震活动区:①台湾地区及其附近海域;②喜马拉雅山脉活动区;③南北地震带;④天山地震活动区;⑤华北地震活动区;⑥东南沿海地震活动区。

综上所述,我国所处的地理环境,使得地震情况比较复杂。从历史地震状况来看,全国除个别省份(如浙江、江西)外,绝大部分地区都发生过较强的破坏性地震,有不少地区现在地震活动还相当强烈,如我国台湾地区大地震最多,新疆、西藏次之,西南、西北、华北和东南沿海地区也是破坏性地震较多的地区。

1.2.3 近期世界地震活动

近年来国内外发生的著名大地震如表1-3所示。

表1-3 近年来世界地震情况

时间	地点	震级	死亡人数/人
1976年	中国唐山	7.8	240 000
1985年	墨西哥城	8.1	12 000
1988年	亚美尼亚	7.1	25 000
1990年	伊朗德鲁巴尔	7.7	75 000
1990年	菲律宾吕宋岛	7.1	75 000
1995年	日本阪神	7.2	6 300
1999年	中国台湾集集	7.8	2 500
2003年	伊朗	6.3	30 000
2004年	印度尼西亚苏门答腊岛	9.0	174 000
2005年	巴基斯坦伊斯兰堡	7.8	86 000
2006年	印度尼西亚	6.4	5 782
2008年	中国四川汶川	8.0	69 227
2010年	海地	7.0	222 500
2011年	日本东海岸	9.0	14 704
2011年	新西兰克赖斯特彻奇	6.3	125
2013年	伊朗与巴基斯坦交界	7.8	41
2014年	中国云南鲁甸	6.5	617
2015年	尼泊尔	8.1	8 786

这些大地震不但造成了大量的人员伤亡,还使大量建筑遭到破坏,交通、生产中断,水、火、疾病等次生灾害发生,给人类带来了不可估量的损失。

1.2.4 地震所造成的破坏

1.2.4.1 地表破坏

地震造成的地表破坏有山石崩裂、滑坡、地裂缝、地陷及喷水冒砂等。

地震造成的山石崩裂的塌方量可达百万方,石块最大的能超过房屋体积,崩塌的石块可阻塞公路、中断交通,在陡坡附近还会发生滑坡。

地陷大多发生在岩溶洞和采空（采掘的地下坑道）地区。在喷水冒砂地段，也可能发生下陷。

地裂缝（见图1-8）的数量、长短、深浅等与地震的强烈程度、地表情况、受力特征等因素有关，按成因可分成以下两种：①不受地形地貌影响的构造裂缝，这种裂缝是地震断裂带在地表的反映，其走向与地下断裂带一致，规模较大，裂缝带长可达几千米到几十千米，带宽几米到几十米。②受地形、地貌、土质条件等限制的非构造裂缝，大多沿河岸边、陡坡边缘、沟坑四周和埋藏的古河道分布，往往和喷水冒砂现象伴生，裂缝中往往有水存在，大小形状不一，规模也较前一种小。地裂缝往往都是地表受到挤压、伸张、旋扭等力作用的结果。地裂缝穿过房屋会造成墙和基础的断裂或错动，严重时会造成房屋倒塌。

地下水位较高的地区，地震的强烈振动会使含水粉砂层液化，地下水夹着砂子经裂缝或其他通道喷出地面，形成喷水冒砂现象（见图1-9）。

图1-8 地裂缝

图1-9 地面喷水冒砂

1.2.4.2 工程结构的破坏现象

工程结构在地震时所遭遇的破坏是造成人民生命财产损失的主要原因。其破坏情况与结构类型及抗震措施有关。结构破坏情况主要有以下几种。

（1）承重结构承载力不足或变形过大而造成的破坏。地震时，地震作用附加于建筑物或构筑物上，使其内力及变形增加较多，而且往往改变其受力方式，导致建筑物或构筑物的承载力不足或变形过大而破坏。如墙体出现裂缝（见图1-10），钢筋混凝土柱剪断或混凝土被压酥裂，房屋倒塌（见图1-11），砖烟囱折断和错位（见图1-12），砖砌水塔筒身严重裂缝，桥面塌落等（见图1-13）。

图1-10 墙体斜裂缝

图1-11 房屋倒塌

图 1-12　烟囱折断、错位

图 1-13　桥面塌落

（2）结构丧失整体性而造成的破坏。结构构件的共同工作主要由各构件之间的连接及构件之间的支撑来保证。在地震作用下，由于节点强度不足、延性不够、锚固质量差等使结构丧失整体性而造成破坏。

（3）地基失效引起的破坏。在强烈地震作用下，有些建筑物上部结构本身无损坏，但由于地基承载能力的下降或地基土液化造成建筑物倾斜、倒塌而破坏（见图 1-14）。

1.2.4.3　次生灾害造成的破坏

图 1-14　厂房倒塌

地震的次生灾害有水灾、火灾、毒气污染、滑坡、泥石流、海啸等，由此引起的破坏也很严重。例如，1923 年日本东京大地震，震倒房屋 13 万幢，而震后引起的火灾烧毁房屋 45 万幢；1960 年智利沿海发生地震后 22 小时，海啸袭击了 17 000 km 以外的日本本州和北海道的太平洋沿岸地区，浪高近 4 m，冲毁了海港、码头和沿岸建筑物；1970 年秘鲁大地震，瓦斯卡兰山北峰泥石流从 3 750 m 高度泻下，流速达 320 km/h，摧毁、淹没了村镇、建筑，使地形改观，死亡达 25 000 人。

1.3　工程结构的抗震设防

1.3.1　建筑抗震设防分类和设防标准

1.3.1.1　抗震设防分类

根据建筑使用功能的重要性，按建筑受地震破坏时产生的后果，建筑抗震设防可分为以下四个类别。

（1）特殊设防类：指使用上有特殊设施，涉及国家公共安全的重大建筑工程和遭遇地震破坏时可能发生严重次生灾害等特别重大灾害后果（如产生放射性物质的污染、大爆炸等），需要进行特殊设防的建筑，简称甲类。

（2）重点设防类：指地震时使用功能不能中断或需尽快恢复的生命线相关建筑，以及地震时可能导致大量人员伤亡等重大灾害后果，需要提高设防标准的建筑，简称乙类。

（3）标准设防类：指除甲、乙、丁类以外的一般工业与民用建筑，简称丙类。

（4）适度设防类：指使用上人员稀少且震损不致产生次生灾害，允许在一定条件下适度降低要求的建筑，简称丁类。

1.3.1.2 抗震设防标准

《建筑抗震设计规范（2016年版）》（GB 50011—2010）（以下简称《抗震规范》）规定：对各抗震设防类别建筑的设防标准，应符合以下要求。

（1）特殊设防类，当抗震设防烈度为6~8度时，地震作用和抗震措施应按本地区抗震设防烈度提高1度的标准确定；当设防烈度为9度时，应符合比9度抗震设防更高的要求。

（2）重点设防类，当抗震设防烈度为6~8度时，地震作用应按本地区抗震设防烈度进行抗震计算，抗震措施应符合本地区抗震设防烈度提高1度的要求；当抗震设防烈度为9度时，应符合比9度抗震设防更高的要求；地基基础的抗震措施应符合有关规定。

对于划为重点设防而规模很小的工业建筑，当其结构改用抗震性能较好的材料且符合抗震设计规范对结构体系的要求时，允许按标准设防类设防。

（3）标准设防类，应按本地区抗震设防烈度的要求确定其地震作用计算和抗震措施。

（4）适度设防类，地震作用计算应符合本地区抗震设防烈度的要求，抗震措施允许较本地区抗震设防烈度的要求适当降低，但抗震设防烈度为6度时不应降低。

1.3.2 抗震设防的目标

抗震设防的基本目的是在一定的经济条件下，最大限度地减轻地震对建筑物的破坏，保障人民生命财产安全。为了实现这一目的，近年来，许多国家的抗震设计规范都趋向将"小震不坏，中震可修，大震不倒"作为建筑抗震设计的基本目标。

我国对小震、中震和大震规定了具体的概率水准。根据对大量地震发生概率的数据统计分析，我国地震烈度的概率分布符合极限Ⅲ型分布。图1-15所示为三种烈度关系，当设计基准期为50年时，则50年内多遇烈度的超越概率为63.2%，这就是第一水准烈度，对应的地震为多遇地震；50年超越概率约10%的地震烈度大体相当于现行地震区划图规定的基本烈度，将它定义为第二水准烈度，对应的地震为中震；50年超越概率为2%~3%的地震烈度可称为罕遇烈度，作为第三水准烈度，对应的地震称为罕遇地震。由烈度概率分布分析可知，基本烈度比多遇烈度高约1.55度，而罕遇烈度比基本烈度高约1度。例如，当基本烈度为8度时，其多遇烈度约为6.45度，罕遇烈度约为9度。

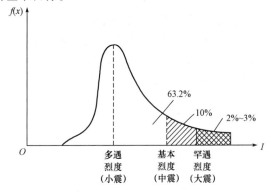

图1-15 三种烈度关系示意

《抗震规范》中提出了三水准的抗震设防目标。

第一水准：当遭受低于本地区抗震设防烈度的多遇地震影响时，建筑物一般不受损坏或不需修理可继续使用（小震不坏）。

第二水准：当遭受相当于本地区抗震设防烈度的地震影响时，建筑物（包括结构和非结构部分）可能损坏，但经一般修理或不需修理仍能继续使用（中震可修）。

第三水准：当遭受高于本地区抗震设防烈度预估的罕遇地震影响时，建筑物不致倒塌或发生危及生命的严重破坏（大震不倒）。

遵照现行规范设计的建筑，在遭遇第一水准烈度（多遇烈度，即小震）时，建筑物基本处于弹性阶段，一般不会损坏；在相应基本烈度的地震作用下，建筑物将进入非弹性工作状态，但非弹性变形或结构体系的损坏控制在可修复的范围；在遭遇第三水准烈度（预估的罕遇地震，即大震）时，建筑物有较大的非弹性变形，但应控制在规定的范围内，以免倒塌。

1.3.3 建筑结构抗震设计方法

为实现上述三水准的抗震设防目标，《抗震规范》提出了两阶段设计方法。

第一阶段设计：按第一水准多遇地震烈度（相当于小震）的地震动参数，计算结构在弹性状态下的地震作用效应和与其他荷载效应组合，进行验算结构构件截面承载能力和结构的弹性变形，从而满足第一水准和第二水准的要求，并通过概念设计和抗震构造措施来满足第三水准的设计要求。

对大多数结构，可只进行第一阶段设计。对少数结构，如有特殊要求的建筑和地震时易倒塌的结构以及有明显薄弱层的不规则结构，除进行第一阶段设计外，还要进行第二阶段设计。

第二阶段设计：按第三水准罕遇地震烈度（相当于大震），验算结构薄弱部位的弹塑性层间变形是否小于限值（不发生坍塌），如果变形过大，则应修改设计或采用相应的构造措施，以满足第三水准的设计要求（大震不倒）。

1.4 建筑抗震概念设计

由于地震的随机性，加之建筑物自身特性的不确定性，地震时造成破坏的程度很难准确预测，因此，在进行抗震设计时，必须综合考虑多种因素的影响。建筑抗震设计通常包括三个层面的内容和要求：抗震概念设计、抗震计算和验算、抗震构造措施。

抗震概念设计是根据地震灾害和工程经验等所形成的基本设计原则和设计思想，进行建筑和结构总体布置并确定细部构造的过程，是从总体上把握抗震设计的基本原则，从根本上消除建筑中的抗震薄弱环节；抗震计算和验算为抗震设计提供定量手段；抗震构造措施可以保证结构的整体性、加强局部薄弱环节以及保证抗震计算结果的有效性。抗震设计三个层次的内容是不可分割的整体，忽略任何一部分都可能导致抗震设计的失败。

抗震概念设计主要考虑以下因素：场地条件和场地土的稳定性；建筑平、立面布置及外形尺寸；抗震结构体系的选取、抗侧力构件布置及结构质量的分布；非结构构件与主体结构的关系及两者之间的锚拉；材料与施工等。

1.4.1 建筑场地、地基和基础设计

1.4.1.1 建筑场地

地震造成建筑的破坏，除地震直接引起结构破坏外，场地条件也是一个重要原因，如地震引

起的地表错动与地裂，地基土的不均匀沉降、滑坡和粉砂土液化等。因此，选择建筑场地时，应根据工程需要，掌握地震活动情况、工程地质和地震地质的有关资料，对抗震有利、不利和危险地段做出综合评价。应选择对建筑抗震有利地段；应避开对建筑抗震不利地段，当无法避开时，应采取有效的抗震措施；不应在危险地段建造甲、乙、丙类建筑。《抗震规范》对有利、一般、不利和危险地段的划分如表1-4所示。

表1-4 有利、一般、不利和危险地段的划分

类别	地质、地形、地貌
有利地段	稳定基岩、坚硬土，开阔、平坦、密实、均匀的中硬土等
一般地段	不属于有利、不利和危险的地段
不利地段	软弱土，条状突出的山嘴，液化土，高耸孤立的山丘，陡坡，陡坎，河岸和边坡边缘，场地土在平面分布上的成因、岩性、状态明显不均匀的土层（含故河道、疏松的断层破碎带、暗埋的塘浜沟谷和半填半挖地基），高含水量的可塑黄土，地表存在结构性裂缝等
危险地段	地震时可能发生滑坡、崩塌、地陷、地裂、泥石流等及发震断裂带上可能发生地表位错的部位

1.4.1.2 地基和基础设计

（1）同一结构单元不宜设置在性质截然不同的地基土上，也不宜部分采用天然地基，部分采用桩基。

（2）地基有软弱黏性土、可液化土、严重不均匀土层时，宜加强基础的整体性和刚性。

1.4.2 建筑结构体型设计

一幢房屋的结构性能基本上取决于它的建筑布局和结构布置。建筑布局简单合理，结构布置符合抗震原则，就能从根本上保证房屋具有良好的抗震性能；反之，建筑布局奇特、复杂，结构布置存在薄弱环节，即使进行精细的地震反应分析，在构造上采取补强措施，也不一定能达到减轻震害的预期目的。

1.4.2.1 建筑平面布置

建筑物的平面布置宜规则、对称，质量和刚度变化均匀，避免楼层错层。简单、对称的结构容易估计其地震时的反应，容易采取构造措施和进行细部处理。这里的"规则"包含了对建筑的平、立面外形尺寸，抗侧力构件布置、质量分布，直至强度分布等诸多因素的综合要求，这种"规则"对高层建筑尤为重要。

地震区的高层建筑，平面以方形、矩形、圆形为好；正六边形、正八边形、椭圆形、扇形也可以（见图1-16）。三角形平面虽也属简单形状，但是由于它沿主轴方向不都是对称的，地震时容易激起较强的扭转振动，因而不是理想的平面形状。此外，带有较长翼缘的L形、T形、十字形、U形、H形、Y形平面也不宜采用，因为这些平面的较长翼缘，地震时容易发生如图1-17所示的差异侧移而加重震害。

事实上，由于城市规划、建筑艺术和使用功能等多方面的要求，建筑不可能都设计成方形或者圆形。《高层建筑混凝土结构技术规程》（JGJ 3—2010）（以下简称《高层规程》）对地震区高层建筑的平面形状做了明确规定，如图1-18和表1-5所示；并提出对这些平面的凹角处，应采取加强措施。

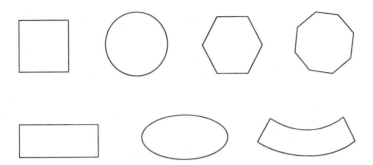

图 1-16 简单的建筑平面

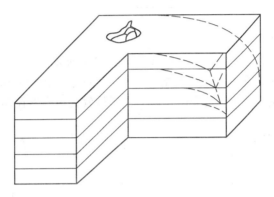

图 1-17 L 形建筑的差异侧移

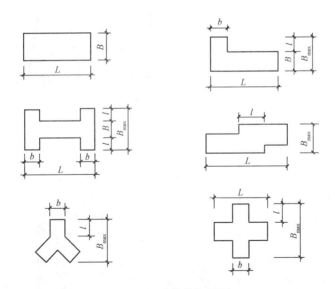

图 1-18 建筑结构平面

表 1-5 钢筋混凝土高层建筑平面形状的尺寸限值

设防烈度	L/B	l/B_{max}	l/b
6、7 度	≤6.0	≤0.35	≤2.0
8、9 度	≤5.0	≤0.30	≤1.5

《抗震规范》规定，当存在表1-6所列举的平面不规则类型时，应采用空间结构计算模型，并应符合相关规定。

表1-6 平面不规则的类型

不规则类型	定义
扭转不规则	在具有偶然偏心的规定水平力作用下，楼层两端抗侧力构件的最大弹性水平位移（或层间位移）大于该楼层两端弹性水平位移（或层间位移）平均值的1.2倍
凹凸不规则	结构平面凹进的一侧尺寸，大于相应投影方向总尺寸的30%
楼板局部不连续	楼板的尺寸和平面刚度急剧变化，例如，有效楼板宽度小于该层楼板典型宽度的50%，或开洞面积大于该楼面面积的30%，或有较大的楼层错层

1.4.2.2 建筑立面布置

地震区高层建筑的立面也要求采用矩形、梯形、三角形等均匀变化的几何形状（见图1-19），尽量避免采用图1-20所示的带有突然变化的阶梯形立面。这是因为立面形状的突然变化，必然带来质量和抗侧刚度的剧烈变化，地震时，该突变部位就会因剧烈振动或塑性变形集中而加重破坏。

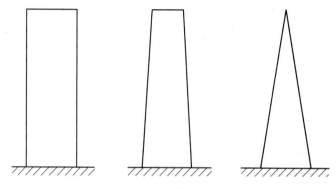

图1-19 良好的建筑立面

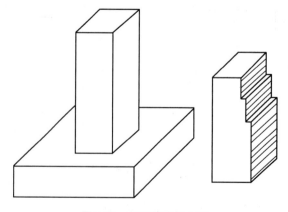

图1-20 不利的建筑立面

《高层规程》规定：建筑的竖向体型宜规则、均匀，避免有过大的外挑和内收。结构的侧向刚度宜下大上小，逐渐均匀变化，不应采用竖向布置严重不规则的结构。

当结构上部楼层收进部位到室外地面的高度 H_1 与房屋高度 H 之比大于 0.2 时，上部楼层收进后的水平尺寸 B_1 不宜小于下部楼层水平尺寸 B 的 75%［见图 1-21（a）、(b)］；当上部结构楼层相对于下部楼层外挑时，下部楼层的水平尺寸 B 不宜小于上部楼层水平尺寸 B_1 的 90%，且水平外挑尺寸 a 不宜大于 4 m［见图 1-21（c）、(d)］。

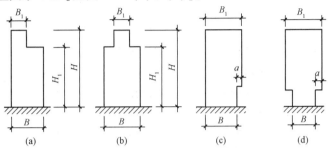

图 1-21 结构竖向收进和外挑
(a)、(b) 竖向收进；(c)、(d) 竖向外挑

《抗震规范》规定，当存在表 1-7 所列举的竖向不规则类型时，应采用空间结构计算模型，并应符合相关的规定。

表 1-7 竖向不规则的类型

不规则类型	定义
侧向刚度不规则	该层的侧向刚度小于相邻上一层的 70%，或小于其上相邻三个楼层侧向刚度平均值的 80%；除顶层或出屋面小建筑外，局部收进的水平向尺寸大于相邻下一层的 25%
竖向抗侧力构件不连续	竖向抗侧力构件（柱、抗震墙、抗震支撑）的内力由水平转换构件（梁、桁架等）向下传递
楼层承载力突变	抗侧力结构的层间受剪承载力小于相邻上一层的 80%

对体型复杂，平、立面特别不规则的建筑结构，要在适当部位设置防震缝，形成多个较规则的抗侧力结构单元。防震缝要留有足够的宽度，其两侧上部结构完全分开。当结构需要设置伸缩缝和沉降缝时，其宽度应符合防震缝的要求。

1.4.3 抗震结构体系

抗震结构体系一般要求如下：

(1) 应具有明确的计算简图和合理的地震作用传递途径。

(2) 宜有多道抗震设防，避免因部分结构或构件失效而导致整个体系丧失抗震能力或丧失对重力的承载能力。

(3) 应具备必要的抗震承载力、良好的变形能力和消耗地震能量的能力。

(4) 应综合考虑结构体系的实际刚度和强度分布，避免因局部削弱或突变而形成薄弱部位，避免产生过大的应力集中或塑性变形集中，结构在两个主轴方向的动力特性宜接近，对可能出现的薄弱部位，宜采取措施改善其变形能力。

抗震结构构件应力求避免脆性破坏。对砌体结构，宜采用钢筋混凝土圈梁和构造柱、芯柱、配筋砌体或钢筋混凝土和砌体组合柱。对钢筋混凝土构件，应通过合理的截面选择及合理的配筋避免剪切破坏先于弯曲屈服，避免混凝土的受压破坏先于钢筋的屈服，避免钢筋锚固破坏先于构件破坏。对钢结构，构件应防止压屈、失稳。

应加强结构各构件之间的连接，以保证结构的整体性。

抗震支撑系统应能保证地震时结构稳定。

1.4.4 建筑结构分析

除特殊规定外，建筑结构应进行多遇地震作用下的内力和变形分析，假定构件处于弹性工作状态，内力和变形分析可采用线性静力方法或线性动力方法。对不规则且有明显薄弱层部位，地震时可能导致严重破坏的建筑结构，应按要求进行罕遇地震作用下的弹塑性变形分析，可采用静力弹塑性分析或弹塑性时程分析方法，或采用简化方法。

利用计算机进行结构抗震分析时，应确定合理的计算模型；对复杂结构进行内力和变形分析时，应取不少于两个不同的力学模型，并对其计算结构进行分析和比较。

对所有计算机计算的结果，均需经分析确认其合理、有效后方可用于工程设计。

1.4.5 非结构构件

非结构构件包括建筑非结构构件和建筑附属机电设备。非结构构件自身及其与结构主体的连接，应进行抗震设计。

附着于楼、屋面结构上的非结构构件，以及楼梯间的非承重墙体，应与主体结构有可靠的连接或锚固，避免地震时倒塌伤人或砸坏主要设备；框架结构的围护墙和隔墙，应估计其设置对结构抗震的不利影响，避免不合理设置而导致主体结构的破坏；幕墙、装饰贴面与主体结构应有可靠连接，避免地震时脱落伤人。

安装在建筑上的附属机械、电气设备系统的支座和连接应符合地震时使用功能的要求，且不应导致相关部件的损坏。

1.4.6 结构材料与施工质量

结构抗震设计目标的实现，与结构的材料选用和施工质量密切相关，应予以重视。抗震结构对材料和施工质量的特别要求应在设计文件上注明，并应保证按其执行。对砌体结构所用材料、钢筋混凝土结构所用材料、钢结构所用钢材等的强度等级应符合最低要求。对钢筋接头及焊接质量应满足规范要求，对构造柱、芯柱及框架的施工，对砌体房屋纵墙及横墙的连接等应保证施工质量。

1.5 建筑抗震性能设计

1.5.1 建筑结构的预期性能与参考指标

建筑抗震性能设计是以现有的抗震科学水平和经济条件为前提，并根据实际需要和可能，有明确针对性地选定针对整个结构、结构局部部位或关键部位、结构的关键部件、重要构件、次要构件以及建筑构件和机电设备支座的震后预期性能目标进行抗震设计的一种方法。

结构构件可按下列规定选择实现抗震性能要求的抗震承载力、变形能力和构造的抗震等级；整个结构不同部位的构件、竖向构件和水平构件，可选用相同或不同的抗震性能要求。

(1) 当以提高抗震安全性为主时,结构构件对应于不同性能要求的承载力参考指标可参考表 1-8 的示例选用。

表 1-8 结构构件实现抗震性能要求的承载力参考指标示例

性能要求	多遇地震	设防地震	罕遇地震
性能 1	完好,按常规设计	完好,承载力按地震等级调整地震效应的设计值复核	基本完好,承载力按不计抗震等级调整地震效应的设计值复核
性能 2	完好,按常规设计	基本完好,承载力按不计抗震等级调整地震效应的设计值复核	轻、中等破坏,承载力按极限值复核
性能 3	完好,按常规设计	轻微损坏,承载力按标准值复核	中等破坏,承载力达到极限值后能维持稳定,降低少于 5%
性能 4	完好,按常规设计	轻、中等破坏,承载力按极限值复核	不严重破坏,承载力达到极限值后基本维持稳定,**降低少于 10%**

(2) 当需要按地震残余变形确定使用性能时,结构构件除满足提高抗震安全性的性能要求外,不同性能要求的层间位移参考指标可按表 1-9 的示例选用。

表 1-9 结构构件实现抗震性能要求的层间位移参考指标示例

性能要求	多遇地震	设防地震	罕遇地震
性能 1	完好,变形远小于弹性位移限值	完好,变形小于弹性位移值	基本完好,变形略大于弹性位移限值
性能 2	完好,变形远小于弹性位移限值	基本完好,变形略大于弹性位移限值	有轻微塑性变形,变形小于 2 倍弹性位移限值
性能 3	完好,变形明显小于弹性位移限值	轻微损坏,变形小于 2 倍弹性位移限值	有明显塑性变形,变形约 4 倍弹性位移限值
性能 4	完好,变形小于弹性位移限值	轻、中等破坏,变形小于 3 倍弹性位移限值	不严重破坏,变形不大于 90% 塑性变形限值
注:设防地震和罕遇地震下的变形计算,应考虑重力二阶效应,可扣除整体弯曲变形			

(3) 结构构件细部构造对应于不同性能要求的抗震等级,可按表 1-10 的示例选用;结构中同一部位的不同构件,可区分为竖向构件和水平构件,按各自最低的性能要求所对应的构造抗震等级选用。

表 1-10 结构构件对应于不同性能要求的构造抗震等级示例

性能要求	构造抗震等级
性能 1	基本抗震构造。可按常规设计的有关规定降低 2 度采用,但不得低于 6 度,且不发生脆性破坏
性能 2	低延性构造。可按常规设计的有关规定降低 1 度采用,当构件的承载力高于多遇地震提高 2 度的要求时,可按降低 2 度采用;均不得低于 6 度,且不发生脆性破坏
性能 3	中等延性构造。当构件的承载力高于多遇地震提高 1 度的要求时,可按常规设计的有关规定降低 1 度且不低于 6 度,否则仍按常规设计的规定采用
性能 4	高延性构造。仍按常规设计的有关规定采用

1.5.2　抗震性能设计的内容和要求

（1）选定地震动水准。对设计使用年限 50 年的结构，可选用多遇地震、设防地震和罕遇地震的地震作用。对设计和使用年限超过 50 年的结构，宜考虑实际需要和可能，经专门研究后对地震作用做适当调整。对处于发震断裂两侧 10 km 以内的结构，地震动参数应计入近场影响，5 km 以内宜乘以增大系数 1.5，5 km 以外宜乘以不小于 1.25 的增大系数。

（2）选定性能目标，即对应于不同地震动水准的预期损坏状态或使用功能，应不低于本章 1.3 节对基本设防目标的要求。

（3）选定性能设计指标。设计应选定分别提高结构或其关键部位的抗震承载力、变形能力或同时提高抗震承载力和变形能力的具体指标，尚应考虑不同水准地震作用取值的不确定性而留有余地。设计宜确定在不同地震动水准下结构不同部位的水平和竖向构件承载力的要求（含不发生脆性剪切破坏、形成塑性铰、达到屈服值或保持弹性等），以及相应的构件延性构造的高、中或低要求。当构件的承载力明显提高时，相应的延性构造可适当降低。

1.5.3　抗震性能设计的抗震计算要求

（1）分析模型应正确、合理地反映地震作用的传递途径和楼盖在不同地震动水准下是否整体或分块处于弹性工作状态。

（2）弹性分析可采用线性方法，弹塑性分析可根据性能目标所预期的结构弹塑性状态，分别采用增加阻尼的等效线性化方法以及静力或动力非线性分析方法。

（3）结构非线性分析模型相对于弹性分析模型可有所简化，但两者在多遇地震下的线性分析结果应基本一致；应计入重力二阶效应、合理确定弹塑性参数，应根据构件的实际截面、配筋等计算承载力，可通过与理想弹性假定计算结果的对比分析，着重发现构件可能破坏的部位及其弹塑性变形程度。

本章小结

本章主要介绍了地震特性及震害现象。地震可以按照成因、震源深度及震级大小进行分类。地震震级、地震烈度、基本烈度及设防烈度的概念之间既存在联系，又互有区别。《抗震规范》根据建筑物使用功能的不同，对建筑物抗震设防类别及设防标准进行了划分，并提出了建筑物按三水准设防及两阶段设计的基本要求。最后介绍了建筑抗震概念设计的重要性及概念内涵，提出了建筑抗震性能设计的原则。

思考题

1-1　地震是如何进行分类的？构造地震发生的原因是什么？
1-2　什么是地震波？地震波包含了哪几种波？
1-3　什么是地震震级？什么是地震烈度？什么是抗震设防烈度？
1-4　什么是多遇地震、罕遇地震？
1-5　抗震设防分类及设防标准是什么？
1-6　抗震设计一般包括哪几个层面的内容？它们之间的关系如何？

第 2 章

建筑场地、地基与基础

2.1 建筑场地

2.1.1 场地土类型

建筑场地是指工程群体所在地,具有相似的反应谱特征,其范围相当于厂区、居民小区和自然村,或不小于 1.0 km² 的平面面积。

场地土是指场地范围内的地基土。研究表明,软弱地基对建筑物有增长周期、改变振型和增大阻尼的作用。在软弱地基上,柔性结构最容易破坏,刚性结构则较好;在坚硬地基上,柔性结构表现较好,而刚性结构通常表现较差。综上所述,场地土对建筑物震害的影响,主要与场地土的坚硬程度(刚度)和土层的组成有关。

场地土的地震剪切波速是场地土的重要地震动参数,剪切波速的大小反映了场地土的坚硬程度即"土层刚度"。因此,《抗震规范》根据场地土层剪切波速 v_s 的大小及范围,将场地土划分为五种类型,如表 2-1 所示。

表 2-1 场地土的类型划分和剪切波速范围

场地土的类型	岩土名称和性状	土层剪切波速范围/(m·s⁻¹)
岩石	坚硬、较硬且完整的岩石	$v_s > 800$
坚硬土或软质岩石	破碎和较破碎的岩石或软和较软的岩石,密实的碎石土	$800 \geqslant v_s > 500$
中硬土	中密、稍密的碎石土,密实、中密的砾和粗、中砂,$f_{ak} > 150$ kPa 的黏性土和粉土,坚硬黄土	$500 \geqslant v_s > 250$
中软土	稍密的砾和粗、中砂,除松散外的细、粉砂,$f_{ak} \leqslant 150$ kPa 的黏性土和粉土,$f_{ak} > 130$ kPa 的填土,可塑新黄土	$250 \geqslant v_s > 150$
软弱土	淤泥和淤泥质土,松散的砂,新近沉积的黏性土和粉土,$f_{ak} \leqslant 130$ kPa 的填土,流塑黄土	$v_s \leqslant 150$
注:f_{ak} 为由荷载试验等方法得到的地基承载力特征值		

2.1.2 场地土层和场地类别

2.1.2.1 场地覆盖层厚度

场地覆盖层厚度，原意是指从地表面至地下基岩面的垂直距离。从理论上讲，当相邻的两土层中的下层剪切波速比上层剪切波速大很多时，下层可以看作基岩，下层顶面至地表的距离则看作覆盖层厚度。覆盖层厚度的大小直接影响场地的周期和加速度。《抗震规范》中按如下原则确定建筑场地覆盖层厚度：

（1）一般情况下，应按地面至剪切波速大于 500 m/s 且其下卧各层岩土的剪切波速均不小于 500 m/s 的土层顶面的距离确定。

（2）当地面 5 m 以下任意土层中存在剪切波速大于其上部各土层剪切波速 2.5 倍的土层，且该层及下卧各层岩土的剪切波速均不小于 400 m/s 时，可按地面至该土层顶面的距离确定。

（3）剪切波速大于 500 m/s 的孤石（如花岗岩）、透镜体，应视同周围土层。

（4）土层中的火山岩硬夹层（如玄武岩夹层），应视为刚体，其厚度应从覆盖土层中扣除。

2.1.2.2 土层的等效剪切波速

一般场地都是由各种类别的土层构成，这时应按反映各土层综合刚度的等效剪切波速 v_{se} 来确定土的类型。土层等效剪切波速 v_{se} 可根据剪切波通过计算深度范围 d_0 内多层土层的时间 t 求出，它反映各土层的平均刚度，可按下列公式计算：

$$v_{se} = d_0/t \tag{2-1}$$

$$t = \sum_{i=1}^{n} \frac{d_i}{v_{si}} \tag{2-2}$$

式中 v_{se}——土层等效剪切波速（m/s）；

d_0——计算深度（m），取覆盖层厚度和 20 m 两者中较小值；

t——剪切波在地面至计算深度之间的传播时间（s）；

d_i——计算深度范围内第 i 土层的厚度（m）；

v_{si}——计算深度范围内第 i 土层的实测剪切波速（m/s）；

n——计算深度范围内土层的分层数。

对不超过 10 层和高度不超过 30 m 的丙类建筑和丁类建筑，当无实测剪切波速时，可根据岩土名称和性状，按表 2-1 划分场地土的类型，再利用当地经验在表 2-1 中根据各土层 f_{ak} 估算各层土的剪切波速 v_s。

2.1.2.3 场地类别

场地条件对地震的影响已被大量地震观测记录所证实。由于地震效应与场地有关，为了方便工程设计，在地震作用计算过程中应定量地考虑场地条件对设计参数的影响以及采取适当的构造措施。《抗震规范》根据场地土层的等效剪切波速和覆盖层厚度将建筑场地划分为四类，其中 I 类又分为 I_0 和 I_1 两个亚类，如表 2-2 所示。当有可靠的剪切波速和覆盖层厚度且其值处于表 2-2 所列场地类别的分界线附近时（±15%），应允许按插值方法确定地震作用计算所用的特征周期。

第 2 章　建筑场地、地基与基础

表 2-2　各类建筑场地的覆盖层厚度　　　　　　　　　　　　　　　　　　　　m

岩石的剪切波速或土层等效剪切波速/（m·s^{-1}）	场地类别				
	I$_0$	I$_1$	II	III	IV
v_s > 800	0				
800 ≥ v_{se} > 500		0			
500 ≥ v_{se} > 250			<5	≥5	
250 ≥ v_{se} > 150			<3	3～50	>50
v_{se} ≤ 150			<3	3～15	>15～80	>80

注：表中 v_s 是岩石的剪切波速

【例 2-1】已知某建筑场地的地质钻探资料如表 2-3 所示，试确定该建筑场地的类别。

表 2-3　场地的地质钻探资料

土层底部深/m	土层厚度/m	岩土名称	剪切波速/（m·s^{-1}）
2.50	2.50	杂填土	200
4.00	1.50	粉土	280
4.90	0.90	中砂	310
6.10	1.20	砾砂	500

【解】
（1）确定覆盖层厚度：
因为地表下 4.90 m 以下土层的 v_{si} = 500 m/s，故场地覆盖层厚度 d_{0s} = 4.90 m
计算深度取覆盖层厚度与 20 m 两者较小值，d_0 = 4.90 m
（2）计算等效剪切波速：

$$v_{se} = \frac{d_0}{\sum_{i=1}^{n}\frac{d_i}{v_{si}}} = \frac{4.90}{\frac{2.50}{200} + \frac{1.50}{280} + \frac{0.9}{310}} = 236 \text{（m/s）}$$

场地覆盖层厚度 d_{0s} = 4.90 m，等效剪切波速 v_{se} = 236 m/s，查表得，250 m/s > v_{se} = 236 m/s > 150 m/s，3 m < d_{0s} = 4.90 m < 50 m
故属于 II 类场地。

2.1.3　发震断裂的影响

断裂带是地质上的薄弱环节，浅源地震多与断裂带的活动有关。发震断裂带附近地表在地震时可能产生新的错动，使建筑物遭受较大的破坏，属于地震危险地段。建设选址时应避开发震断裂带。发震断裂带上可能发生地表错位的地段主要在高烈度区、全新世以来经常活动的断裂面上。

当场地内存在发震断裂带时，应对断裂的工程影响进行评估，并应符合下列要求。
（1）对符合下列规定之一的情况，可忽略发震断裂错动对地面建筑的影响：
①抗震设防烈度小于 8 度。
②非全新世活动断裂面。
③抗震设防烈度为 8 度和 9 度时，隐伏断裂的土层覆盖厚度分别大于 60 m 和 90 m。

(2) 对不符合上述规定的情况,应避开主要断裂带。其避让距离不宜小于表2-4中对发震断裂最小避让距离的规定。在避让距离的范围内确有需要建造分散的、低于三层的丙、丁类建筑时,应按提高1度采取抗震措施,并提高基础和上部结构的整体性,且不得跨越断层线。

表2-4 发震断裂的最小避让距离   m

烈度	建筑抗震设防类别			
	甲	乙	丙	丁
8	专门研究	200	100	—
9	专门研究	400	200	—

2.1.4 场地土的卓越周期

从震源传来的地震波由许多频率不同的分量组成。地震波通过场地土传递到地表的过程中,与土层固有周期接近的频率群被放大,其他频率被衰减或过滤掉。而对建筑物有显著影响的是地震波中那些与上覆土层固有振动周期相接近的波群,称为场地土的卓越周期。

场地土的卓越周期或固有周期是场地的重要地震动参数之一,它的长短随场地土类型、地质构造、震级、震源深度、震中距大小等多种因素而变化。场地土的卓越周期可根据剪切波重复反射理论按下式计算:

$$T = \frac{4d_0}{v_{se}} \tag{2-3}$$

式中各符号含义同式(2-1)和式(2-2)。

场地土的卓越周期长,则场地土软;反之则场地土就硬。

震害表明,若建筑物的固有周期与场地土的卓越周期相等或相近,共振效应使地震作用明显增强,因此对于坚硬场地上自振周期短的刚性建筑物震害会加重;对建于软弱场地上的长周期结构而言,建筑物破坏程度可能逐步加重。因此,震害设计中应使两者的周期值避开,避免这一现象发生。

2.2 地基与基础的抗震验算

2.2.1 抗震验算的一般原则

我国多次强烈地震的震害经验表明,在遭受破坏的建筑中,因地基失效导致的破坏较上部结构惯性力的破坏为小,这些地基主要由饱和松砂、软弱黏性土和成因、岩性、状态严重不均匀的土层组成。大量的一般的天然地基具有较好的抗震性能。根据房屋震害统计分析,《抗震规范》规定,下列建筑可不进行天然地基及基础的抗震承载力验算:

(1) 砌体房屋。

(2) 地基主要受力层范围内不存在软弱黏性土层的下列建筑:①一般的单层厂房和单层空旷房屋;②不超过8层且高度在24 m以下的一般民用框架和框架—抗震墙房屋;③基础荷载与第②项相当的多层框架厂房。这里的软弱黏性土层指设防烈度为7度、8度和9度时,地基承载力特征值分别小于80 kPa、100 kPa和120 kPa的土层。

(3)《抗震规范》中规定可不进行上部结构抗震验算的建筑。

除上述规定之外的地基与基础都应进行抗震验算。

2.2.2 天然地基基础抗震验算

2.2.2.1 地基抗震承载力

地基抗震承载力的计算采用地基静承载力特征值乘以抗震承载力调整系数的方法，即地基抗震承载力按下式计算：

$$f_{aE} = \zeta_a f_a \tag{2-4}$$

式中 f_{aE}——调整后的地基抗震承载力；

ζ_a——地基土抗震承载力调整系数，按表2-5采用；

f_a——深宽修正后的地基承载力特征值，应按现行国家标准《建筑地基基础设计规范》（GB 50007—2011）采用。

表2-5 地基土抗震承载力调整系数

岩土名称和性状	ζ_a
岩石，密实的碎石土，密实的砾、粗、中砂，$f_{ak} \geq 300$ kPa 的黏性土和粉土	1.5
中密、稍密的碎石土，中密和稍密的砾、粗、中砂，密实和中密的细、粉砂，150 kPa $\leq f_{ak} <$ 300 kPa 的黏性土和粉土，坚硬黄土	1.3
稍密的细、粉砂，100 kPa $\leq f_{ak} <$ 150 kPa 的黏性土和粉土，可塑黄土	1.1
淤泥，淤泥质土，松散的砂，杂填土，新近堆积黄土及流塑黄土	1.0

表2-5中对地基土抗震承载力调整系数的规定，主要参考国内外资料和相关规范的规定，考虑了地基土在有限次循环动力作用下强度一般较静强度提高和在地震作用下结构可靠度容许有一定程度降低这两个因素。

2.2.2.2 天然地基抗震承载力验算

验算天然地基抗震承载力时，按地震作用效应标准值组合的基础底面平均压力和边缘最大压力应符合下列各式要求：

$$p \leq f_{aE} \tag{2-5}$$

$$p_{max} \leq 1.2 f_{aE} \tag{2-6}$$

式中 p——地震作用效应标准组合的基础底面平均压力；

p_{max}——地震作用效应标准组合的基础边缘的最大压力。

高宽比大于4的高层建筑，在地震作用下基础底面不宜出现脱离区（零应力区）；其他建筑，基础底面与地基土之间脱离区（零应力区）面积不应超过基础底面面积的15%。当基础底面为矩形时，基底压力分布如图2-1所示，其中 b、b' 分别为基础底面宽度和底面压力分布宽度，其应力区应满足 $b' \geq 0.85b$。

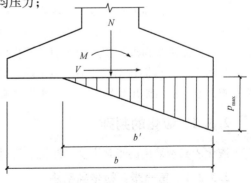

图2-1 基底压力分布

2.2.2.3 基础的抗震承载力验算

在建筑抗震设计中，房屋结构的基础一般埋入地面以下，受到的地震作用影响较小，因此可不进行抗震承载力验算。但基础的设计，可按上部结构传下来的有地震作用组合和无地震作用组合的最不利内力进行设计。

【例2-2】某8层建筑物高24 m，筏形基础底面尺寸为12 m×50 m，地基土为中密—密实细砂，深度修正后的地基承载力特征值 $f_a = 250$ kPa，验算天然地基抗震承载力，问在容许最大偏心距（短边方向）的情况下，按地震作用效应标准组合的建筑物总竖向作用力最大值为多少？

【解】

因为地基土为中密—密实细砂，地基抗震承载力调整系数 $\zeta_a = 1.3$

修正后的地基抗震承载力 $f_{aE} = \zeta_a f_a = 1.3 \times 250 = 325$（kPa）

建筑物高宽比 $h/b = 24/12 = 2$，所以基底零应力区面积不能超过基底面积的15%

则非零应力区面积（受力面积）$A = lb$（基底面积）－脱空面积（零应力区面积）$= 0.85 \times 12 \times 50 = 510$（$m^2$）

若有零应力区，说明受大偏压作用，所以

$$p_{max} = \frac{2(F_k + G_k)}{A} = \frac{2(F_k + G_k)}{510} \leq 1.2 f_{aE} = 1.2 \times 325 = 390 \text{（kPa）}，解得 F_k + G_k = 99\,450 \text{ kN}$$

$$p = \frac{F_k + G_k}{lb} = \frac{F_k + G_k}{12 \times 50} \leq f_{aE} = 325 \text{ kPa}，解得 F_k + G_k = 195\,000 \text{ kN}$$

取两者中较小值，则 $F_k + G_k = 99\,450$ kN

2.3 地基土的液化

2.3.1 地基土液化概述

饱和松散的砂土和粉土受到地震作用时将趋于密实，孔隙水压力在地震作用下急剧上升，而在地震作用的短暂时间内，这种急剧上升的孔隙水压力来不及消散，使原有土颗粒通过接触点传递的压力减小，当有效土压应力完全消失时，土颗粒处于悬浮状态，这时土体的抗剪强度等于零，形成了性质类似"液体"的现象，称为地基土的液化。

液化可引起地面喷水冒砂、地基不均匀沉降、地裂或土体滑移，从而造成建筑物开裂、倾斜或倒塌。1976年唐山地震时，严重液化地区喷水高度可达8 m，厂房沉降可达1 m。同年天津地震时，海河故道及新近沉积土地区有近3 000个喷水冒砂口成群出现，一般冒砂量0.1～1 m^3，最多可达5 m^3，地面运动停止后，喷水现象可持续30 min；喷水冒砂造成农田被淹，渠道淤塞，路基被淘空，沿河岸出现裂缝、滑移使桥梁破坏等。

2.3.2 液化的判别

液化的判别采用两步判别法，即初步判别法和标准贯入试验判别法。

2.3.2.1 第一步：初步判别法

《抗震规范》规定，对饱和状态的砂土或粉土（不含黄土），当抗震设防烈度为6度时，一一般情况下可不进行液化判别和处理；设防烈度为7度以上地区，应进行液化判别。当符合下列条件之一时，可初步判别为不液化或可以不考虑液化影响：

(1) 地质年代为第四纪晚更新世（Q_3）及其以前且设防烈度为7度、8度时。

(2) 粉土的黏粒（粒径小于0.005 mm的颗粒）含量百分率，当设防烈度为7度、8度和9度时分别不小于10%、13%和16%。

(3) 天然地基的建筑，当上覆非液化土层厚度和地下水位深度符合下列条件之一时：

$$d_u > d_0 + d_b - 2 \tag{2-7}$$

$$d_w > d_0 + d_b - 3 \tag{2-8}$$

$$d_u + d_w > 1.5 d_0 + 2 d_b - 4.5 \tag{2-9}$$

式中 d_u——上覆非液化土层厚度（m），通常取第一层液化土层顶面至地表的深度，当计算时遇淤泥和淤泥质土层，宜将其扣除；

d_w——地下水位深度（m），宜按设计基准期内年平均最高水位采用，也可按近期内年最高水位采用；

d_0——液化土特征深度（m），可按表2-6采用；

d_b——基础埋置深度（m），不超过2 m时应采用2 m。

表2-6 液化土特征深度　　　　　　　　　　　　m

饱和土类别	设防烈度		
	7度	8度	9度
粉土	6	7	8
砂土	7	8	9

2.3.2.2 第二步：标准贯入试验判别法

当上述所有条件均不能满足时，地基土存在液化可能。此时应进行第二步判别，即采用标准贯入试验判别法进一步判别土层是否液化。

标准贯入试验设备由贯入器、触探杆、穿心锤（标准质量为63.5 kg）等组成（见图2-2）。试验时，先用钻具钻至试验土层标高以上15 cm，再将标准贯入器打至试验土层标高位置，然后，在锤的落距为76 cm的条件下，将贯入器打入土层30 cm，记录所得锤击数$N_{63.5}$。

一般情况下，应判别地面下20 m深度范围内的液化。当饱和状态的砂土或粉土的实测标准贯入锤击数$N_{63.5}$小于按式（2-10）确定的锤击数临界值N_{cr}时，则应判别为液化土，否则为不液化土。对于可不进行天然地基和基础的抗震承载力验算的各类建筑，可只判别地面下15 m范围内土是否液化。

$$N_{cr} = N_0 \beta \left[\ln(0.6 d_s + 1.5) - 0.1 d_w \right] \sqrt{\frac{3}{\rho_c}} \tag{2-10}$$

式中 N_{cr}——液化判别标准贯入锤击数临界值；

N_0——液化判别标准贯入锤击数基准值，可按表2-7采用；

d_s——饱和土标准贯入点深度（m）；

ρ_c——黏粒含量百分率，当小于3或为砂土时，应采用3；

β——调整系数，设计地震第一组取0.80，第二组取0.95，第三组取1.05。

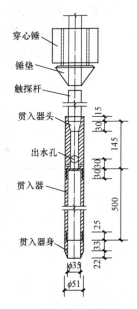

图2-2 标准贯入试验设备示意图

表 2-7　液化判别标准贯入锤击数基准值 N_0

设计基本地震加速度	0.10g	0.15g	0.20g	0.30g	0.4g
液化判别标准贯入锤击数基准值 N_0	7	10	12	16	19

由式（2-10）可见，地基土液化判别标准贯入锤击数的临界值 N_{cr} 的确定，主要考虑土层所处的位置、地下水位深度、饱和土的黏粒含量，以及地震烈度等影响土层液化的要素。

2.3.3　液化地基的评价

当经过上述两步判别后证实地基土确实存在液化可能趋势时，应进一步定量分析，评价液化土可能造成的危害程度。这一工作通常是通过计算地基土液化指数来实现的。

地基土的液化指数可按下式确定：

$$I_{lE} = \sum_{i=1}^{n}\left[1 - \frac{N_i}{N_{cri}}\right]d_i W_i \tag{2-11}$$

式中　I_{lE}——液化指数；

N_i、N_{cri}——i 点标准贯入锤击数的实测值和临界值，当实测值大于临界值时应取临界值；当只需要判别 15 m 范围以内的液化时，15 m 以下的实测值可按临界值采用；

n——在判别深度范围内每一个钻孔标准贯入试验点的总数；

d_i——第 i 点所代表的土层厚度（m），同时在地下水位位置以及土层分界处应分层，可采用与该标准贯入试验点相邻的上下两标准贯入试验点深度差的一半，但上界不高于地下水位深度，下界不深于液化深度；

W_i——i 土层单位土层厚度的层位影响权函数值（m^{-1}），当该层中点深度不大于 5 m 时应采用 10，等于 20 m 时应采用零，5～20 m 时应按线性内插法取值（见图 2-3），具体表达式如下：

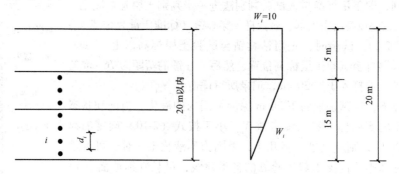

图 2-3　单位土层厚度的层位影响权函数值 W_i

$$W_i = \begin{cases} \dfrac{2}{3}(20 - d_{si}) & 5 < d_{si} \leq 20 \\ 10 & 0 < d_{si} \leq 5 \end{cases} \tag{2-12}$$

式中　d_{si}——第 i 个标准贯入点代表土层中点的深度。

根据液化指数的大小，可将液化地基划分为三个等级，如表 2-8 所示。强震时，不同等级的液化地基对地面和建筑物可能造成的危害也不同，如表 2-9 所示。

第 2 章 建筑场地、地基与基础

表 2-8 液化等级与液化指数的对应关系

液化等级	轻微	中等	严重
液化指数 I_{lE}	$0 < I_{lE} \leq 6$	$6 < I_{lE} \leq 18$	$I_{lE} > 18$

表 2-9 不同液化等级的地基土可能的震害

液化等级	地面喷水冒砂情况	对建筑物的危害情况
轻微	地面无喷水冒砂,或仅在洼地、河边有零星的喷水冒砂点	危害性小,一般不致引起明显的震害
中等	喷水冒砂可能性大,从轻微到严重均有,多数属中等	危害性较大,可造成不均匀沉陷和开裂,有时不均匀沉陷可能达到 200 mm
严重	一般喷水冒砂都很严重,地面变形很明显	危害性大,不均匀沉陷可能大于 200 mm,高重心结构可能产生不容许的倾斜

【例 2-3】 某多层建筑采用天然地基,基础埋深在地面下 2 m,地震设防烈度为 7 度,设计基本地震加速度为 0.15g,设计地震分组为第一组,场地典型地层条件如表 2-10 所示,地下水位深为 1 m,试确定场地液化情况。

表 2-10 场地典型地层条件

形成年代	土层编号	土名	层底深度 /m	剪切波速 /(m·s^{-1})	标准贯入点深度 /m	标准贯入锤击数	黏粒含量 ρ_c /%
Q_4	1	粉质黏土	1.50	90	1.0	2	16
	2	黏质粉土	3.00	140	2.5	4	14
	3	粉砂	6.00	160	4	5	3.5
					5.5	7	2.5
Q_1	4	细砂	11	350	7.0	12	0.5
					8.5	10	1.0
					10.2	15	2.0
		岩层		750			

【解】

地质年代为第四纪晚更新世（Q_3）及其以前时,7、8 度时可判为不液化。粉土的黏粒含量百分率,7、8 度和 9 度分别不小于 10%、13% 和 16% 时,可判断为不液化。因此,第 2 层和第 4 层为不液化。设计基本地震加速度 0.15g 液化判别标准贯入锤击数基准值为 $N_0 = 10$。设计地震分组为第一组,调整系数 $\beta = 0.80$。

4 m 处　　$N_{cr} = 10 \times 0.8 \times [\ln(0.6 \times 4 + 1.5) - 0.1 \times 1] \sqrt{\dfrac{3}{3}} = 10.09$

5.5 m 处　　$N_{cr} = 10 \times 0.8 \times [\ln(0.6 \times 5.5 + 1.5) - 0.1 \times 1] \sqrt{\dfrac{3}{3}} = 11.75$

4.0 m 标准贯入点代表土层厚度为 $(4-3) + (5.5-4)/2 = 1.75$ (m)

标准贯入点代表土层中点深度为 $3 + 1.75/2 = 3.875$ (m),$0 < d_s \leq 5$,权函数 $W_1 = 10$

5.5 m 标准贯入点代表土层厚度为 $(5.5-4)/2 + (6-5.5) = 1.25$ (m)

标准贯入点代表土层中点深度为 $6-1.25/2=5.375$（m），$5<d_s\leqslant 20$，权函数 $W_1=9.75$

$$I_{lE}=\sum_{i=1}^{n}\left(1-\frac{N_i}{N_{cri}}\right)d_iW_i=\left(1-\frac{5}{10.09}\right)\times 1.75\times 10+\left(1-\frac{7}{11.75}\right)\times 1.25\times 9.75=13.75$$

$6<I_{lE}\leqslant 18$，液化等级为中等。

2.3.4 地基抗液化措施

当液化砂土层、粉土层较平坦且均匀时，可按表 2-11 选用抗液化措施；还可计入上部荷载对液化危害的影响，根据液化震陷量的估计适当调整抗液化措施。

表 2-11 地基抗液化措施

建筑类别	液化等级		
	轻微	中等	严重
乙类	部分消除液化沉陷，或对基础和上部结构进行处理	全部消除液化沉陷，或部分消除液化沉陷且对基础和上部结构进行处理	全部消除液化沉陷
丙类	对基础和上部结构进行处理，也可不采取措施	对基础和上部结构进行处理，或采用更高要求的措施	全部消除液化沉陷，或部分消除液化沉陷且对基础和上部结构进行处理
丁类	可不采取措施	可不采取措施	对基础和上部结构进行处理，或采用其他经济的措施

注：甲类建筑的地基抗液化措施应进行专门的研究，但不宜低于乙类的相应要求

不宜将未经处理的液化土层作为天然地基持力层。

2.3.4.1 全部消除地基液化沉陷的措施

（1）采用桩基时，桩端伸入液化深度以下稳定土层中的长度（不包括桩尖部分）应按计算确定，且对碎石土，砾，粗、中砂，坚硬黏性土和密实粉土不应小于 0.5 m，对其他非岩石土不宜小于 1.5 m。

（2）采用深基础时，基础底面应埋入液化深度以下的稳定土层中，其深度不应小于 0.5 m。

（3）采用加密法（如振冲、振动加密、挤密碎石桩、强夯）对可液化地基进行加固时，应处理至液化深度下界，且处理后土层的标准贯入锤击数实测值不宜小于式（2-10）中的液化判别标准贯入锤击数临界值。

（4）当直接位于基底下的可液化土层较薄时，可采用非液化土替换全部液化土层。

（5）采用加密法或换土法处理时，在基础边缘以外的处理宽度，应超过基础底面下处理深度的 1/2，且不小于基础宽度的 1/5。

2.3.4.2 部分消除地基液化沉陷的措施

（1）处理深度应使处理后的地基液化指数减小，其值不宜大于 5；大面积筏基、箱基的中心区域，处理后的液化指数可比上述规定降低 1；对独立基础和条形基础，不应小于基础底面下液化土特征深度和基础宽度的较大值。

（2）采用振冲或挤密碎石桩加固后，桩间土的标准贯入锤击数不宜小于式（2-10）中的液化判别标准贯入锤击数临界值。

（3）基础边缘以外的处理宽度，应符合全部消除地基液化沉陷的措施（5）的要求。

(4) 采取减小液化震陷的其他方法，如增厚上覆非液化土层的厚度和改善周边的排水条件等。

2.3.4.3 减轻液化影响的基础和上部结构处理措施

(1) 选择合适的基础埋置深度。
(2) 调整基础底面面积，减小基础偏心。
(3) 加强基础的整体性和刚度，如采取箱基、筏基或钢筋混凝土交叉条形基础，加设基础圈梁等。
(4) 减轻荷载，增强上部结构的整体刚度和均匀对称性，合理设置沉降缝，避免采用对不均匀沉降敏感的结构形式等。
(5) 管道穿过建筑处应预留足够的尺寸或采用柔性接头等。

本章小结

本章主要介绍了建筑场地的场地土类别，建筑场地类别及划分方法，等效剪切波速及计算方法。场地土与建筑场地之间，既有联系又有区别。部分建筑地基与基础若符合《抗震规范》中可以不进行抗震验算条件要求的，不必进行抗震验算，否则需要进行抗震验算。地基液化的判别方法分两个步骤，第一步是初步判别法，若不满足第一步的条件，则进行第二步的判别，即标准贯入试验判别法。对经判别可能发生液化的地基要进行处理，本章介绍了地基处理的一般方法。

思考题

2-1 场地土分为哪几类？它们是如何划分的？
2-2 怎样划分建筑场地的类别？
2-3 场地覆盖层厚度如何确定？
2-4 如何计算等效剪切波速？
2-5 简述天然地基基础抗震验算的一般原则。哪些建筑可不进行天然地基基础的抗震承载力验算？为什么？
2-6 怎样确定地基土的抗震承载力？
2-7 什么是场地土的液化？怎么判别？液化对建筑物有哪些危害？
2-8 如何确定地基的液化指数和液化的危害程度？
2-9 简述可液化地基的抗液化措施。

第3章

结构地震作用计算和抗震验算

3.1 概 述

3.1.1 地震作用

结构工程中"作用"一词,指能引起结构内力、变形等反应的各种环境因素。按引起结构反应的方式的不同,"作用"可分为直接作用与间接作用。各种荷载,例如重力、风载、土压力等,为直接作用;而各种非荷载作用,例如温度、基础沉降等,为间接作用。地震作用是指由于地震动加速度在结构上产生的惯性力。地震作用的大小随时间而变化,其方向也是随机不确定的。地震作用是间接作用,一般不称为荷载。

3.1.2 结构地震反应

结构地震反应是指地震时地面振动在结构中产生的内力、变形、位移、速度和加速度等的统称。结构地震反应是一种动力反应,其大小不仅与地面运动有关,还与结构动力特性有关,因此结构地震反应的求解可以归结为结构动力学问题,一般需采用结构动力学方法分析才能得到。

3.1.3 结构的动力计算简图和结构自由度

在进行结构地震反应分析时,首先应确定结构的动力计算简图。由于地震作用是以惯性力的形式作用在结构上的,而结构惯性力与结构的质量有关,因此,结构惯性力的模式实际上就是结构质量的模拟。在结构的动力计算简图中,结构质量的模拟有两种方法,一种是连续分布,另一种是集中分布。在实际工程中通常采用集中质量分布模型,近似地将结构体系抽象为若干个参与振动的集中质点彼此用无质量的弹性直杆相连接的体系来代替。该方法计算简便,且精度可靠,根据集中质量的数量多少,结构的动力计算简图可分为单质点体系和多质点体系。

一个自由质点,若不考虑其转动,则相对于空间坐标系有3个独立的位移分量,因而有三个自由度,而在平面内只有两个自由度。处于结构简化体系中的质点,通常由弹性立杆相连,因而受到部分约束,如果忽略杆件的轴向变形,则在平面内由弹性直杆相连的每个质点只能有一个位移分量,因此只有一个自由度。在平面内的自由度数恰好与质点数相等,故通常称为单自由度体系、双自由度体系以及多自由度体系。

但是，结构的自由度数即使在平面内，有时也不一定等于其质点数。所以，确定自由度数的关键是质点的独立位移分量数。如图 3-1 所示的体系，虽然分别为单个质点［见图 3-1（a）］和两个质点［见图 3-1（b）］，但由于它们的独立位移分量分别为 2 个和 1 个，因而自由度数分别为 2 个和 1 个。

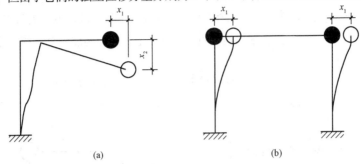

图 3-1　体系的自由度
（a）单质点体系；（b）双质点体系

3.2　单自由度弹性体系的地震反应分析

3.2.1　计算简图

所谓单质点弹性体系，就是将结构参与振动的全部质量集中在一点上，用无质量的弹性系杆支承在地面上。假定地震地面运动和结构振动只是单方向的水平平移运动，不发生扭转，此时单质点弹性体系可以简化为单自由度弹性体系。水塔、单层房屋等结构，它们的质量大部分集中于塔顶或屋盖标高处，通常都可简化为如图 3-2 所示的单质点体系。

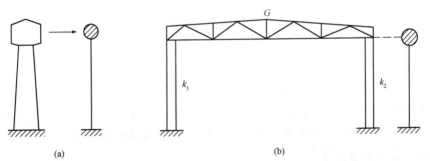

图 3-2　单质点弹性体系计算简图
（a）水塔；（b）单层房屋

3.2.2　运动方程

为了研究单质点弹性体系的地震反应，首先需要建立该体系在地震作用下的运动方程。承受动力荷载的任何线性结构体系的主要物理力学模型是体系的惯性、弹性、能量耗散或阻尼以及外部干扰或荷载。

图3-3表示单质点弹性体系在水平地震作用下的运动状态。体系的集中质量为m，由刚度系数为k的弹性直杆支承。设在任一时刻t，地面运动的加速度为$\ddot{x}_g(t)$，而质点相对于地面的位移为$x(t)$，相应的相对速度、相对加速度为$\dot{x}(t)$和$\ddot{x}(t)$，则在此时刻，质点的绝对加速度为$[\ddot{x}_g(t)+\ddot{x}(t)]$，质点所受的弹性恢复力为$S=-kx(t)$，阻尼力为$D=-c\dot{x}(t)$，惯性力为$I=-m[\ddot{x}_g(t)+\ddot{x}(t)]$，根据达朗贝尔原理，上述各力构成一个平衡力系，于是有$I+D+S=0$。

得
$$-m[\ddot{x}_g(t)+\ddot{x}(t)]-c\dot{x}(t)-kx(t)=0 \tag{3-1}$$

即
$$m\ddot{x}(t)+c\dot{x}(t)+kx(t)=-m\ddot{x}_g(t) \tag{3-2}$$

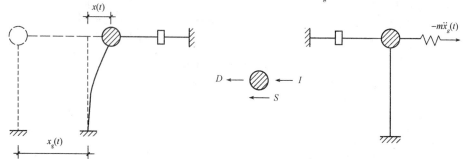

图3-3　单自由度体系在地面运动作用下的计算模型

式（3-2）就是单自由度弹性体系在水平地震作用下的运动方程。单自由度体系在地震地面运动加速度$\ddot{x}_g(t)$作用下的运动方程和在外荷载$-m\ddot{x}_g(t)$作用下的运动方程相同，换言之，地面运动的动力效应可用一个动力外荷载$-m\ddot{x}_g(t)$等效进行表达。

3.2.3 运动方程的解

对运动方程进行求解，式（3-2）可简化为
$$\ddot{x}(t)+2\zeta\omega\dot{x}(t)+\omega^2 x(t)=-\ddot{x}_g(t) \tag{3-3}$$

式中　ζ——阻尼比，$\zeta=\dfrac{c}{2m\omega}=\dfrac{c}{2\sqrt{mk}}$；

ω——无阻尼的自振圆频率，$\omega=\sqrt{\dfrac{k}{m}}$。

式（3-3）为一常系数的二阶非齐次微分方程，其通解由两部分组成：一个是齐次解；另一个为特解。前者代表体系的自由振动，后者代表体系在地震作用下的强迫振动。

3.2.3.1 自由振动方程

运动方程式（3-3）的齐次解可由下列方程求得
$$\ddot{x}(t)+2\zeta\omega\dot{x}(t)+\omega^2 x(t)=0 \tag{3-4}$$

当体系内存在低阻尼，即$c<2\omega m$时，方程式（3-4）的通解为
$$x(t)=e^{-\zeta\omega t}(A\cos\omega' t+B\sin\omega' t) \tag{3-5}$$

式中，$\omega'=\omega\sqrt{1-\zeta^2}$，为阻尼振动的圆频率。$A$、$B$为常数，由初始条件确定：
$$A=x(0),\ B=\dfrac{\dot{x}(0)+\zeta\omega x(0)}{\omega'}$$

将 A、B 代入式 (3-5) 得

$$x(t) = e^{-\zeta\omega t}\left[x(0)\cos\omega' t + \frac{\dot{x}(0) + \zeta\omega x(0)}{\omega'}\sin\omega' t\right] \quad (3-6)$$

式 (3-6) 即在给定初始条件下低阻尼自由振动的解。

在建筑抗震设计中，常用阻尼比 ζ 表示结构的阻尼参数，阻尼比 ζ 的取值可通过对结构的振动试验确定。

3.2.3.2 地震作用下的强迫振动

地震干扰力 $-\ddot{x}_g(t)$ 作用下的运动方程为

$$\ddot{x}(t) + 2\zeta\omega\dot{x}(t) + \omega^2 x(t) = -\ddot{x}_g(t) \quad (3-7)$$

可将干扰力 $-\ddot{x}_g(t)$ 看作无穷多个连续发生的微脉冲，如图 3-4 (a) 所示。

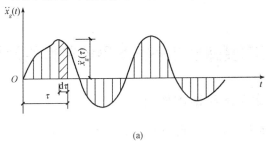

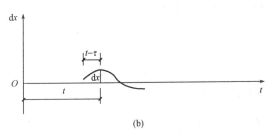

图 3-4　地震干扰力作用下的强迫振动
(a) 微脉冲；(b) 位移反应

现以任一微脉冲的作用进行讨论。设它在 $t = \tau - d\tau$ 时开始作用，作用时间为 $d\tau$，则此微脉冲的大小为 $-\ddot{x}_g d\tau$。体系在此微脉冲作用后将只产生自由振动，其位移可按式 (3-6) 确定。这时，式中的 $x(0)$ 和 $\dot{x}(0)$ 应分别为该微脉冲作用后瞬时的位移和速度值。

现在来确定 $x(0)$ 和 $\dot{x}(0)$ 的值。因为微脉冲作用前质点的位移和速度均为零，当作用时间 $d\tau$ 很短时，在微脉冲作用前后的瞬时，其位移不会发生变化，而应为零，即 $x(0) = 0$。但速度有变化，这个速度变化可从动量定理得到。设微脉冲 $-\ddot{x}_g d\tau$ 作用后瞬时的速度为 $\dot{x}(0)$，于是具有单位质量质点的动量变化就是 $\dot{x}(0)$，根据动量定理得

$$\dot{x}(0) = -\ddot{x}_g(\tau) d\tau \quad (3-8)$$

将 $x(0) = 0$ 和 $\dot{x}(0)$ 代入式 (3-6)，即可求得该微脉冲作用后 $(t-\tau)$ 体系的位移反应 [见图 3-4 (b)]：

$$dx = -e^{-\zeta\omega(t-\tau)}\frac{\ddot{x}_g(\tau)}{\omega'}(t-\tau)d\tau \quad (3-9)$$

由于运动方程是线性的，所以可将所有组成干扰力的微脉冲作用效果叠加，得到总反应，亦

即对式 (3-9) 积分,得到时间 t 的位移:

$$x(t) = -\frac{1}{\omega'}\int_0^t \ddot{x}_g(\tau) e^{-\zeta\omega(t-\tau)}\sin\omega'(t-\tau)d\tau \tag{3-10}$$

式 (3-6) 和式 (3-10) 相加,就是运动微分方程式 (3-4) 的通解。但是,由于结构阻尼的作用,自由振动很快就衰减,式 (3-6) 的影响一般可以忽略不计。对一般工程结构,阻尼比 $\zeta \ll 1$,为 $0.01 \sim 0.1$,计算通常取 $\zeta = 0.05$。因此,有阻尼圆频率 ω' 和无阻尼圆频率 ω 很接近,通常可不考虑阻尼的影响。

所以,单自由度弹性体系的水平地震位移反应可取为

$$x(t) = -\frac{1}{\omega}\int_0^t \ddot{x}_g(\tau) e^{-\zeta\omega(t-\tau)}\sin\omega(t-\tau)d\tau \tag{3-11}$$

3.3 单自由度弹性体系的水平地震作用及其反应谱

3.3.1 单自由度体系水平地震作用

地震作用就是地震时结构质点上受到的惯性力,根据式 (3-1) 可得质点上的惯性力为

$$F(t) = -m[\ddot{x}_g(t) + \ddot{x}(t)] = kx(t) + c\dot{x}(t) \tag{3-12}$$

通常,建筑物的阻尼力 $c\dot{x}(t)$ 很小,相对于弹性恢复力 $kx(t)$ 来说是一个可略去的微量,故

$$F(t) \approx kx(t) = m\omega^2 x(t) \tag{3-13}$$

将式 (3-11) 代入式 (3-13) 得

$$F(t) = -m\omega \int_0^t \ddot{x}_g(\tau) e^{-\zeta\omega(t-\tau)}\sin\omega(t-\tau)d\tau \tag{3-14}$$

由于地面运动加速度 $\ddot{x}_g(t)$ 是随时间而变化的,则 $F(t)$ 也是随时间而变化的,但在结构抗震设计中,只采用地震持续过程中结构经受的最大地震作用,即

$$F = m\omega \left|\int_0^t \ddot{x}_g(\tau) e^{-\zeta\omega(t-\tau)}\sin\omega(t-\tau)d\tau\right|_{max} = mS_a \tag{3-15}$$

式中 S_a——质点振动最大绝对加速度,即

$$S_a = \omega\left|\int_0^t \ddot{x}_g(\tau) e^{-\zeta\omega(t-\tau)}\sin\omega(t-\tau)d\tau\right|_{max} = \frac{2\pi}{T}\left|\int_0^t \ddot{x}_g(\tau) e^{-\zeta\omega(t-\tau)}\sin\omega(t-\tau)d\tau\right|_{max} \tag{3-16}$$

3.3.2 地震反应谱

所谓地震反应谱,就是单质点体系在给定地震加速度作用下的最大反应随自振周期变化的关系曲线,它同时也是阻尼比的函数。在结构抗震设计中,通常采用加速度反应谱。

根据式 (3-16),若给定地震时地面运动的加速度记录 $\ddot{x}_g(t)$ 和体系的阻尼比 ζ,则可以计算出质点的最大加速度 S_a 与体系自振周期 T 的一条关系曲线,对于不同的 ζ,就可以得到不同的 S_a-T 曲线,这类 S_a-T 曲线被称为加速度反应谱。

图 3-5 中给出了与日本神户地震记录相对应的加速度反应谱,从图中可以看到阻尼比对反应谱的影响。

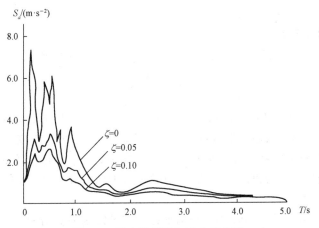

图 3-5 神户地震的加速度反应谱

3.3.3 设计反应谱

为了方便计算，将式（3-15）做如下变换：

$$F = mS_a = mg \frac{|\ddot{x}_g(t)|_{max}}{g} \cdot \frac{S_a}{|\ddot{x}_g(t)|_{max}} = Gk\beta = \alpha G \tag{3-17}$$

因此，单自由度弹性体系的水平地震作用可直接按下式计算：

$$F = \alpha G \tag{3-18}$$

式中　G——体系质点的重力荷载代表值；

g——重力加速度；

$|\ddot{x}_g(t)|_{max}$——地面运动加速度绝对最大值；

k——地震系数；

β——动力系数；

α——地震影响系数，$\alpha = k\beta$，实际上就是作用在单质点弹性体系上的地震作用与结构重力荷载代表值之比。

3.3.3.1 地震系数 k

地震系数 k 是地面运动加速度绝对最大值与重力加速度之比，即

$$k = \frac{|\ddot{x}_g(t)|_{max}}{g} \tag{3-19}$$

地震系数反映了地震动振幅对地震作用的影响。一般来说，地面加速度峰值越大，地震烈度越高，故地震系数与地震烈度之间存在着一定的对应关系。统计分析表明，地震烈度每增加一度，地震系数 k 大致增加一倍。《抗震规范》中采用的地震系数 k 与地震烈度的对应关系如表 3-1 所示。

表 3-1　地震系数 k 与地震烈度的关系

基本烈度	6 度	7 度	8 度	9 度
地震系数	0.05	0.10（0.15）	0.20（0.30）	0.40

注：括号内数值对应于设计基本加速度为 $0.15g$ 和 $0.30g$ 的地区

3.3.3.2 动力系数 β

动力系数 β 是质点振动最大绝对加速度与地面运动最大绝对加速度之比，即

$$\beta = \frac{S_a}{|\ddot{x}_g(t)|_{\max}} \tag{3-20}$$

动力系数 β 反映了动力效应，表示质点振动最大绝对加速度比地面运动最大绝对加速度放大了多少倍。β 为无量纲量，其值与地震烈度无关，当 $|\ddot{x}_g(t)|_{\max}$ 增大或减小时，S_a 相应随之增大或减小，这样就可以利用各种不同的地震记录进行计算和统计，得出 β 的变化规律。

β-T 的关系曲线称为 β 谱曲线，它实际上就是相对于地面最大加速度的加速度反应谱，其形状与 S_a-T 曲线形状一致。

图 3-6 是根据 1940 年 El Centro 地震地面加速度记录绘制的 β 谱曲线，由图可以看出，ζ 越小，β 就越大；不同的 ζ 对应的谱曲线，当自振周期接近场地特征周期 T_g 时达到峰值，当 $T < T_g$ 时，β 随周期的增大而迅速增加，当 $T > T_g$ 时，β 随周期的增大而逐渐减小，并趋于平缓。

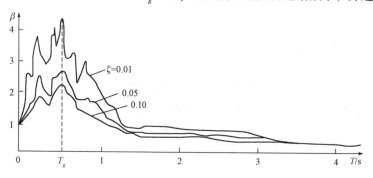

图 3-6 El Centro 地震的 β 谱曲线

图 3-7 所示为不同场地条件下的 β 谱曲线，由图可以看出，土质松软，β 谱曲线的峰值位置对应于较长周期；土质坚硬，峰值位置对应于较短周期。

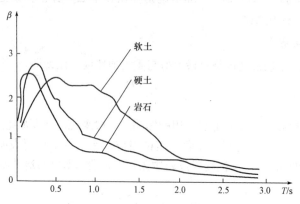

图 3-7 场地土类型对 β 谱曲线的影响

图 3-8 所示为相同地震烈度下不同震中距时的 β 谱曲线，由图可以看出，震中距大时，β 谱曲线的峰值位置对应于较长周期；震中距小时，峰值位置对应于较短周期。因此，同烈度下，震中距较远的地区，高柔结构破坏更严重，刚性结构破坏则正好相反。

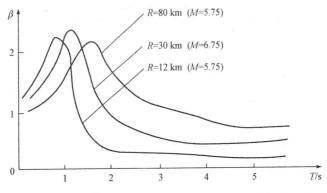

图 3-8　震中距对 β 谱曲线的影响（M 为震级）

3.3.3.3　设计反应谱（α 谱曲线）

由表 3-1 可知，在不同基本烈度下的地震系数 k 为一具体数值，因此，α 曲线的形状由 β 确定。这样，通过地震系数 k 和动力系数 β 的乘积，便可得到设计反应谱 α-T 曲线。

由于地震的随机性，每次地震产生的地面运动加速度记录都不相同，由不同的地震地面运动加速度记录计算得到的反应谱曲线也各不相同，因此需要对大量的反应谱曲线进行分析统计，以求出具有代表性的平均反应谱曲线，来作为设计用的标准反应谱曲线。《抗震规范》中采用的设计反应谱 α-T 曲线就是通过上述方法得出的，如图 3-9 所示。

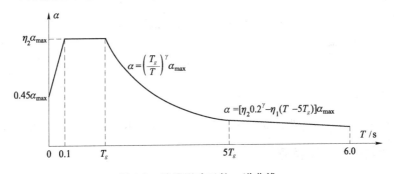

图 3-9　地震影响系数 α 谱曲线

从图 3-9 中看出，α 曲线由四部分组成：在 $T<0.1\,\mathrm{s}$ 的范围内为一条向上的斜直线；在 $0.1\,\mathrm{s}<T<T_g$ 的范围内为水平直线；在 $T_g<T\leqslant 5T_g$ 的范围内为曲线下降段；在 $5T_g<T\leqslant 6.0\,\mathrm{s}$ 的范围内为直线下降段。各阶段 α 对应的计算公式如图 3-9 所示。

α 曲线中各参数的含义分别是：

T——结构自振周期（s）；

T_g——场地特征周期，根据场地类别和设计地震分组按表 3-2 选用，设计地震分组共分为三组，即第一组、第二组、第三组，用以体现震级和震中距的影响；

$\alpha_{\max}$——地震影响系数最大值，按表 3-3 采用；

η_1——直线下降段的斜率调整系数，按式（3-21）确定，当 $\eta_1<0$ 时，取 $\eta_1=0$；

η_2——阻尼调整系数，按式（3-22）确定，当 $\eta_2<0.55$ 时，取 $\eta_2=0.55$；

γ——曲线下降段的衰减指数，按式（3-23）确定。

表 3-2 特征周期值 T_g s

地震分组	场地类别				
	I_0	I_1	II	III	IV
第一组	0.20	0.25	0.35	0.45	0.65
第二组	0.25	0.30	0.40	0.55	0.75
第三组	0.30	0.35	0.45	0.65	0.90

注：计算罕遇地震作用时，特征周期应增加 0.05 s

由 $\alpha = k\beta$，可得 $\alpha_{max} = k\beta_{max}$。地震资料统计结果表明，在相同阻尼比情况下，$\beta_{max}$ 的离散性不大。为简化计算，《抗震规范》中取 $\beta_{max} = 0.25$，相应地震系数 k 对多遇地震取基本烈度（见表 3-1）时的 35%，对罕遇地震取基本烈度时的 2 倍左右，则 α_{max} 如表 3-3 所示。

表 3-3 水平地震影响系数最大值 α_{max}

地震影响	设防烈度			
	6 度	7 度	8 度	9 度
多遇地震	0.04	0.08（0.12）	0.16（0.24）	0.32
罕遇地震	0.28	0.50（0.72）	0.90（1.20）	1.40

注：括号内数值分别用于设计基本加速度为 $0.15g$ 和 $0.30g$ 的地区

$$\eta_1 = 0.02 + \frac{0.05 - \zeta}{4 + 32\zeta} \tag{3-21}$$

$$\eta_2 = 1 + \frac{0.05 - \zeta}{0.08 + 1.6\zeta} \tag{3-22}$$

$$\gamma = 0.9 + \frac{0.05 - \zeta}{0.3 + 6\zeta} \tag{3-23}$$

式中，ζ 为结构的阻尼比，一般情况下，对钢筋混凝土结构取 $\zeta = 0.05$，对钢结构取 $\zeta = 0.02$。

3.3.4 重力荷载代表值

在按式（3-18）计算水平地震作用时，建筑物的重力荷载代表值 G 应取计算范围内的结构和构件自重标准值和各可变荷载组合值之和。各可变荷载的组合值系数按表 3-4 采用。

表 3-4 可变荷载组合值系数

可变荷载种类		组合值系数
雪荷载		0.5
屋面积灰荷载		0.5
屋面活荷载		不计入
按实际情况计算的楼面活荷载		1.0
按等效均布荷载计算的楼面活荷载	藏书库、档案库	0.8
	其他民用建筑	0.5
起重机悬吊物重力	硬钩起重机	0.3
	软钩起重机	不计入

【例 3-1】 某钢筋混凝土柱单跨单层厂房，跨度为 24 m，柱距为 6 m，厂房长度为 18 m。屋盖自重标准值为 840 kN，屋面雪荷载标准值为 200 kN，设屋盖刚度无限大，忽略柱自重。厂房排架方向的每个柱侧移刚度为 $k_1 = k_2 = 3.0 \times 10^3$ kN/m，结构阻尼比为 $\zeta = 0$，Ⅰ类场地，设计地震分组为第二组，设计基本地震加速度为 $0.20g$。求厂房排架方向在多遇地震时的水平地震作用。

【解】

(1) 确定计算简图。因为厂房的质量集中在屋盖，所以结构计算时可以简化为单质点体系，水平地震作用则为 $F = \alpha G$。

(2) 确定重力荷载代表值 G 及自振周期 T。

查表 3-4 可知，雪荷载组合值系数为 0.5，得
$$G = 840 + 200 \times 0.5 = 940 \text{ (kN)}$$

质点集中质量为
$$m = \frac{G}{g} = \frac{940}{9.8} = 95.92 \times 10^2 \text{ (kg)}$$

柱抗侧移刚度为两柱抗侧移刚度之和：
$$k = 4k_1 + 4k_2 = 4 \times 3.0 \times 10^3 + 4 \times 3.0 \times 10^3 = 24 \times 10^3 \text{ (kN/m)}$$

结构的自振周期为
$$T = 2\pi \sqrt{\frac{m}{k}} = 2\pi \sqrt{\frac{95.92 \times 10^3}{24 \times 10^3 \times 10^3}} = 0.397 \text{ (s)}$$

(3) 确定地震影响系数最大值 α_{max} 和特征周期 T_g。

设计基本地震加速度为 $0.20g$ 所对应的抗震设防烈度为 8 度。对应多遇地震时，$\alpha_{max} = 0.16$。Ⅰ$_1$ 类场地、设计地震分组为第二组时，特征周期 $T_g = 0.30$ s。

(4) 计算地震响应系数（思考如何利用反应谱确定）。

由图 3-9 可知，因 $T_g < T < 5T_g$，所以 α 处于反应谱曲线下降段，即
$$\alpha = \left(\frac{T_g}{T}\right)^\gamma \eta_2 \alpha_{max}$$

当阻尼比 $\zeta = 0$ 时，由式 (3-22) 和式 (3-23) 可得 $\eta_2 = 1.0$，$\gamma = 0.9$，则
$$\alpha = \left(\frac{T_g}{T}\right)^\gamma \eta_2 \alpha_{max} = \left(\frac{0.30}{0.397}\right)^{0.9} \times 1.0 \times 0.16 = 0.124$$

(5) 计算水平地震作用。
$$F = \alpha G = 0.124 \times 940 = 116.56 \text{ (kN)}$$

3.4 多自由度弹性体系的地震反应分析

3.4.1 计算简图

在实际建筑结构中，除了少数结构可以简化为单自由度体系外，大量的多层工业与民用建筑、多跨不等高单层工业厂房等都应简化为多自由度体系来分析。对于图 3-10 (a) 所示的多层房屋，计算简图为一串有多质点的悬臂杆体系。通常将楼（屋）面荷载以及上下两相邻层之间的结构自重集中于每一层的楼面标高处。对于图 3-10 (b) 所示多跨不等高单层厂房，可把厂房

质量分别集中到各个屋盖处，简化成双质点体系。对于一个多质点体系，当体系只做单向振动时，则有多少个质点就有多少个自由度。

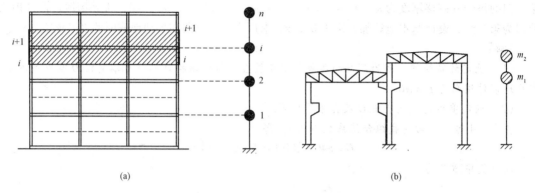

图 3-10 多自由度体系示意图
（a）多层房屋；（b）多跨不等高单层厂房

3.4.2 运动方程

为简单起见，首先考虑两个自由度的情况，然后将其推广到两个以上自由度的体系。如图 3-11 所示为一简化成两个质点的体系，设在地面运动加速度 $\ddot{x}_g(t)$ 作用下，在时刻 t，质点 1 和质点 2 相对于基底的位移分别为 $x_1(t)$ 和 $x_2(t)$，而其相对加速度分别为 $\ddot{x}_1(t)$ 和 $\ddot{x}_2(t)$，绝对加速度分别为 $\ddot{x}_1(t)+\ddot{x}_g(t)$ 和 $\ddot{x}_2(t)+\ddot{x}_g(t)$，考虑两质点在任一时刻的受力情况，并根据达朗贝尔原理建立平衡条件。

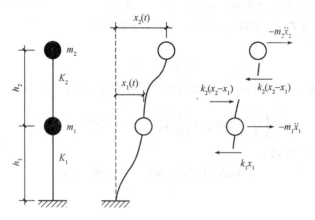

图 3-11 两个自由度的层间剪力模型计算简图

对质点 1，取隔离体，质点 1 所受的惯性力 f_{I1} 和恢复力 f_{S1} 分别为

$$f_{I1} = -m_1[\ddot{x}_1(t)+\ddot{x}_g(t)]$$

$$f_{S1} = -f_{S11}+f_{S12} = -k_1x_1(t)+k_2[x_2(t)-x_1(t)]$$

根据达朗贝尔原理，上述两力构成平衡力系（暂不考虑阻尼影响），即

$$f_{I1}+f_{S1} = -m_1\ddot{x}_1(t)-m_1\ddot{x}_g(t)-k_1x_1(t)+k_2x_2(t)-k_2x_1(t) = 0$$

整理得

$$m_1\ddot{x}_1(t)+(k_1+k_2)x_1(t)-k_2x_2(t)=-m_1\ddot{x}_g(t) \tag{3-24}$$

对质点 2，取隔离体如图 3-11（c）所示，质点 2 所受的惯性力 f_{I2} 和恢复力 f_{S2} 分别为

$$f_{I2}=-m_2[\ddot{x}_2(t)+\ddot{x}_g(t)]$$

$$f_{S2}=-f_{S21}=-k_2[x_2(t)-x_1(t)]$$

根据达朗贝尔原理，上述两力构成平衡力系，即

$$f_{I2}+f_{S2}=-m_2\ddot{x}_2(t)-m_2\ddot{x}_g(t)-k_2[x_2(t)-x_1(t)]=0$$

整理得

$$m_2\ddot{x}_2(t)+k_2x_2(t)-k_2x_1(t)=-m_2\ddot{x}_g(t) \tag{3-25}$$

将式（3-24）和式（3-25）合并写成矩阵形式，有

$$\begin{bmatrix}m_1 & 0 \\ 0 & m_2\end{bmatrix}\begin{Bmatrix}\ddot{x}_1(t) \\ \ddot{x}_2(t)\end{Bmatrix}+\begin{bmatrix}k_1+k_2 & -k_2 \\ -k_2 & k_2\end{bmatrix}\begin{Bmatrix}x_1(t) \\ x_2(t)\end{Bmatrix}=-\begin{bmatrix}m_1 & 0 \\ 0 & m_2\end{bmatrix}\begin{Bmatrix}\ddot{x}_g(t) \\ \ddot{x}_g(t)\end{Bmatrix}$$

令

$$[M]=\begin{bmatrix}m_1 & 0 \\ 0 & m_2\end{bmatrix}$$

$$[K]=\begin{bmatrix}k_1+k_2 & -k_2 \\ -k_2 & k_2\end{bmatrix}$$

$$\{x(t)\}=\begin{Bmatrix}x_1(t) \\ x_2(t)\end{Bmatrix}$$

$$\{\ddot{x}(t)\}=\begin{Bmatrix}\ddot{x}_1(t) \\ \ddot{x}_2(t)\end{Bmatrix}$$

$$\{I\}=\begin{Bmatrix}1 \\ 1\end{Bmatrix}$$

则两自由度体系的运动方程可写成下面的矩阵形式：

$$[M]\{\ddot{x}(t)\}+[K]\{x(t)\}=-[M]\{I\}\ddot{x}_g(t) \tag{3-26}$$

式中，$[M]$ 称为体系的质量矩阵；$[K]$ 称为体系的刚度矩阵；而 $\{\ddot{x}(t)\}$ 和 $\{x(t)\}$ 称为体系的加速度矢量和位移矢量。

如考虑阻尼影响，则体系的运动方程为

$$[M]\{\ddot{x}(t)\}+[C]\{\dot{x}(t)\}+[K]\{x(t)\}=-[M]\{I\}\ddot{x}_g(t) \tag{3-27}$$

式中，$[C]$ 称为体系的阻尼矩阵，其具体形式和所采用的阻尼假定有关，如采用常用的瑞利阻尼假定，则阻尼矩阵为

$$[C]=\alpha_0[M]+\alpha_1[K] \tag{3-28}$$

式中，α_0、α_1 为与体系有关的常数。系数 α_0 及 α_1 通常由试验根据第一振型及第二振型的频率及阻尼比确定，按下列式子计算：

$$\alpha_0=\frac{2\omega_1\omega_2(\zeta_1\omega_2-\zeta_2\omega_1)}{\omega_2^2-\omega_1^2} \tag{3-29}$$

$$\alpha_1=\frac{2(\zeta_2\omega_2-\zeta_1\omega_1)}{\omega_2^2-\omega_1^2} \tag{3-30}$$

对于一般的多自由度体系，其运动方程在形式上和式（3-27）完全一样，但随着结构形式和

所选力学模型的不同,其质量矩阵、阻尼矩阵和刚度矩阵也将随之变化。

3.4.3 自由振动特性

3.4.3.1 自振频率

令多自由度体系运动方程式(3-27)右端项为零并忽略阻尼的影响,即得到该体系的无阻尼自由振动方程为

$$[M]\{\ddot{x}(t)\} + [K]\{x(t)\} = 0 \tag{3-31}$$

设方程解的形式为

$$\{x\} = \{X\}\sin(\omega t + \varphi) \tag{3-32}$$

式中 $\{X\}$——各质点振幅向量,$\{X\} = (X_1, X_2, \cdots, X_n)^T$;

ω——体系自振频率;

φ——相位角。

将式(3-32)对时间二次微分,得

$$\{\ddot{x}\} = -\omega^2\{X\}\sin(\omega t + \varphi) \tag{3-33}$$

将式(3-32)、式(3-33)代入式(3-31)得

$$([K] - \omega^2[M])\{X\} = 0 \tag{3-34}$$

要使式(3-31)有非零解,其系数矩阵行列式值必须为零,即

$$|[K] - \omega^2[M]| = 0 \tag{3-35}$$

式(3-35)称为体系的频率方程,可进一步写为

$$\begin{vmatrix} k_{11} - \omega^2 m_1 & k_{12} & \cdots & k_{1n} \\ k_{21} & k_{22} - \omega^2 m_2 & \cdots & k_{2n} \\ \vdots & \vdots & & \vdots \\ k_{n1} & k_{n2} & \cdots & k_{nn} - \omega^2 m_n \end{vmatrix} = 0 \tag{3-36}$$

将行列式展开,可得到关于ω^2的n次代数方程。求解代数方程可得n个根,将其从小到大排列得到体系的n个自振(圆)频率$\omega_1, \omega_2, \cdots, \omega_n$。其中,最小的频率$\omega_1$称为第一频率或基本频率;$\omega_j$称为第$j$阶自振频率。有$n$个自由度的体系,就有$n$个自振频率。

各阶自振频率$\omega_1, \omega_2, \cdots, \omega_n$对应的周期分别为$T_1 = 2\pi/\omega_1$,$T_2 = 2\pi/\omega_2$,$\cdots$,$T_n = 2\pi/\omega_n$。其中$T_1 = 2\pi/\omega_1$称为体系的第一自振周期或基本周期。

3.4.3.2 振型

将上述求得的频率逐一代入振幅方程式(3-34),可求出对应于每一阶自振频率下各质点的相对振幅比,该比值与时间无关,且为常数。也就是说,当体系按其自振频率振动时,各质点的振幅比始终保持不变,这种特殊的振动形式通常称为主振型,或简称振型。与ω_1对应的振型称为第一振型或基本振型;与ω_j对应的振型称为第j阶振型。体系的第j阶振型可用振型列向量表示:

$$\{X\}_j = \begin{Bmatrix} X_{j1} \\ X_{j2} \\ \vdots \\ X_{jn} \end{Bmatrix} \tag{3-37}$$

一般情况下,体系有n个自由度就有n个自振频率,相应的就有n个主振型,它们是体系的

固有特性。主振型只取决于各质点振幅之间的相对比值。主振型变形曲线可看作体系按某一频率振动时，其上相应的惯性荷载所引起的静力变形曲线。

3.4.3.3 振型的正交性

所谓振型的正交性，是指在多自由度体系中，任意两个不同频率的主振型间，都存在着下述互相正交的性质。

设 ω_i 为第 i 个频率，对应的振型为 $\{X\}_i$；ω_j 为第 j 个频率，对应的振型为 $\{X\}_j$。由频率及振型的特性可知，任一自振频率及振型均应满足式（3-34），即

$$([K] - \omega_i^2 [M])\{X\}_i = 0 \tag{3-38}$$

$$([K] - \omega_j^2 [M])\{X\}_j = 0 \tag{3-39}$$

分别用 $\{X\}_j^T$ 和 $\{X\}_i^T$ 左乘式（3-38）和式（3-39），得

$$\{X\}_j^T ([K] - \omega_i^2 [M])\{X\}_i = 0 \tag{3-40}$$

$$\{X\}_i^T ([K] - \omega_j^2 [M])\{X\}_j = 0 \tag{3-41}$$

将式（3-40）左端做转置变换，右端做转置后仍为零，得

$$\{X\}_i^T ([K]^T - \omega_i^2 [M]^T)\{X\}_j = 0 \tag{3-42}$$

对于一般的建筑结构，刚度矩阵和质量矩阵均为对称矩阵，即

$$[K]^T = [K], \quad [M]^T = [M]$$

从而式（3-42）可写为

$$\{X\}_i^T ([K] - \omega_i^2 [M])\{X\}_j = 0 \tag{3-43}$$

将式（3-43）减去式（3-41），得

$$(\omega_j^2 - \omega_i^2)\{X\}_i^T [M]\{X\}_j = 0$$

因 $\omega_i \neq \omega_j$，故得

$$\{X\}_i^T [M]\{X\}_j = 0 \tag{3-44}$$

式（3-44）称为振型的第一正交条件，即振型关于质量矩阵的正交条件。

将式（3-44）代入式（3-41），得

$$\{X\}_i^T [K]\{X\}_j = 0 \tag{3-45}$$

式（3-45）称为振型的第二正交条件，即振型关于刚度矩阵的正交条件。

3.4.4 振型分解法

多自由度体系在地面运动作用下的运动方程为一相互耦联的微分方程组，这给计算带来了一定的困难。振型分解法就是利用各振型相互正交的特性，将原来耦联的微分方程组变为若干互相独立的微分方程，从而使原来多自由度体系的动力计算变为若干个单自由度体系的问题，在求得各单自由度体系的解后，再将各个解进行组合，从而可求得多自由度体系的地震反应。

为简单起见，先考虑双自由度体系。将质点 m_1 及 m_2 在地震作用下任一时刻的位移 $x_1(t)$ 及 $x_2(t)$ 用其两个振型的线性组合表示，即

$$\begin{cases} x_1(t) = q_1(t) X_{11} + q_2(t) X_{21} \\ x_2(t) = q_1(t) X_{12} + q_2(t) X_{22} \end{cases} \tag{3-46}$$

式（3-46）实际上是一个坐标变换公式，原来的变量 $x_1(t)$ 和 $x_2(t)$ 可称为几何坐标，而新的坐标 $q_1(t)$ 和 $q_2(t)$ 可称为广义坐标。由于体系的振型是唯一确定的，因此当 $q_1(t)$ 和 $q_2(t)$ 确定后，质点的位移 $x_1(t)$ 和 $x_2(t)$ 也将随之确定。

对于多自由度体系，式（3-46）可写成

$$x_i(t) = \sum_{j=1}^{n} q_j(t) X_{ji} \tag{3-47}$$

也可写成矩阵形式：

$$\{x(t)\} = [X]\{q(t)\} \tag{3-48}$$

式中

$$\{x(t)\} = \begin{Bmatrix} x_1(t) \\ x_2(t) \\ \vdots \\ x_i(t) \\ \vdots \\ x_n(t) \end{Bmatrix}; \quad \{q(t)\} = \begin{Bmatrix} q_1(t) \\ q_2(t) \\ \vdots \\ q_i(t) \\ \vdots \\ q_n(t) \end{Bmatrix};$$

$$[X] = \{\{X\}_1 \ \{X\}_2 \ \cdots \ \{X\}_n\}$$

其中，$\{x(t)\}$ 称为位移矢量；$\{q(t)\}$ 称为广义坐标矢量；矩阵 $[X]$ 称为振型矩阵；振型矩阵中的第 i 列矢量 $\{X\}_i$ 即体系的第 i 个振型。

将式（3-48）代入式（3-27），体系的运动方程可表达为

$$[M][X]\{\ddot{q}(t)\} + [C][X]\{\dot{q}(t)\} + [K][X]\{q(t)\} = -[M]\{I\}\ddot{x}_g(t) \tag{3-49}$$

将式（3-49）两边同乘 $\{X\}_j^T$，得

$$\{X\}_j^T[M][X]\{\ddot{q}(t)\} + \{X\}_j^T[C][X]\{\dot{q}(t)\} + \{X\}_j^T[K][X]\{q(t)\}$$
$$= -\{X\}_j^T[M]\{I\}\ddot{x}_g(t) \tag{3-50}$$

将上述两边同除以系数 $\{X\}_j^T[M]\{X\}_j$，并令

$$2\omega_j\zeta_j = \frac{\{X\}_j^T[C]\{X\}_j}{\{X\}_j^T[M]\{X\}_j} \tag{3-51}$$

$$\gamma_j = \frac{\{X\}_j^T[M]\{I\}}{\{X\}_j^T[M]\{X\}_j} = \frac{\sum_{i=1}^{n} m_i x_{ji}}{\sum_{i=1}^{n} m_i x_{ji}^2} \tag{3-52}$$

$$\omega_j^2 = \frac{\{X\}_j^T[K]\{X\}_j}{\{X\}_j^T[M]\{X\}_j} \tag{3-53}$$

则式（3-49）可改写成

$$\ddot{q}_j(t) + 2\zeta_j\omega_j\dot{q}_j(t) + \omega_j^2 q_j(t) = -\gamma_j\ddot{x}_g(t) \tag{3-54}$$

式（3-54）即相当于自振频率为 ω_j、阻尼比为 ζ_j 的单自由度弹性体系运动方程。式（3-54）与单自由度体系在地震作用下的运动微分方程式（3-7）在形式上基本相同，只是式（3-54）的等号右边多了一个系数 γ_j，所以式（3-54）的解可以参照式（3-7）的解写出

$$q_j(t) = -\frac{\gamma_j}{\omega}\int_0^t \ddot{x}_g(\tau) e^{-\zeta\omega(t-\tau)} \sin\omega(t-\tau) d\tau \tag{3-55}$$

或

$$q_j(t) = \gamma_j \Delta_j(t) \tag{3-56}$$

在式（3-55）中，依次取 $j = 1, 2, \cdots, n$，可得 n 个独立的微分方程，即在每一个方程中

仅含有一个未知量 $q_j(t)$，从而可运用单自由度体系的求解方法，求得 $q_1(t)$, $q_2(t)$, …, $q_n(t)$。$\Delta_j(t)$ 为阻尼比为 ζ_j、自振频率为 ω_j 的单自由度体系的位移反应。

将求得的各广义坐标 $q_j(t)$（$j=1, 2, …, n$）代入式（3-47）进行组合，可求得各质点的位移 $x_i(t)$（$i=1, 2, …, n$）。第 i 质点的位移反应为

$$x_i(t) = \sum_{j=1}^{n} q_j(t) X_{ji} = \sum_{j=1}^{n} \gamma_j \Delta_j(t) X_{ji} \tag{3-57}$$

式（3-57）就是用振型分解法分析时，多自由度体系在地震作用下任一质点 m_i 位移的计算公式。

【**例 3-2**】 某两层房屋计算简图如图 3-12 所示。已知楼层集中质量为 $m_1 = m_2 = 50 \times 10^3$ kg，楼板平面内刚度无限大，沿某抗震主轴方向的层间剪切刚度为 $k_1 = k_2 = 2.16 \times 10^4$ kN/m。求该结构体系在该抗震主轴方向的自振频率、自振周期及振型。

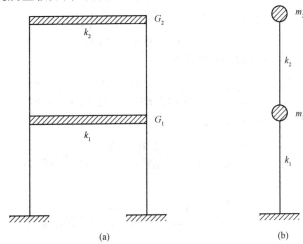

图 3-12 例 3-2 图
(a) 二层框架；(b) 计算简图

【**解**】
(1) 求质量矩阵。结构的质量矩阵为

$$[M] = \begin{pmatrix} m_1 & 0 \\ 0 & m_2 \end{pmatrix} = \begin{pmatrix} 50 & 0 \\ 0 & 50 \end{pmatrix} \times 10^3 \text{ kg}$$

(2) 求刚度矩阵。各质点处刚度系数计算如下：

$$k_{11} = k_1 + k_2 = 4.32 \times 10^4 \text{ kN/m}$$
$$k_{12} = k_{21} = -k_2 = -2.16 \times 10^4 \text{ kN/m}$$
$$k_{22} = k_2 = 2.16 \times 10^4 \text{ kN/m}$$

刚度矩阵为

$$[K] = \begin{pmatrix} k_{11} & k_{12} \\ k_{21} & k_{22} \end{pmatrix} = \begin{pmatrix} 4.32 & -2.16 \\ -2.16 & 2.16 \end{pmatrix} \times 10^4 \text{ kN/m}$$

(3) 求结构的自振频率。
由公式 $[K] - \omega^2 [M] = 0$ 可得

$$\begin{vmatrix} 4.32 \times 10^4 - 50\omega^2 & -2.16 \times 10^4 \\ -2.16 \times 10^4 & 2.16 \times 10^4 - 50\omega^2 \end{vmatrix} = 0$$

展开后得

$$\omega^4 - 1\,296\omega^2 + 186\,624 = 0$$

解得

$$\omega_1^2 = 165, \quad \omega_2^2 = 1\,131$$

结构的自振频率为

$$\omega_1 = 12.85 \text{ rad/s}, \quad \omega_2 = 33.63 \text{ rad/s}$$

(4) 求结构的自振周期。

由公式 $T = 2\pi/\omega$ 可得

$$T_1 = 0.489 \text{ s}, \quad T_2 = 0.187 \text{ s}$$

(5) 求振型。

由公式 $([K] - \omega^2[M])\{X\} = \{0\}$ 可得对应于第一阶频率的振幅方程为

$$\begin{pmatrix} k_{11} - m_1\omega_1^2 & k_{12} \\ k_{21} & k_{22} - m_2\omega_1^2 \end{pmatrix} \begin{pmatrix} X_{11} \\ X_{12} \end{pmatrix} = \{0\}$$

展开后得到第一阶振型幅值的相对比值为

$$\frac{X_{11}}{X_{12}} = \frac{k_{12}}{m_1\omega_1^2 - k_{11}} = \frac{-2.16 \times 10^4}{50 \times 12.85^2 - 4.32 \times 10^4} = \frac{1}{1.618}$$

同理可得到第二阶振型幅值的相对比值为

$$\frac{X_{21}}{X_{22}} = \frac{k_{12}}{m_1\omega_1^2 - k_{11}} = \frac{-2.16 \times 10^4}{50 \times 33.63^2 - 4.32 \times 10^4} = \frac{1}{-0.618}$$

因此第一阶振型、第二阶振型分别为

$$\{X\}_1 = \frac{X_{11}}{X_{12}} = \frac{1}{1.618}, \quad \{X\}_2 = \frac{K_{21}}{X_{22}} = \frac{1}{-0.618}$$

振型图如图 3-13 所示。

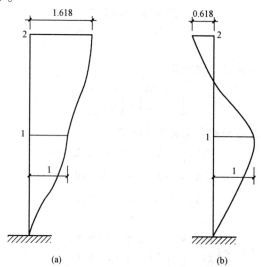

图 3-13 例 3-2 振型
(a) 第一振型；(b) 第二振型

多自由度体系的振型通常采用电子计算机计算（电算）。

3.5 多自由度弹性体系的水平地震作用

3.5.1 振型分解反应谱法

3.5.1.1 振型的最大水平地震作用

式 (3-13) 为单自由度体系的地震作用，即

$$F(t) \approx kx(t) = m\omega^2 x(t)$$

按照反应谱理论，单自由度体系的最大水平地震作用由式 (3-18) 确定，即

$$F = \alpha G$$

对多自由度体系，第 j 振型质点 i 的水平地震作用可表示为

$$F_{ji}(t) = m_i \omega_j^2 x_{ji}(t) \tag{3-58}$$

由振型分解法可知

$$x_{ji}(t) = q_j(t) X_{ji} = \gamma_j \Delta_j(t) X_{ji} \tag{3-59}$$

将式 (3-59) 代入式 (3-58)，则有

$$F_{ji}(t) = \gamma_j X_{ji} m_i \omega_j^2 \Delta_j(t) \tag{3-60}$$

利用单自由度反应谱的概念，得第 j 振型质点 i 的最大水平地震作用为

$$F_{ji} = \alpha_j \gamma_j X_{ji} G_i \quad (i, j = 1, 2, \cdots, n) \tag{3-61}$$

式中 F_{ji}——j 振型 i 质点的水平地震作用；

α_j——与第 j 振型自振周期 T_j 相应的地震影响系数，按图 3-9 确定；

G_i——质点 i 的重力荷载代表值，见 3.3 节；

X_{ji}——j 振型 i 质点的水平相对振幅；

γ_j——j 振型的参与系数，按式 (3-52) 计算。

3.5.1.2 地震作用效应组合

按式 (3-61) 求得对应于 j 振型各质点 i 的最大水平地震作用 F_{ji} 后，可按一般的结构力学方法求得结构的地震作用效应 S_j（弯矩、剪力、轴力、位移等），再将对应于各振型的作用效应进行组合，从而求得多自由度体系在水平地震作用下产生的效应。

但要注意到，当某一振型的地震作用达最大值时，其余各振型的地震作用不一定也达到最大值。结构地震作用的最大值并不等于各振型地震作用最大值之和。根据随机振动理论，如假定地震时地面运动为平稳随机过程，则对于各平动振型产生的地震作用效应可近似地采用"平方和开方"法确定，即

$$S = \sqrt{\sum_{j=1}^{n} S_j^2} \tag{3-62}$$

式中 S——水平地震作用标准值产生的效应；

S_j——j 振型水平地震作用标准值产生的效应，一般考虑前 2~3 阶振型即可，当基本周期 $T_1 > 1.5$ s 或房屋高宽比大于 5 时，可适当增加振型个数。

【例 3-3】 某钢筋混凝土三层框架，如图 3-14 所示。各楼层层高均为 4 m，各层重力荷载代表值分别为 $G_1 = G_2 = 850$ kN，$G_3 = 510$ kN。已知结构沿某抗震主轴方向的各阶频率和振型为

$\omega_1 = 9.22 \text{ rad/s}$, $\omega_2 = 25.44 \text{ rad/s}$, $\omega_3 = 37.81 \text{ rad/s}$, $\{X_1\} = \begin{pmatrix} 0.445 \\ 0.920 \\ 1.000 \end{pmatrix}$, $\{X_2\} = \begin{pmatrix} -0.654 \\ -0.589 \\ 1.000 \end{pmatrix}$,

$\{X_3\} = \begin{pmatrix} 1.654 \\ -1.289 \\ 1.000 \end{pmatrix}$。结构阻尼比 $\zeta = 0.05$，I_1 类场地，设计地震分组为第一组，抗震设防烈度为 7 度，设计基本加速度为 $0.10g$。试用振型分解反应谱法确定多遇地震作用下在该抗震主轴方向的框架各层地震剪力和位移反应，并绘出层间地震剪力图。

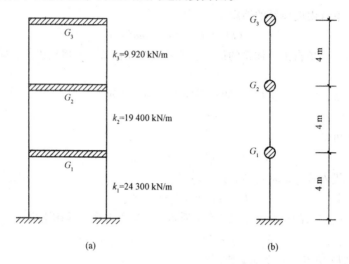

图 3-14 例 3-3 图
(a) 三层框架；(b) 计算简图

【解】
(1) 水平地震作用的计算。
① 求地震影响系数。
根据已知条件，可查得 $T_g = 0.25 \text{ s}$ 及 $\alpha_{\max} = 0.08$。
阻尼比 $\zeta = 0.05$，可得 $\eta_2 = 1.0$，$\gamma = 0.9$。
由已知的自振频率，可求得自振周期为

$$T_1 = \frac{2\pi}{\omega_1} = \frac{2\pi}{9.22} = 0.681 \text{ (s)}$$

$$T_2 = \frac{2\pi}{\omega_2} = \frac{2\pi}{25.44} = 0.247 \text{ (s)}$$

$$T_3 = \frac{2\pi}{\omega_3} = \frac{2\pi}{37.81} = 0.166 \text{ (s)}$$

因 $T_g < T_1 < 5T_g$，所以 $\left(\dfrac{T_g}{T_1}\right)^{\gamma} \eta_2 \alpha_{\max} = \left(\dfrac{0.25}{0.681}\right)^{0.9} \times 1.0 \times 0.08 = 0.0325$。

由于 $0.1 \text{ s} < T_2 < T_g$，$0.1 \text{ s} < T_3 < T_g$，所以 $\alpha_2 = \alpha_3 = \eta_2 \alpha_{\max} = 0.08$。
② 求振型参数与系数 γ_j。

$$\gamma_1 = \frac{\sum_{i=1}^{3} G_i X_{1i}}{\sum_{i=1}^{3} G_i X_{1i}^2} = \frac{850 \times 0.445 + 850 \times 0.920 + 510 \times 1.0}{850 \times 0.445^2 + 850 \times 0.920^2 + 510 \times 1.0^2} = 1.195$$

$$\gamma_2 = \frac{\sum_{i=1}^{3} G_i X_{2i}}{\sum_{i=1}^{3} G_i X_{2i}^2} = \frac{850 \times (-0.654) + 850 \times (-0.589) + 510 \times 1.0}{850 \times (-0.654)^2 + 850 \times (-0.589)^2 + 510 \times 1.0^2} = -0.468$$

$$\gamma_3 = \frac{\sum_{i=1}^{3} G_i X_{3i}}{\sum_{i=1}^{3} G_i X_{3i}^2} = \frac{850 \times 1.654 + 850 \times (-1.289) + 510 \times 1.0}{850 \times 1.654^2 + 850 \times (-1.289)^2 + 510 \times 1.0^2} = 0.193$$

③计算各阶振型下的水平地震作用 F_{ji}。

第一阶振型时各质点地震作用 F_{1i} 为

$$F_{11} = \alpha_1 \gamma_1 X_{11} G_1 = 0.0325 \times 1.195 \times 0.445 \times 850 = 14.69 \text{ (kN)}$$
$$F_{12} = \alpha_1 \gamma_1 X_{12} G_2 = 0.0325 \times 1.195 \times 0.920 \times 850 = 30.37 \text{ (kN)}$$
$$F_{13} = \alpha_1 \gamma_1 X_{13} G_3 = 0.0325 \times 1.195 \times 1.0 \times 510 = 19.81 \text{ (kN)}$$

第二阶振型时各质点地震作用 F_{2i} 为

$$F_{21} = \alpha_2 \gamma_2 X_{21} G_1 = 0.08 \times (-0.468) \times (-0.654) \times 850 = 20.81 \text{ (kN)}$$
$$F_{22} = \alpha_2 \gamma_2 X_{22} G_2 = 0.08 \times (-0.468) \times (-0.589) \times 850 = 18.74 \text{ (kN)}$$
$$F_{23} = \alpha_2 \gamma_2 X_{23} G_3 = 0.08 \times (-0.468) \times 1.0 \times 510 = -19.09 \text{ (kN)}$$

第三阶振型时各质点地震作用 F_{3i} 为

$$F_{31} = \alpha_3 \gamma_3 X_{31} G_1 = 0.08 \times 0.193 \times 1.654 \times 850 = 21.71 \text{ (kN)}$$
$$F_{32} = \alpha_3 \gamma_3 X_{32} G_2 = 0.08 \times 0.193 \times (-1.289) \times 850 = -16.92 \text{ (kN)}$$
$$F_{33} = \alpha_3 \gamma_3 X_{33} G_3 = 0.08 \times 0.193 \times 1.0 \times 510 = 7.87 \text{ (kN)}$$

(2) 各层间地震剪力的计算。由静力平衡可得各阶振型下的楼层地震剪力,然后根据"平方和开方"法可求得各层间地震剪力为

$$V_1 = \sqrt{\sum V_{j1}^2} = \sqrt{(F_{11} + F_{12} + F_{13})^2 + (F_{21} + F_{22} + F_{23})^2 + (F_{31} + F_{32} + F_{33})^2}$$
$$= \sqrt{(14.69 + 30.37 + 19.81)^2 + (20.81 + 18.74 - 19.09)^2 + (21.71 - 16.92 + 7.87)^2}$$
$$= \sqrt{64.87^2 + 20.46^2 + 12.66^2}$$
$$= 69.19 \text{ (kN)}$$

$$V_2 = \sqrt{\sum V_{j2}^2} = \sqrt{(F_{12} + F_{13})^2 + (F_{22} + F_{23})^2 + (F_{32} + F_{33})^2}$$
$$= \sqrt{(30.37 + 19.81)^2 + (18.74 - 19.09)^2 + (-16.92 + 7.87)^2}$$
$$= \sqrt{50.18^2 + (-0.35)^2 + (-9.05)^2}$$
$$= 50.99 \text{ (kN)}$$

$$V_3 = \sqrt{\sum V_{j3}^2} = \sqrt{F_{13}^2 + F_{23}^2 + F_{33}^2}$$
$$= \sqrt{19.81^2 + (-19.09)^2 + 7.87^2}$$
$$= 28.61 \text{ (kN)}$$

各层间地震剪力图如图3-15所示。

(3) 结构顶点位移的计算。

① 各阶振型下的弹性顶点位移为

$$U_{13} = \frac{F_{11}+F_{12}+F_{13}}{k_1} + \frac{F_{12}+F_{13}}{k_2} + \frac{F_{13}}{k_3} = \frac{64.87}{24\,300} + \frac{20.46}{19\,400} + \frac{12.66}{9\,920} = 0.005\ (\text{m})$$

$$U_{23} = \frac{F_{21}+F_{22}+F_{23}}{k_1} + \frac{F_{22}+F_{23}}{k_2} + \frac{F_{23}}{k_3} = \frac{50.18}{24\,300} + \frac{(-0.35)}{19\,400} + \frac{(-9.05)}{9\,920} = 0.001\,13\ (\text{m})$$

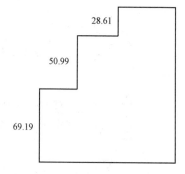

图 3-15 各层间地震剪力（单位：kN）

$$U_{33} = \frac{F_{31}+F_{32}+F_{33}}{k_1} + \frac{F_{32}+F_{33}}{k_2} + \frac{F_{33}}{k_3} = \frac{19.81}{24\,300} + \frac{(-19.09)}{19\,400} + \frac{7.87}{9\,920} = 0.000\,625\ (\text{m})$$

② 计算结构顶点位移。

根据"平方和开方法"可求得结构顶点位移为

$$U_3 = \sqrt{\sum U_{j3}^2} = \sqrt{U_{13}^2 + U_{23}^2 + U_{33}^2}$$
$$= \sqrt{0.005^2 + 0.001\,13^2 + 0.000\,625^2}$$
$$= 0.005\,16\ (\text{m})$$

3.5.2 底部剪力法

按振型分解反应谱法计算结构的地震作用效应时，需要计算结构的各个自振频率和振型，运算较繁，常采用计算机计算。但当房屋结构满足下述条件时，可采用底部剪力法进行简化计算：

（1）高度不超过 40 m、以剪切变形为主且质量和刚度沿高度分布比较均匀的结构。

（2）近似于单质点体系的结构。

满足上述条件的结构在地震作用下其反应通常以基本振型为主，且接近于直线。

底部剪力法的主要思路是：先计算出作用于结构总的地震作用，即底部的总剪力，然后将总水平地震作用按一定规律分配到各个质点，从而得到各个质点的水平地震作用。

3.5.2.1 结构底部剪力 F_{Ek}

根据底部剪力相等的原则，把多质点体系等效为一个与其基本周期相同的单质点体系，这样底部剪力 F_{Ek} 就可以用单自由度体系公式计算，即

$$F_{Ek} = \alpha_1 G_{eq} \tag{3-63}$$

式中 α_1——相应于结构基本自振周期的水平地震影响系数，按图 3-9 确定；

G_{eq}——结构等效重力荷载，按下式计算：

$$G_{eq} = \lambda \sum_{i=1}^{n} G_i \tag{3-64}$$

式中 G_i——集中于质点 i 的重力荷载代表值；

λ——等效系数，对单质点体系取 $\lambda=1$，对多质点体系一般取 $\lambda=0.8\sim0.9$，《抗震规范》中取 $\lambda=0.85$。

3.5.2.2 质点的地震作用 F_i

按照结构反应以第一振型为主的假定，可取各质点的水平地震作用近似地为对应于第一振

型的各质点的地震作用,即

$$F_i = F_{1i} = \alpha_1 \gamma_1 X_{1i} G_i \tag{3-65}$$

再根据第一振型近似为直线的假定,取

$$X_{1i} = \eta H_i \tag{3-66}$$

式中 H_i——质点 i 的计算高度。

将式(3-66)代入式(3-65)得

$$F_i = \alpha_1 \gamma_1 \eta H_i G_i \tag{3-67}$$

根据各质点的水平地震作用之和等于总水平地震作用的条件,得

$$F_{Ek} = \sum_{j=1}^n F_j = \sum_{j=1}^n \alpha_1 \gamma_1 \eta H_j G_j$$

故

$$\alpha_1 \gamma_1 \eta = \frac{F_{Ek}}{\sum_{j=1}^n H_j G_j}$$

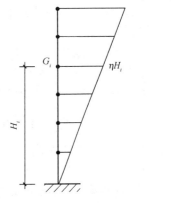

图 3-16 倒三角形基本振型

将上式代入式(3-67)得

$$F_i = \frac{H_i G_i}{\sum_{j=1}^n H_j G_j} \cdot F_{Ek} \tag{3-68}$$

式(3-68)适用于基本周期 $T_1 \leq 1.4 T_g$ 的结构。当结构基本周期较长($T_1 > 1.4 T_g$)时,由于高阶振型的影响,按式(3-68)计算所得的结构顶部地震作用偏小,因此《抗震规范》规定,当结构基本周期 $T_1 > 1.4 T_g$ 时,在主体结构顶点附加水平地震作用,即取

$$\Delta F_n = \delta_n F_{Ek} \tag{3-69}$$

而将余下的水平地震作用 $(1-\delta_n) F_{Ek}$ 按式(3-68)进行分配,因此各质点的水平地震作用为

$$F_i = \frac{H_i G_i}{\sum_{j=1}^n H_j G_j}(1 - \delta_n) F_{Ek} \tag{3-70}$$

式中,δ_n 为顶部附加地震作用系数,对多层内框架砖房,可取 $\delta_n = 0.2$;对多层钢筋混凝土房屋和钢结构房屋,可根据特征周期 T_g 及房屋基本周期 T_1 按表 3-5 确定。

表 3-5 顶部附加地震作用系数 δ_n

T_g / s	$T_1 > 1.4 T_g$	$T_1 \leq 1.4 T_g$
≤ 0.35	$0.08 T_1 + 0.07$	不考虑
$0.35 \sim 0.55$	$0.08 T_1 + 0.01$	
> 0.55	$0.08 T_1 - 0.02$	

3.5.2.3 鞭梢效应

当建筑物顶部有突出屋面的小建筑物(如屋顶间、女儿墙和烟囱等)时,由于该部分的质量和刚度突然变小,使得突出屋面的小建筑物地震反应特别剧烈,称为"鞭梢效应"。当采用底部剪力法对突出屋面的屋顶间、女儿墙和烟囱等这类小建筑物进行抗震计算时,修正方法如下:

(1)将房屋顶层局部突出部分作为体系的一个质点集中于突出部分的顶层标高处,该

质点的地震作用乘以增大系数 3，但此增大部分不应往下传递，仅用于突出部分结构的计算。

（2）当同时考虑高阶振型影响时，附加地震作用 ΔF_n 应置于主体结构的屋面质点处，而不应置于局部突出部分的质点处。

【例3-4】 已知条件和计算要求同例3-3，试用底部剪力法计算。

【解】

（1）水平地震作用的计算。

①计算等效总重力荷载 G_{eq}。

由例3-3可知，$\alpha_1 = 0.0325$，结构等效总重力荷载为

$$G_{eq} = \lambda \sum_{i=1}^{3} G_i = 0.85 \times (850 + 850 + 510) = 1878.5 \text{ （kN）}$$

②计算底部总剪力 F_{Ek}。

$$F_{Ek} = \alpha_1 G_{eq} = 0.0325 \times 1878.5 = 61.05 \text{ （kN）}$$

③计算各质点的水平地震作用 F_i。

因为 $T_1 = 0.681 \text{ s} > 1.4 T_g = 0.35 \text{ s}$，应考虑高阶振型对地震作用的影响，在主体结构顶部质点处附加 ΔF_n。又因为 $T_g = 0.25 \text{ s} < 1.4 T_g = 0.35\text{s}$，查表3-5可知

$$\delta_n = 0.08 T_1 + 0.07 = 0.1245$$

$$\Delta F_n = \delta_n F_{Ek} = 0.1245 \times 61.05 = 7.60 \text{ （kN）}$$

又已知 $H_1 = 4 \text{ m}$，$H_2 = 8 \text{ m}$，$H_3 = 12 \text{ m}$，则可得

$$F_1 = \frac{G_1 H_1}{\sum_{i=1}^{3} G_j H_j} (1 - \delta_n) F_{Ek} = \frac{850 \times 4}{850 \times 4 + 850 \times 8 + 510 \times 12} \times (1 - 0.1245) \times 61.05 = 11.14 \text{ （kN）}$$

$$F_2 = \frac{G_2 H_2}{\sum_{i=1}^{3} G_j H_j} (1 - \delta_n) F_{Ek} = \frac{850 \times 8}{850 \times 4 + 850 \times 8 + 510 \times 12} \times (1 - 0.1245) \times 61.05 = 22.27 \text{ （kN）}$$

$$F_3 = \frac{G_3 H_3}{\sum_{i=1}^{3} G_j H_j} (1 - \delta_n) F_{Ek} = \frac{510 \times 12}{850 \times 4 + 850 \times 8 + 510 \times 12} \times (1 - 0.1245) \times 61.05 = 20.04 \text{ （kN）}$$

（2）层间地震剪力的计算。求出地震作用后，根据静力平衡关系计算出各层间地震剪力分别为

$$V_1 = F_{Ek} = 61.05 \text{ kN}$$

$$V_2 = F_2 + F_3 + \Delta F_n = 22.27 + 20.04 + 7.60 = 49.91 \text{ （kN）}$$

$$V_3 = F_3 + \Delta F_n = 20.04 + 7.60 = 27.64 \text{ （kN）}$$

（3）层间位移的计算。

$$\Delta u_1 = \frac{V_1}{k_1} = \frac{61.05}{24\,300} = 0.0025 \text{ （m）}$$

$$\Delta u_2 = \frac{V_2}{k_2} = \frac{49.91}{19\,400} = 0.0026 \text{ （m）}$$

$$\Delta u_3 = \frac{V_3}{k_3} = \frac{27.64}{9\,920} = 0.0028 \text{ （m）}$$

地震作用及层间剪力如图3-17所示。

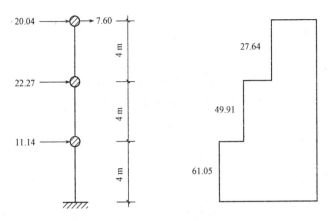

图 3-17 地震作用及层间剪力（单位：kN）

3.6 结构基本周期的近似计算

3.6.1 能量法

能量法是由瑞利（Rayleigh）提出的一种求多质点体系基本自振周期的近似方法。该方法先对结构体系的振动形态进行一定的假设，然后根据能量守恒定律求出体系的自振频率。用能量法计算自振频率的近似程度取决于假定的第一自振振型与真实振型的近似程度，由能量法求得的频率一般比体系的实际频率高。

对于多质点体系，按照瑞利的建议，假设各质点的重力荷载 G_i 水平作用于相应质点 m_i 上，产生的挠曲线为基本振型，如图 3-18 所示。Δ_i 为 i 质点的水平位移。则体系的最大势能为

$$U_{max} = \frac{1}{2}\sum_{i=1}^{n} G_i\Delta_i = \frac{1}{2}g\sum_{i=1}^{n} m_i\Delta_i \qquad (3\text{-}71)$$

体系的最大动能为

$$T_{max} = \frac{1}{2}\sum_{i=1}^{n} m_i(\omega_1\Delta_i)^2 \qquad (3\text{-}72)$$

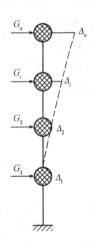

图 3-18 按能量法计算基本周期的计算简图

令 $T_{max} = U_{max}$，得到体系基本自振频率的近似表达式为

$$\omega_1 = \sqrt{\frac{g\sum_{i=1}^{n} m_i\Delta_i}{\sum_{i=1}^{n} m_i\Delta_i^2}} = \sqrt{\frac{g\sum_{i=1}^{n} G_i\Delta_i}{\sum_{i=1}^{n} G_i\Delta_i^2}} \qquad (3\text{-}73)$$

基本周期为

$$T_1 = 2\pi\sqrt{\frac{\sum_{i=1}^{n} G_i\Delta_i^2}{g\sum_{i=1}^{n} G_i\Delta_i}} \approx 2\sqrt{\frac{\sum_{i=1}^{n} G_i\Delta_i^2}{\sum_{i=1}^{n} G_i\Delta_i}} \qquad (3\text{-}74)$$

3.6.2 顶点位移法

顶点位移法也是计算结构基本自振频率的一种近似方法，该方法适用于质量和刚度沿高度分布较均匀的结构。该方法的基本原理是将结构按其质量分布情况，简化为有限或无限个质点的悬臂杆，给出以结构顶点位移表示的基本自振频率的计算公式。一旦求解出结构的顶点水平位移（以 m 为单位），就可以按下列式子求解结构的基本自振周期：

当体系以弯曲变形为主时

$$T_1 = 1.80 \sqrt{\Delta_b} \tag{3-75}$$

当体系以剪切变形为主时

$$T_1 = 1.60 \sqrt{\Delta_s} \tag{3-76}$$

当体系以弯剪变形为主时

$$T_1 = 1.70 \sqrt{\Delta_{bs}} \tag{3-77}$$

式中 Δ_b、Δ_s、Δ_{bs}——弯曲振动、剪切振动和弯剪振动结构体系的顶点位移（m）。

3.6.3 基本周期的修正

采用能量法和顶点位移法求解基本周期时，只考虑了承重构件（如柱、抗震墙等）的刚度，而未考虑填充墙的刚度，使得出的基本周期偏长，造成用底部剪力法计算出的地震作用偏小而趋于不安全。因此为使计算结果更接近实际情况，应对基本周期的近似计算公式进行修正，修正系数 ψ_T 的取值如下：

框架结构：$\psi_T = 0.6 \sim 0.7$；

框架剪力墙结构：$\psi_T = 0.7 \sim 0.8$；

剪力墙结构：$\psi_T = 1.0$。

3.7 平动扭转耦联振动时结构的地震作用及其效应计算

体形复杂的结构以及质量和刚度分布明显不均匀、不对称的结构，在地震作用下除了发生平移振动外，还会发生扭转振动。引起扭转振动的主要原因是结构质量中心与刚度中心不一致，在水平地震作用下，惯性力的合力通过结构的质心，而结构抗侧力的合力通过结构的刚心，质心和刚心的偏离使得结构除产生平移振动外，还围绕刚心做扭转振动，形成扭转耦联振动（见图 3-19）。众所周知，扭转作用会加重结构的震害，有时还会成为导致结构破坏的主要原因，因此，《抗震规范》规定，对质量和刚度明显不均匀、不对称的结构，应该考虑水平地震作用的扭转效应。

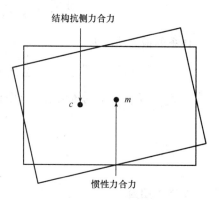

图 3-19 扭转耦联振动示意图

地震扭转效应是一个极其复杂的问题，一般情况下，宜采用较规则的结构体形，以避免扭转效应。但是，即便是平面规则的建筑结构，国外的多数抗震设计规范也考虑了由于施工、使用等原因所产生的偶然偏心引起的结构地震扭转效应，以及地震地面运动的扭转分量的影响。对于体形复杂的建筑结构而言，即使楼层"计算刚心"和"计算质心"重合，往往仍然存在明显的扭转效应。

3.7.1 刚心与质心

如图 3-20 所示，框架结构的纵、横框架为结构的抗侧力构件。假定该房屋的楼盖在自身平面内为绝对刚性，则当楼盖沿 y 方向平移单位距离时，会在每个横向抗侧力构件中引起恢复力，恢复力的大小与横向框架的侧移刚度成正比。

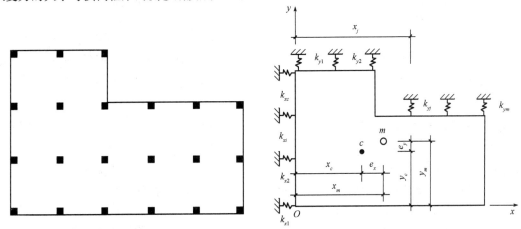

图 3-20　质心和刚心

由每个横向抗侧力构件恢复力对原点 O 的力矩之和等于这些恢复力的合力对原点 O 的力矩，可得

$$x_c = \frac{\sum_{j=1}^{n} k_{yj} x_j}{\sum_{j=1}^{n} k_{yj}} \tag{3-78}$$

同理，当楼盖沿 x 方向平移单位距离时，有

$$y_c = \frac{\sum_{i=1}^{n} k_{xi} y_i}{\sum_{i=1}^{n} k_{xi}} \tag{3-79}$$

式中　k_{yj}——平行于 y 轴的第 j 片抗侧力构件的抗侧移刚度；
　　　k_{xi}——平行于 x 轴的第 i 片抗侧力构件的抗侧移刚度；
　　　x_j——坐标原点至第 j 片抗侧力构件的垂直距离；
　　　y_i——坐标原点至第 i 片抗侧力构件的垂直距离。

按照上述公式确定的点 (x_c, y_c)，就是结构抗侧力构件恢复力合力的作用点，即结构的刚心。

结构的质心是地震惯性力合力作用点的位置，惯性力合力通过结构所有重力荷载的中心，因而结构的质心就是结构的重心。如设结构质心的坐标为 (x_m, y_m)，其值可以通过材料力学求重心的方法求出。

结构刚心到质心的距离称为偏心距，楼盖沿 x 及 y 方向的偏心距分别为

$$\begin{aligned} e_x &= x_m - x_c \\ e_y &= y_m - y_c \end{aligned} \tag{3-80}$$

3.7.2 考虑平动扭转耦联时地震作用的计算

当考虑平动扭转（平扭）耦联振动时，应按扭转耦联振型分解法计算地震作用及其效应。可将每层楼盖视为一个刚片，各楼层质心取为坐标原点，此时竖向坐标轴为一个折线。每层楼盖有 2 个正交方向的位移 x、y 和 1 个转角 φ，共 3 个自由度，当房屋为 n 层时，体系将具有 $3n$ 个自由度。

自由振动时，任一振型 j 在任意层 i 具有 3 个振型位移，即两个正交的水平位移 X_{ji}、Y_{ji} 和一个转角位移 φ_{ji}，采用扭转耦联振型分解法计算，可以得到考虑地震扭转效应时第 j 阶振型第 i 层水平地震作用标准值的计算公式：

$$\left.\begin{aligned} F_{xji} &= \alpha_j \gamma_{tj} X_{ji} G_i \\ F_{yji} &= \alpha_j \gamma_{tj} Y_{ji} G_i \\ F_{tji} &= \alpha_j \gamma_{tj} r_i^2 \varphi_{ji} G_i \end{aligned}\right\} \quad (i = 1, 2, \cdots, n;\ j = 1, 2, \cdots, m) \tag{3-81}$$

式中 F_{xji}、F_{yji}、F_{tji}——j 振型下，结构 i 层的 x 方向、y 方向和转角方向的地震作用标准值；

X_{ji}、Y_{ji}——j 振型下，结构 i 层的质心在 x、y 方向的水平相对位移；

φ_{ji}——j 振型下，结构 i 层的相对转角；

r_i——结构 i 层转动半径，可取 i 层绕质心的转动惯量除以该层质量的商的平方根；

γ_{tj}——考虑扭转的 j 振型参与系数，可按下列公式确定：

当仅考虑 x 方向地震时

$$\gamma_{tj} = \frac{\sum_{i=1}^{n} X_{ji} G_i}{\sum_{i=1}^{n} (X_{ji}^2 + Y_{ji}^2 + r_i^2 \varphi_{ji}^2) G_i} \tag{3-82}$$

当仅考虑 y 方向地震时

$$\gamma_{tj} = \frac{\sum_{i=1}^{n} Y_{ji} G_i}{\sum_{i=1}^{n} (X_{ji}^2 + Y_{ji}^2 + r_i^2 \varphi_{ji}^2) G_i} \tag{3-83}$$

3.7.3 考虑平动扭转耦联时地震作用效应的计算

对于仅考虑平移振动的多质点体系，各振型之间频率间隔较大，可假定各振型反应相互独立，采用"平方和开方"法进行组合；并且，各振型的贡献随着频率的增高而减弱，一般只需组合前几个振型就能得到较为精确的结果。对于考虑平扭耦联振动的多质点体系，体系自由度数目增至 $3n$（n 为质点数），各振型的频率间隔大为缩短，相邻较高振型的频率可能非常接近；另外，扭转作用影响并不一定随频率增高而减弱，有时较高振型的影响有可能大于较低振型的影响；因此进行各振型作用效应组合时，应考虑相近频率振型间的相关性，并增加参加作用效应组合的振型数量。

3.7.3.1 单向水平地震作用

单向水平地震作用下，平扭耦联体系的地震作用效应为

$$S_{Ek} = \sqrt{\sum_{j=1}^{m}\sum_{k=1}^{m}\rho_{jk}S_jS_k} \qquad (3-84)$$

$$\rho_{jk} = \frac{8\zeta_j\zeta_k(1+\lambda_T)\lambda_T^{1.5}}{(1-\lambda_T^2)^2 + 4\zeta_j\zeta_k(1+\lambda_T)^2\lambda_T} \qquad (3-85)$$

式中 S_{Ek}——地震作用标准值的扭转效应；

S_j、S_k——j、k 振型地震作用标准值的效应，可取前 9~15 个振型；

ζ_j、ζ_k——j、k 振型的阻尼比；

ρ_{jk}——j 振型与 k 振型的耦联系数；

λ_T——k 振型与 j 振型的自振周期比。

3.7.3.2 双向水平地震作用

双向水平地震作用下，平扭耦联体系的地震作用效应可采用"平方和开平方"法确定，取下列公式中的较大值：

$$S = \sqrt{S_x^2 + (0.85S_y)^2} \qquad (3-86)$$

$$S = \sqrt{S_y^2 + (0.85S_x)^2} \qquad (3-87)$$

式中 S_x——仅考虑 x 方向水平地震作用时按式（3-84）确定的地震作用效应；

S_y——仅考虑 y 方向水平地震作用时按式（3-84）确定的地震作用效应。

表 3-6 给出了 ρ_{jk} 与 λ_T 的数值关系（取 $\zeta=0.05$），从表中可以看出，ρ_{jk} 随两个相关振型周期比 λ_T 的减小迅速衰减。当 $\lambda_T < 0.7$ 时，两个振型的相关性很小，可忽略不计；当 $\lambda_T \geq 0.7$ 时，振型的相关性比较大，应予以考虑。

表 3-6 ρ_{jk} 与 λ_T 数值关系（取 $\zeta=0.05$）

λ_T	0.4	0.5	0.6	0.7	0.8	0.9	0.95	1.0
ρ_{jk}	0.010	0.018	0.035	0.071	0.165	0.472	0.791	1.000

3.8 竖向地震作用的计算

震害调查结果表明，在高烈度区，竖向地震作用对高层建筑、高耸结构（如烟囱）以及大跨度结构等的破坏较为严重。因此，《抗震规范》规定：对于设防烈度为 8 度和 9 度的大跨度和长悬臂结构、烟囱和类似的高耸结构，以及 9 度时的高层建筑，除了计算水平地震外，还应计算竖向地震作用。

3.8.1 高层建筑及高耸结构竖向地震作用的计算

通过对竖向地震反应谱和水平地震反应谱的对比研究发现，两者形态相差不大，竖向地震动加速度峰值为水平地震动加速度峰值的 1/2~2/3，因此《抗震规范》规定，竖向地震影响系数的最大值可取水平地震影响系数最大值的 65%。

此外，高层建筑及高耸结构竖向振动周期较短，其基本周期在 0.1~0.2 s 范围内，小于场地竖向反应谱的特征周期 T_g，因此，竖向地震影响系数可取最大值。

高层建筑及高耸结构的竖向地震作用，可采用类似于水平地震作用的底部剪力法，即首先计算结构底部总竖向地震作用，然后计算作用在结构各质点上的竖向地震作用（见图3-21），计算公式如下：

$$F_{EVk} = \alpha_{V_{max}} G_{eq} \quad (3-88)$$

$$F_{Vi} = \frac{G_i H_i}{\sum_{j=1}^{n} G_j H_j} F_{EVk} \quad (3-89)$$

式中 F_{EVk}——结构底部总竖向地震作用标准值；

F_{Vi}——质点 i 的竖向地震作用标准值；

G_{eq}——结构等效重力荷载，可取为结构总重力荷载的75%，即 $G_{eq} = 0.75 \sum_{i=1}^{n} G_i$；

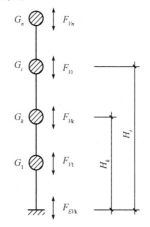

图 3-21 竖向地震作用计算简图

$\alpha_{V_{max}}$——竖向地震影响系数最大值，可取水平地震影响系数最大值的65%，即

$$\alpha_{V_{max}} = 0.65 \alpha_{max}$$

3.8.2 大跨度结构竖向地震作用的计算

大跨度结构通常包括大于24 m的钢屋架和预应力混凝土屋架、各类网架和悬索屋盖。这里仅讨论《抗震规范》给出的屋架和平板型网架竖向地震作用的简化计算方法。

《抗震规范》规定，平板型网架、跨度大于24 m的屋架、长悬臂结构和其他大跨度结构，其竖向地震作用标准值的计算可采用静力法，取其重力荷载代表值和竖向地震作用系数的乘积来计算，其公式为

$$F_{Vi} = \zeta_V G_i \quad (3-90)$$

式中 F_{Vi}——结构或构件的竖向地震作用标准值；

G_i——结构或构件的重力荷载代表值；

ζ_V——竖向地震作用系数，对于平板型网架和跨度大于24 m的屋架，按表3-7采用；对于长悬臂结构和其他大跨度结构，设防烈度为8度时取 $\zeta_V = 0.10$，9度时取 $\zeta_V = 0.20$，当设计基本加速度为 $0.30g$ 时，取 $\zeta_V = 0.15$。

表 3-7 竖向地震作用系数

结构类型	设防烈度	场 地 类 别		
		I	II	III、IV
平板型网架、钢屋架	8	可不计算 (0.10)	0.08 (0.12)	0.10 (0.15)
	9	0.15	0.15	0.20
钢筋混凝土屋架	8	0.10 (0.15)	0.13 (0.19)	0.13 (0.19)
	9	0.20	0.25	0.25

注：括号中数值分别用于设计基本加速度为 $0.15g$ 和 $0.30g$ 的地区

3.9 结构抗震验算

为了实现"小震不坏,中震可修,大震不倒"的三水准设防目标,人们规范了采用两阶段设计方法,如 1.3 节所述,其中包括结构抗震承载力的验算和结构抗震变形的验算。

3.9.1 结构抗震验算的一般原则

各类建筑结构的抗震验算,应遵循下列原则:

(1) 一般情况下,应允许在建筑结构的两个主轴方向分别计算水平地震作用并进行抗震验算,各方向的水平地震作用应由该方向抗侧力构件承担。

(2) 有斜交抗侧力构件的结构,当相交角度大于 15°时,应分别计算各抗侧力构件方向的水平地震作用。

(3) 质量和刚度分布明显不对称的结构,应计入双向水平地震作用下的扭转影响;其他情况,应允许采用调整地震作用效应的方法计入扭转影响。

(4) 设防烈度为 8 度、9 度时的大跨度和长悬臂结构以及 9 度时的高层结构,应计算竖向地震作用。

(5) 抗震验算方法应按如下原则选用:

①高度不超过 40 m、以剪切变形为主且质量和刚度沿高度分布比较均匀的结构,以及近似单质点体系的结构,可采用底部剪力法等简化方法。

②除①外的建筑结构,宜采用振型分解反应谱法。

③特别不规则的建筑、甲类建筑和表 3-8 所列高度范围的高层建筑,应采用弹性时程分析法进行多遇地震下的补充计算,可取多条时程曲线计算结果的平均值与振型分解反应谱法计算结果的较大值。

表 3-8 采用弹性时程分析法计算的房屋高度范围

设防烈度、场地类别	房屋高度范围/m
8 度 Ⅰ、Ⅱ 类场地和 7 度	>100
8 度 Ⅲ、Ⅳ 类场地	>80
9 度	>60

(6) 为保证建筑结构的基本安全性,抗震验算时,结构任一楼层的水平地震剪力应符合下式要求:

$$V_{Eki} > \lambda \sum_{j=1}^{n} G_j \tag{3-91}$$

式中 V_{Eki}——第 i 层对应于水平地震作用标准值的楼层剪力;

λ——剪力系数,不应小于表 3-9 规定的楼层最小地震剪力系数值,对竖向不规则结构的薄弱层,尚应乘以 1.15 的增大系数;

G_j——第 j 层的重力荷载代表值。

表 3-9 楼层最小地震剪力系数值 λ

类别	6 度	7 度	8 度	9 度
扭转效应明显或基本周期小于 3.5 s 的结构	0.08	0.016 (0.024)	0.032 (0.048)	0.064

续表

类别	6度	7度	8度	9度
基本周期大于0.5 s的结构	0.06	0.012（0.018）	0.024（0.032）	0.040

注：1. 基本周期介于表内参数之间的结构，可用内插法取值。
　　2. 括号中数值（按左右次序）分别用于设计基本地震加速度为0.15g和0.30g的地区

3.9.2 截面抗震验算

在结构抗震设计的第一阶段，即多遇地震下的抗震承载力验算中，结构构件截面的承载力应满足：

$$S \leq R/\gamma_{RE} \tag{3-92}$$

式中 γ_{RE}——承载力抗震调整系数，除另有规定外，应按表3-10采用；当仅计算竖向地震作用时，各类结构构件承载力抗震调整系数均应采用1.0；

R——结构构件承载力设计值；

S——结构构件内力组合的设计值，包括组合的弯矩、轴力和剪力设计值，由地震作用效应与其他荷载效应组合而得。

表3-10　承载力抗震调整系数 γ_{RE}

材料	结构构件	受力状态	γ_{RE}
钢	柱、梁		0.75
	支撑		0.80
	节点板件，连接螺栓		0.85
	连接焊缝		0.90
砌体	两端均有构造柱、芯柱的抗震墙	受剪	0.90
	其他抗震墙	受剪	1.00
混凝土	梁	受弯	0.75
	轴压比小于0.15的柱	偏压	0.75
	轴压比不小于0.15的柱	偏压	0.80
	抗震墙	偏压	0.85
	各类构件	受剪、偏拉	0.85

结构构件的地震作用效应和其他荷载效应的基本组合，应按下式计算：

$$S = \gamma_G S_{GE} + \gamma_{Eh} S_{Ehk} + \gamma_{Ev} S_{Evk} + \psi_w \gamma_w S_{wk} \tag{3-93}$$

式中 γ_G——重力荷载分项系数，一般情况下取1.2，当重力荷载效应对构件承载能力有利时，不应大于1.0；

γ_{Eh}、γ_{Ev}——水平、竖向地震作用的分项系数，应按表3-11采用。

γ_w——风荷载分项系数，应采用1.4；

S_{GE}——重力荷载代表值的效应，有吊车时，应包括悬吊重物的重力标准值的效应；

S_{Ehk}——水平地震作用标准值的效应，尚应乘以相应的增大系数或调整系数；

S_{Evk}——竖向地震作用标准值的效应，尚应乘以相应的增大系数或调整系数；

S_{wk}——风荷载标准值的效应；

ψ_w——风荷载组合值系数，一般结构取 0.0，风荷载起控制作用的结构取 0.2。

表 3-11 地震作用分项系数

地震作用	γ_{Eh}	γ_{Ev}
仅计算水平地震作用	1.3	0.0
仅计算竖向地震作用	0.0	1.3
同时计算水平与竖向地震作用（水平地震为主）	1.3	0.5
同时计算水平与竖向地震作用（竖向地震为主）	0.5	1.3

3.9.3 抗震变形验算

结构的抗震变形验算包括多遇地震作用下的弹性变形验算和罕遇地震作用下的弹塑性变形验算两个部分。

3.9.3.1 多遇地震下结构的弹性变形验算

在多遇地震作用下，建筑主体结构构件一般处于弹性阶段，但如果弹性变形过大，也会导致非结构构件（如框架填充墙、隔墙及各类装饰）出现严重破坏。因此，对表 3-10 所列各类结构均应进行多遇地震作用下的抗震变形验算，其楼层内最大的弹性层间位移应符合下式要求：

$$\Delta u_e \leq [\theta_e] h \tag{3-94}$$

式中 Δu_e——多遇地震作用标准值产生的楼层内最大的弹性层间位移。计算时，除弯曲变形为主的高层建筑外，可不扣除结构整体弯曲变形；应计入扭转变形，各作用分项系数均采用 1.0；钢筋混凝土结构构件的截面刚度可采用弹性刚度；

$[\theta_e]$——弹性层间位移角限值，宜按表 3-12 采用；

h——计算楼层层高。

表 3-12 弹性层间位移角限值

结构类型	$[\theta_e]$
钢筋混凝土框架	1/550
钢筋混凝土框架—抗震墙、板柱—抗震墙、核心筒、框架—核心筒	1/800
钢筋混凝土抗震墙、筒中筒	1/1 000
钢筋混凝土框支层	1/1 000
多、高层钢结构	1/250

表 3-12 给出的不同结构类型弹性层间位移角限值范围，主要依据国内外大量的试验研究和有限元分析的结果，以钢筋混凝土构件（框架柱、抗震墙等）开裂时的层间位移角作为多遇地震作用下结构弹性层间位移角限值。钢结构在弹性阶段的层间位移角限值是参照国外有关规范的规定而确定的。

3.9.3.2 罕遇地震下结构的弹塑性变形验算

在罕遇地震烈度作用下，结构将进入弹塑性阶段，结构构件（节点）接近或达到屈服，其承载力已无储备。为了防止在强烈地震作用下，由于结构薄弱部位产生弹塑性变形产生严重破坏，甚至引起结构的倒塌，需要对结构进行罕遇地震作用下的弹塑性变形验算。

(1) 验算范围。

①下列结构应进行弹塑性变形验算：

a. 设防烈度为 8 度 Ⅲ、Ⅳ 类场地和 9 度时，高大的单层钢筋混凝土柱厂房的横向排架。

b. 设防烈度为 7~9 度时，楼层屈服强度系数小于 0.5 的钢筋混凝土框架结构。

c. 高度大于 150 m 的钢结构。

d. 甲类建筑和设防烈度为 9 度时乙类建筑中的钢筋混凝土结构和钢结构。

e. 采用隔震和消能减震设计的结构。

②下列结构应进行弹塑性变形验算：

a. 表 3-8 所列高度范围且属于表 1-7 所列竖向不规则类型的高层建筑。

b. 设防烈度为 7 度 Ⅲ、Ⅳ 类场地和 8 度时乙类建筑中钢筋混凝土结构和钢结构。

c. 板柱—抗震墙结构和底部框架砌体房屋。

d. 高度不大于 150 m 的高层钢结构。

(2) 验算方法。《抗震规范》建议，对于不超过 12 层且层刚度无突变的钢筋混凝土框架结构、单层钢筋混凝土柱厂房可采用简化计算方法；其他建筑结构可采用静力弹塑性分析方法或弹塑性时程分析法（详见 3.10 节）。以下介绍《抗震规范》提供的结构弹塑性变形简化计算方法。

①楼层屈服强度系数和薄弱层（部位）位置的确定。楼层屈服强度系数 ξ 是指按构件实际配筋和材料强度标准值计算的楼层受剪承载力与按罕遇地震作用标准值计算的楼层弹性地震剪力的比值，即

$$\xi_y(i) = \frac{V_y(i)}{V_e(i)} \tag{3-95}$$

式中 $V_y(i)$——按构件实际配筋和材料强度标准值计算的第 i 层受剪承载力；

$V_e(i)$——罕遇地震作用下第 i 层的弹性地震剪力。

当各楼层的屈服强度系数均大于 0.5 时，该结构就不存在塑性变形明显集中的薄弱楼层；只要多遇地震作用下的抗震变形验算能满足要求，同样也能满足罕遇地震作用下抗震变形验算的要求，而无须进行验算。

结构薄弱层（部位）的位置可以按下列情况确定：a. 楼层屈服强度系数沿高度分布均匀的结构，可取底层；b. 楼层屈服强度系数沿高度分布不均匀的结构，可取该系数最小的楼层和相对较小的楼层，一般不超过 2~3 处；c. 单层厂房，可取上柱。

②结构薄弱层弹塑性层间位移计算。结构薄弱层的弹塑性层间位移可按下列公式进行计算：

$$\Delta u_p = \eta_p \Delta u_e \tag{3-96}$$

或

$$\Delta u_p = \mu \Delta u_y = \frac{\eta_p}{\xi_y} \Delta u_y \tag{3-97}$$

式中 Δu_p——弹塑性层间位移；

Δu_e——罕遇地震作用下按弹性分析的层间位移；

μ——楼层延性系数；

Δu_y——层间屈服位移；

η_p——弹塑性层间位移增大系数，当薄弱层（部位）的屈服强度系数不小于相邻层（部位）该系数平均值的 0.8 时，可按表 3-13 采用；当不大于该平均值的 0.5 时，可按表内相应数值的 1.5 倍采用；其他情况可采用内插法取值。

表 3-13 弹塑性层间位移增大系数 η_p

结构类型	总层数 n 或部位	ξ_y		
		0.5	0.4	0.3
多层均匀框架结构	2~4	1.30	1.40	1.60
	5~7	1.50	1.65	1.80
	8~12	1.80	2.00	2.20
单层厂房	上柱	1.30	1.60	2.00

③薄弱层变形验算。结构薄弱层（部位）弹塑性层间位移应符合下式要求：

$$\Delta u_p \leq [\theta_p] h \tag{3-98}$$

式中 $[\theta_p]$——弹塑性层间位移角限值，可按表 3-14 采用；对钢筋混凝土框架结构，当轴压比小于 0.40 时，可提高 10%；当柱子全高的箍筋构造比《抗震规范》中规定的最小配箍特征值大 30% 时，可提高 20%，但累计不超过 25%；

h——薄弱层楼层高度或单层厂房上柱的高度。

表 3-14 弹塑性层间位移角限值

结构类型	$[\theta_p]$
单层钢筋混凝土柱排架	1/30
钢筋混凝土框架	1/50
底部框架砌体房屋中的框架、抗震墙	1/60
钢筋混凝土框架—抗震墙、板柱—抗震墙、框架—核心筒	1/100
多、高层钢结构	1/50

3.10 结构非弹性地震反应分析

在罕遇地震烈度作用下，结构将进入非弹性阶段，为了实现"大震不倒"，需要通过弹塑性分析方法计算罕遇地震作用下结构的弹塑性变形，并满足规定的要求。

结构进入非弹性阶段后，在其薄弱部位将产生明显的弹塑性变形，此时基于弹性理论的振型分解反应谱法和底部剪力法将不再适用，因此《抗震规范》规定，结构在罕遇地震作用下薄弱层（部位）弹塑性变形计算，可采用下列方法：

（1）不超过 12 层且层刚度无突变的钢筋混凝土框架结构和框排架结构、单层钢筋混凝土柱厂房可采用简化计算法，见 3.9 节所述。

（2）除（1）以外的建筑结构，可采用弹塑性时程分析法和静力弹塑性分析法等。

（3）规则结构可采用弯剪层模型或平面杆系模型，属于《抗震规范》规定的不规则结构应采用空间结构模型。

以下将对弹塑性时程分析法和静力弹塑性分析法进行介绍。

3.10.1 弹塑性时程分析法

时程分析法是选取一定的地震波，根据结构或构件的力学性能，选择合理的计算模型，采用逐步积分法对结构的运动微分方程进行求解，可求出地震过程中结构的位移、速度和加速度以及构件的内力和变形等随时间的变化历程。时程分析法可以对结构进行弹性和弹塑性地震反应分析。但由于该方法计算量大，并且对设计人员和分析软件的要求较高，故主要应用于一些重要建筑、复杂建筑及高层建筑的抗震设计。目前常用的结构分析软件有 ANSYS、ABAQUS、SAP2000、MIDAS 等。

3.10.1.1 计算模型

进行弹塑性时程分析首先要建立结构动力计算模型。

(1) 层模型。层模型是以楼层作为基本单元，假定楼板平面内刚度无穷大，结构各层的重力荷载集中在各层楼盖处，每层楼盖根据实际情况可考虑 1~3 个自由度，将各层中抗侧力构件合并形成等效抗侧力构件，其抗侧刚度和弹塑性性能可由各抗侧力构件综合确定。对于多层砌体结构、强梁弱柱型框架结构等可不考虑水平构件竖向的弯剪变形及各层层间位移的相互影响，其层间变形主要为剪切变形，称为剪切层模型。对于高宽比较大的结构、强柱弱梁型框架结构等应考虑水平构件竖向的弯剪变形及上、下层之间的相互影响，其层间变形包括弯曲变形和剪切变形，称为弯剪层变形。对于质量和刚度明显不均匀、不对称结构，应考虑其水平振动和扭转振动，采用平扭耦联模型。

层模型的自由度较少，计算量较小，适合于计算整体结构的动力特性和动力反应，但其无法判断每个杆件的工作状态。

(2) 有限元模型。有限元模型是以构件作为基本分析单元，采用杆单元、壳单元、墙单元、实体单元等建立结构的平面或空间有限元模型，利用构件的弹塑性性能集成整体结构的弹塑性性能，其中构件的弹塑性性能可根据相关试验确定。

有限元模型的自由度多，计算量大，计算精度高，可以求出结构中各构件的内力和变形状态。

3.10.1.2 地震波的选取

采用时程分析法时，地震波的选取应满足地震动频谱特性、峰值、持续时间及其他相关要求。《抗震规范》的具体规定如下：

(1) 频谱特性：地震波应按建筑场地类别和设计地震分组选用实际强震记录和人工模拟的加速度时程曲线，多组时程曲线的平均地震影响系数曲线应与振型分解反应谱法所采用的地震影响系数曲线在统计意义上相符。

(2) 峰值：选取的地震波加速度时程的最大值可按表3-15采用，对于所选取的地震加速度时程可按比例放大或缩小来进行调整。

表3-15 时程分析法所用地震加速度时程的最大值　　cm/s²

地震烈度	6度	7度	8度	9度
多遇地震	18	35（55）	70（110）	140
罕遇地震	125	220（310）	400（510）	620

注：括号中数值分别用于设计基本地震加速度为 0.15g 和 0.30g 的地区。

(3) 持续时间：为了使结构的非弹性性能充分开展，要求地震加速度时程曲线的有效持续时间一般为结构基本周期的 5~10 倍,即结构顶点的位移可按基本周期往复 5~10 次。

(4) 底部剪力要求:弹性时程分析,每条时程曲线计算所得结构底部剪力不应小于振型分解反应谱法计算结果的 65%,多条时程曲线计算所得结构底部剪力的平均值不应小于振型分解反应谱法计算结果的 80%。

(5) 地震波数:为了考虑地震波的随机性,时程分析时应选取 3 组或 3 组以上的地震加速度时程曲线,其中实际强震记录的数量不少于总数的 2/3。

3.10.1.3 时程分析法

结构进入非弹性阶段后,结构的刚度将随时间发生变化,同时结构的阻尼也将随时间而改变,因此在 t_i 时刻结构的非弹性运动方程可表示为

$$[M]\{\ddot{x}(t_i)\} + [C(r_i)]\{\dot{x}(t_i)\} + [K(t_i)]\{x(t_i)\} = -[M]\{I\}\ddot{x}_g(t_i) \quad (3-99)$$

假定在时间增量 Δt 内结构的阻尼、刚度为常量,则该结构在 $t_i + \Delta t$ 时刻的非弹性运动方程为

$$[M]\{\ddot{x}(t_i + \Delta t)\} + [C(r_i)]\{\dot{x}(t_i + \Delta t)\} + [K(t_i)]\{x(t_i + \Delta t)\}$$
$$= -[M]\{I\}\ddot{x}_g(t_i + \Delta t) \quad (3-100)$$

将式 (3-100) 与式 (3-99) 相减,并令

$$\begin{aligned}
\{\Delta \ddot{x}(t_i)\} &= \{\ddot{x}(t_i + \Delta t)\} - \{\ddot{x}(t_i)\} \\
\{\Delta \dot{x}(t_i)\} &= \{\dot{x}(t_i + \Delta t)\} - \{\dot{x}(t_i)\} \\
\{\Delta x(t_i)\} &= \{x(t_i + \Delta t)\} - \{x(t_i)\} \\
\{\Delta \ddot{x}_g(t_i)\} &= \{\ddot{x}_g(t_i + \Delta t)\} - \{\ddot{x}_g(t_i)\}
\end{aligned} \quad (3-101)$$

可得结构的增量运动方程,即

$$[M]\{\Delta \ddot{x}(t_i)\} + [C(t_i)]\{\Delta \dot{x}(t_i)\} + [K(t_i)]\{\Delta x(t_i)\} = -[M]\{I\}\Delta \ddot{x}_g(t_i)$$
$$(3-102)$$

式 (3-102) 可采用逐步积分法计算。根据逐步积分法的假定不同,分为线性加速度法、Newmark-β 法、Wilson-θ 法等。在此以线性加速度法为例说明进行结构非弹性地震反应分析的基本原理。

线性加速度法假定在 Δt 时刻内结构加速度的变化是线性的,加速度的变化率为

$$\{\dddot{x}(t_i)\} = \frac{\ddot{x}(t_i + \Delta t) - \ddot{x}(t_i)}{\Delta t} = \frac{\Delta \ddot{x}(t_i)}{\Delta t} \quad (3-103)$$

设结构在 t_i 时刻的位移、速度和加速度分别为 $\{x(t_i)\}$、$\{\dot{x}(t_i)\}$、$\{\ddot{x}(t_i)\}$,则结构在 $t_i + \Delta t$ 时刻的位移、速度可采用泰勒级数展开式由结构在 t_i 时刻的位移、速度和加速度表示,并且由于加速度在 Δt 时刻内呈线性变化,故三阶以上导数为零,因而可得

$$\{x(t_i + \Delta t)\} = \{x(t_i)\} + \{\dot{x}(t_i)\}\Delta t + \frac{\ddot{x}(t_i)}{2}\Delta t^2 + \frac{\{\dddot{x}(t_i)\}}{6}\Delta t^3 \quad (3-104)$$

$$\{\dot{x}(t_i + \Delta t)\} = \{\dot{x}(t_i)\} + \{\ddot{x}(t_i)\}\Delta t + \frac{\dddot{x}(t_i)}{2}\Delta t^2 \quad (3-105)$$

将式 (3-103) 代入式 (3-104) 和式 (3-105),可得

$$\{\Delta x(t_i)\} = \{\dot{x}(t_i)\}\Delta t + \frac{\ddot{x}(t_i)}{2}\Delta t^2 + \frac{\{\Delta \ddot{x}(t_i)\}}{6}\Delta t^2 \quad (3-106)$$

$$\{\Delta \dot{x}(t_i)\} = \{\ddot{x}(t_i)\}\Delta t + \frac{\ddot{x}(t_i)}{2}\Delta t \quad (3-107)$$

由式（3-106）、式（3-107）可解得

$$\{\Delta \ddot{x}(t_i)\} = \frac{6}{\Delta t^2}\{\Delta x(t_i)\} - \frac{6}{\Delta t}\{\dot{x}(t_i)\} - 3\{\ddot{x}(t_i)\} \tag{3-108}$$

$$\{\Delta \dot{x}(t_i)\} = \frac{3}{\Delta t}\{\Delta x(t_i)\} - 3\{\dot{x}(t_i)\} - \frac{\Delta t}{2}\{\ddot{x}(t_i)\} \tag{3-109}$$

将式（3-108）、式（3-109）代入式（3-102），简化可得

$$[\tilde{K}(t_i)]\{\Delta x(t_i)\} = \{\Delta \tilde{F}(t_i)\} \tag{3-110}$$

其中

$$[\tilde{K}(t_i)] = [K(t_i)] + \frac{6}{\Delta t^2}[M] + \frac{3}{\Delta t}[C(t_i)] \tag{3-111}$$

$$\{\Delta \tilde{F}(t_i)\} = -[M]\{I\}\Delta \ddot{x}_g(t_i) + [M]\left(\frac{6}{\Delta t}\{\dot{x}(t_i)\} + 3\{\ddot{x}(t_i)\}\right) + [C(t_i)]$$

$$\left(3\{\dot{x}(t_i)\} + \frac{\Delta t}{2}\{\ddot{x}(t_i)\}\right) \tag{3-112}$$

则

$$\{\Delta x(t_i)\} = \frac{\{\Delta \tilde{F}(t_i)\}}{[\tilde{K}(t_i)]} \tag{3-113}$$

由式（3-113）求出结构的位移增量后，代入式（3-108）、式（3-109）即可求出结构的加速度增量和速度增量。但通常为了减小误差，并不采用式（3-108）计算加速度增量，而是根据结构的增量运动方程式（3-102）计算加速度增量。

$$\{\Delta \ddot{x}(t_i)\} = [M]^{-1}(-[M]\{I\}\Delta \ddot{x}_g(t_i) + [C(t_i)]\{\Delta \dot{x}(t_i)\} + [K(t_i)]\{\Delta x(t_i)\}) \tag{3-114}$$

则 $t_i + \Delta t$ 时刻即 t_{i+1} 时刻结构的加速度、速度、位移分别为

$$\{\ddot{x}(t_{i+1})\} = \{\ddot{x}(t_i)\} + \{\Delta \ddot{x}(t_i)\}$$
$$\{\dot{x}(t_{i+1})\} = \{\dot{x}(t_i)\} + \{\Delta \dot{x}(t_i)\} \tag{3-115}$$
$$\{x(t_{i+1})\} = \{x(t_i)\} + \{\Delta x(t_i)\}$$

根据结构的位移可以确定结构或构件的内力和变形状态，并根据情况对结构的刚度和阻尼进行调整，重新形成结构刚度矩阵和阻尼矩阵。以此时结构的状态作为下一时间步计算的初始状态，按照上述过程继续进行下一时间步的计算。如此循环往复，可求出结构在地震过程中的地震反应时程，从而可以了解在地震作用下结构构件从开裂、屈服、破坏直至倒塌的全过程，有助于研究结构在地震作用下的破坏机理，改进抗震设计方法。

3.10.2 静力弹塑性分析法

目前，结构的静力弹塑性分析法主要采用 Push-over（推覆）分析方法。对结构进行 Push-over 分析主要包括两个部分：一是建立水平荷载作用下结构的荷载—位移曲线；二是根据抗震性能指标的要求对结构的抗震能力进行评估。目前，SAP2000、ETABS、PKPM 等结构分析软件可进行 Push-over 分析。Push-over 分析的主要过程如下。

3.10.2.1 建立水平荷载作用下结构的荷载—位移曲线

（1）建立结构的计算模型。根据结构的具体情况和设计要求建立结构的计算模型，可采用层模型、平面或空间有限元模型。

（2）确定水平荷载分布形式。结构水平荷载的分布形式应能近似地包络住地震过程中结构惯性力沿高度的实际分布，水平荷载通常采用均匀分布、基本振型分布、多振型组合分布等形式。

（3）逐级加载。对结构逐级施加水平荷载，计算结构在每级荷载作用下的反应，记录结构构件开裂、屈服、破坏的过程，并在此过程中根据结构构件的状态对其刚度进行修正，如此重复进行，直至结构的性能达到抗震性能指标的要求。

（4）建立荷载—位移曲线。根据以上计算可以得到水平荷载与结构位移控制点间的关系曲线，通常可取结构顶层的质量中心作为位移控制点，并可采用等能量法将结构的荷载—位移曲线简化为双线型或三线型曲线。

3.10.2.2 结构抗震性能评估

对结构进行抗震性能评估的方法主要有两种：能力谱法和目标位移法。以下主要介绍在我国应用较多的能力谱法。

（1）建立能力谱和需求谱。将结构的荷载-位移曲线按照一定方式转换为结构的能力谱曲线（也称承载力谱、供给谱），如图3-22所示，其横坐标为谱位移，纵坐标为谱加速度。

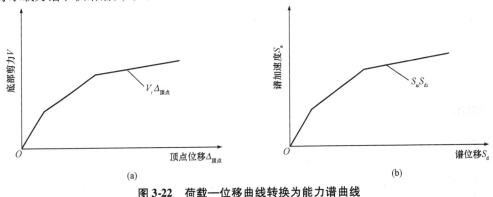

图 3-22　荷载—位移曲线转换为能力谱曲线
（a）荷载—位移曲线；（b）能力谱曲线

将标准的加速度反应谱按照一定方式转换为需求谱，如图3-23所示，其横坐标为谱位移，纵坐标为谱加速度。

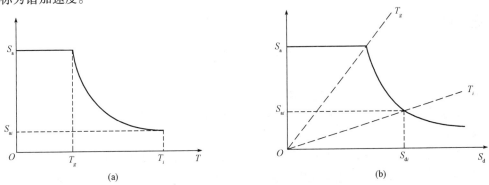

图 3-23　加速度反应谱转换为需求谱
（a）加速度反应谱；（b）需求谱

（2）需求谱折减。结构在地震作用下进入弹塑性变形后，结构的阻尼将增大，因此应根据结构类型对初始的弹性需求谱进行折减。

（3）确定结构性能点。将能力谱和需求谱绘制在同一个图中，如图 3-24 所示，如果两组曲线有一个交点，称为结构的"性能点"，将结构性能点的值逆转换为结构的位移和剪力等，如果结构位移等满足抗震性能指标的要求，则结构满足抗震设计要求；如果结构的性能点不存在或解耦的位移等不满足抗震性能指标的要求，则应修改结构的设计，而后按照上述步骤重复计算，直至结构满足抗震设计的要求。

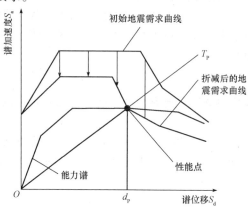

图 3-24 能力谱与需求谱

本章小结

本章介绍了地震作用及地震反应的概念。结构的地震作用采用最大惯性力，并根据地震引起建筑物主要的振动方向，将地震作用划分为水平地震作用和竖向地震作用。地震作用的计算基于单自由度和多自由度体系动力学原理和方法。在此基础上，提出了水平地震作用及竖向地震作用的简化计算方法。水平地震作用的计算一般采用底部剪力法或振型分解反应谱法。在多遇地震下，建筑结构抗震验算一般包括抗震承载力和抗震变形验算，在罕遇地震下，则还需要进行弹塑性变形验算或时程分析。

思考题

3-1 什么是地震作用？怎样确定结构的地震作用？

3-2 什么是地震系数和地震影响系数？它们有何关系？

3-3 什么是动力系数 β？如何确定 β？

3-4 什么是加速度反应谱曲线？影响 $\alpha\text{-}T$ 曲线形状的因素有哪些？质点的水平地震作用与哪些因素有关？

3-5 怎样进行结构截面抗震承载力验算？怎样进行结构抗震变形验算？

3-6 什么是等效总重力荷载？怎样确定？

3-7 简述确定结构地震作用的底部剪力法和振型分解反应谱法的基本原理和步骤。

3-8 哪些结构需要考虑竖向地震作用？怎样确定结构的竖向地震作用？

3-9 为什么要调整水平地震作用下结构地震内力？在实际设计中如何调整？

3-10 什么是地震作用反应时程分析法？

3-11 怎样按顶点位移法计算结构的基本周期？

第 3 章 结构地震作用计算和抗震验算

习 题

3-1 如图3-25所示,已知某两个质点的弹性体系,其层间刚度为 $k_1 = k_2 = 20\,800$ kN/m,质点质量为 $m_1 = m_2 = 50 \times 10^3$ kg。试求该体系的自振周期和振型。

3-2 试用底部剪力法计算图3-26所示三质点体系在多遇地震下的各层地震剪力。已知设计基本加速度为 $0.2g$,Ⅲ类场地第一组,$m_1 = 116.62 \times 10^3$ kg,$m_2 = 110.85 \times 10^3$ kg,$m_3 = 59.45 \times 10^3$ kg,$T_1 = 0.716$ s,$\delta_n = 0.067\,3$。

3-3 试计算图3-27所示六层框架的基本周期。已知各楼层的重力荷载为:$G_1 = 10\,360$ kN,$G_2 = 9\,330$ kN,$G_3 = 9\,330$ kN,$G_4 = 9\,330$ kN,$G_5 = 9\,330$ kN,$G_6 = 6\,950$ kN;各层层间侧移刚度为:$k_1 = 583\,982$ kN/m,$k_2 = 583\,572$ kN/m,$k_3 = 583\,572$ kN/m,$k_4 = 474\,124$ kN/m,$k_5 = 474\,124$ kN/m,$k_6 = 454\,496$ kN/m。

3-4 三层钢筋混凝土框架结构如图3-28所示,横梁刚度为无穷大,位于设防烈度为8度的Ⅱ类场地上,该地区的设计基本地震加速度为 $0.30g$,设计地震分组为第一组,结构各层的层间侧移刚度分别为 $k_1 = 7.5 \times 10^5$ kN/m,$k_2 = 9.1 \times 10^5$ kN/m,$k_3 = 8.5 \times 10^5$ kN/m,各质点的质量分别为 $m_1 = 2 \times 10^6$ kg,$m_2 = 2 \times 10^6$ kg,$m_3 = 1.5 \times 10^6$ kg,结构的自振频率分别为 $w_1 = 9.62$ rad/s,$w_2 = 26.88$ rad/s,$w_3 = 39.70$ rad/s,各振型分别为

$$\begin{Bmatrix} X_{13} \\ X_{12} \\ X_{11} \end{Bmatrix} = \begin{Bmatrix} 1.000 \\ 0.840 \\ 0.519 \end{Bmatrix}, \quad \begin{Bmatrix} X_{23} \\ X_{22} \\ X_{21} \end{Bmatrix} = \begin{Bmatrix} -1.000 \\ 0.306 \\ 0.980 \end{Bmatrix}, \quad \begin{Bmatrix} X_{33} \\ X_{32} \\ X_{31} \end{Bmatrix} = \begin{Bmatrix} 1.000 \\ -1.780 \\ 1.470 \end{Bmatrix}$$

求:(1)用振型分解反应谱法计算结构在多遇地震作用时各层的层间地震剪力;
(2)用底部剪力法计算结构在多遇地震作用时各层的层间地震剪力。

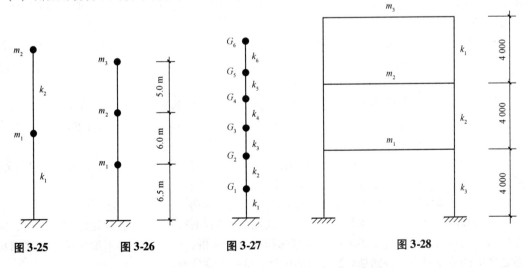

图 3-25   图 3-26   图 3-27   图 3-28

第4章

多层和高层钢筋混凝土房屋抗震设计

4.1 概　述

4.1.1 多层和高层钢筋混凝土房屋的结构体系

多层和高层钢筋混凝土房屋的结构体系常见的有框架结构、抗震墙结构、框架—抗震墙结构、筒体结构、框架—筒体结构等。

框架结构体系是由梁柱构件通过连接而构成，特点是建筑平面布置灵活，并具有一定的延性和耗能能力，但其侧向刚度较小，地震时水平位移较大，会造成非结构构件的破坏。对于较高建筑，过大的水平位移会引起重力 $P\text{-}\Delta$ 效应，使结构震害更为严重，因此，框架结构适用于高度不很高的建筑。

抗震墙结构体系由钢筋混凝土纵、横墙组成，特点是自重大，侧向刚度大，同框架结构体系相比，抗震墙结构的耗能能力约为框架结构的 20 倍，而且空间整体性好，但平面布置不灵活，因此，抗震墙结构适合于住宅、宾馆等建筑。

框架—抗震墙结构体系是在框架结构中布置一定数量的抗震墙而形成的结构体系，特点是结合了框架结构和抗震墙结构的优点，具有抗侧刚度较大，自重较小，平面布置较灵活，抗震性能较好。该结构适用于办公写字楼、宾馆、高层住宅等。

筒体结构体系可以由钢筋混凝土墙组成，也可以由密柱框筒组成。筒体结构具有造型美观、适用灵活，以及整体性能好等优点，适用于较高的高层建筑。

此外，建筑结构还有筒中筒结构、束筒结构、框筒结构、巨型框架结构等。

多层和高层钢筋混凝土建筑结构体系不同具有不同的性能特点，在确定结构方案时，应根据建筑使用功能要求和抗震要求进行合理选择。一般来讲，结构抗侧移刚度是选择抗震结构体系要考虑的重要因素，特别是高层建筑的设计，这一点往往起控制作用。

4.1.2 多层和高层钢筋混凝土房屋的震害及分析

一般来说，钢筋混凝土结构具有较好的抗震性能，地震时所遭受的破坏比砌体结构的破坏轻得多。但如果设计不合理、施工质量不良，多层和高层钢筋混凝土结构建筑也会产生严重的震害。

4.1.2.1 共振效应引起的震害

结构的自振周期与场地的自振周期接近或一致时，会引起建筑物的共振，导致结构破坏严重。

4.1.2.2 结构布置不合理产生的震害

（1）平面布置不当产生的破坏。如果建筑物平面不规则，质量和刚度分布不均匀、不对称而造成刚度中心和质量中心有较大的不重合，易使结构在地震时产生过大的扭转反应而遭到严重破坏。

例如，1972年南美洲马那瓜地震中，两幢高层建筑的震害截然不同，其中15层的中央银行大厦因抗侧力构件不对称布置而发生倒塌，而采用对称外框内筒结构的18层美洲银行大厦只受到轻微破坏，如图4-1所示。

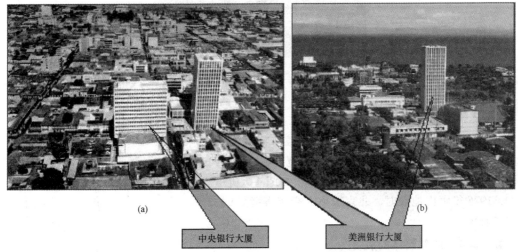

图4-1 马那瓜的中央银行大厦和美洲银行大厦
（a）震前；（b）震后

再如，1976年唐山地震时，位于天津市的一栋平面为L形的建筑（见图4-2），由于不对称而产生了强烈的扭转反应，导致离转动中心较远的东南角柱产生裂缝以致钢筋外露，同时东北角柱处梁柱节点的混凝土酥裂。另一个框架厂房的平面图如图4-3所示，该厂房的电梯间设置在一端，刚度严重不对称，在地震中产生强烈的地震反应，导致第二层的12根柱严重破坏。

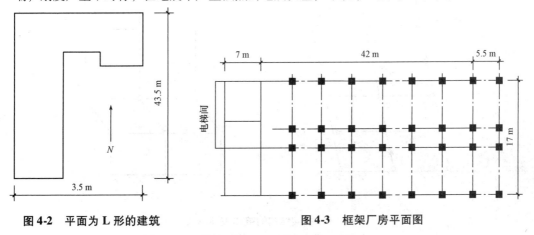

图4-2 平面为L形的建筑　　**图4-3 框架厂房平面图**

（2）竖向不规则产生的破坏。如果结构沿竖向布置的刚度有过大突变，地震时突变处产生应力集中，刚度突然变小的楼层成为薄弱层，致使变形过大，极易发生破坏，甚至倒塌。例如，1995年日本兵库县南部7.2级地震中，鸡腿式建筑底层柱发生破坏，如图4-4所示，导致上部结构倒塌；有一些中高层建筑，因沿竖向刚度分布不合理而导致薄弱层破坏或倒塌。

图4-4　结构薄弱层破坏

4.1.2.3　防震缝两侧结构碰撞破坏

如果防震缝两侧的结构单元各自的振动特性不同，地震时会发生不同形式的振动，若防震缝宽度不够，其两侧的结构单元就会发生碰撞而产生震害，如图4-5所示。例如，1976年唐山地震时，北京民航大楼防震缝处的女儿墙被碰坏。

4.1.2.4　框架整体的震害

框架结构的整体破坏形式一般可分为延性破坏和脆性破坏。当塑性铰出现在梁端，形成梁铰机制（强柱弱梁），如图4-6（a）所示，此时结构能承受较大整体变形，吸收较多地震输入能，结构发生延性破坏；当塑性铰出现在柱端，形成柱铰机制（强梁弱柱），如图4-6（b）所示，此时结构的变形往往集中在某一薄弱层，整体变形较小，结构发生脆性破坏。当框架结构的层间侧移或顶部侧移过大时，还会造成框架整体结构失稳破坏。

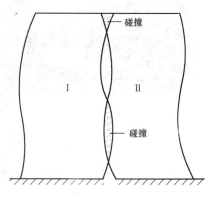

图4-5　防震缝两侧结构单元的碰撞

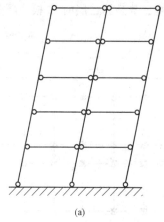
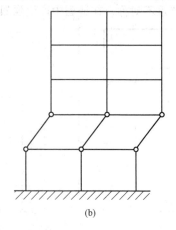

图4-6　框架结构的整体破坏形式
（a）梁铰机制（强柱弱梁）；（b）柱铰机制（强梁弱柱）

4.1.2.5 框架梁、柱和节点的震害

(1) 框架梁的震害。框架梁的震害多发生在梁端。梁端在剪力和弯矩作用下,发生受弯破坏或受剪破坏,出现垂直裂缝或交叉斜裂缝。此外,当梁的纵筋在节点内锚固不足时,会发生锚固失效(纵筋被拔出)。

(2) 框架柱的震害。框架柱的破坏一般发生在柱的上下两端,如图 4-7 所示,尤其角柱和边柱更易发生破坏。柱端在弯矩、剪力、轴力作用下,轻者出现水平裂缝或交叉斜裂缝,重者会出现混凝土被压碎、箍筋被拉断或崩脱、纵筋受压屈曲现象,形成塑性铰。

图 4-7 框架柱上下端的破坏

框架短柱(柱剪跨比不大于 2 或柱净高与柱截面宽度之比值小于 4)由于刚度较大,承受的地震剪力较大,容易导致脆性剪切破坏(见图 4-8)。

角柱处于双向偏压状态,受结构整体扭转影响大,受力状态复杂,而受横梁的约束相对减弱,因此震害比内柱严重(见图 4-9)。

图 4-8 短柱破坏

图 4-9 角柱破坏

(3) 框架节点的震害。框架节点如果配筋或构造不当,节点在弯矩、剪力、轴力作用下会发生剪切破坏,出现交叉斜裂缝,后果往往较严重。节点区箍筋过少,或节点区钢筋过密而影响混凝土浇筑质量,都会引起节点区的破坏。

4.1.2.6 填充墙的震害

框架中嵌砌的砌体填充墙，使结构在水平地震作用下早期刚度大大增加，可以吸收较大的地震输入能。但填充墙本身的抗剪强度低，变形能力小，在地震作用下很快出现交叉斜裂缝而破坏，或者倒塌。

4.1.2.7 抗震墙及其连梁的震害

在强震作用下，抗震墙的震害主要表现为墙肢之间连梁的剪切破坏（见图4-10）。由于地震的往复作用，连梁剪跨比过小而产生交叉斜裂缝的脆性破坏。连梁的破坏使墙肢之间的联系减弱或丧失，导致抗震墙承载力下降。同时，抗震墙的墙肢底层也可能出现水平裂缝、交叉斜裂缝而发生破坏（见图4-11）。

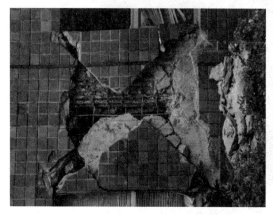 

图 4-10　墙肢之间连梁的破坏　　　　图 4-11　抗震墙的破坏

4.2　多层和高层混凝土结构房屋抗震概念设计

位于抗震设防区的多层和高层钢筋混凝土结构抗震设计，除了计算分析和采取合理的构造措施外，掌握正确的概念设计尤为重要。

4.2.1　最大适用高度和高宽比

不同的结构体系具有不同的抗侧移刚度，建筑的高度和高宽比是其重要的影响因素，因此，选择结构体系时必须考虑建筑的高度和高宽比的限制要求。

《高层规程》将钢筋混凝土高层建筑结构按房屋高度划分为 A 级和 B 级两个级别，规定了各自的最大适用高度和高宽比的限制。A 级高度的建筑是目前应用最广泛的建筑，B 级高度的建筑的最大适用高度和高宽比可较 A 级适当放宽，但其结构抗震等级、抗震计算及构造措施等要求更加严格。

A 级高度乙类和丙类建筑的最大适用高度应符合表 4-1 的要求，对于甲类建筑，6 度、7 度、8 度时宜按本地区设防烈度提高 1 度后符合表 4-1 的要求，9 度时应专门研究。

第4章 多层和高层钢筋混凝土房屋抗震设计

表 4-1　多层及 A 级高度现浇钢筋混凝土结构高层建筑适用的最大高度　　m

结构体系		非抗震设计	抗震设防烈度				
			6度	7度	8度		9度
					0.2g	0.3g	
框架		70	60	50	45	35	24
框架—抗震墙		150	130	120	100	80	50
抗震墙	全部落地抗震墙	150	140	120	100	80	60
	部分框支抗震墙	130	120	100	80	50	不应采用
筒体	框架—核心筒	160	150	130	100	90	70
	筒中筒	200	180	150	120	100	80
板柱—抗震墙		110	80	70	55	40	不应采用

注：1. 表中框架不含异形柱框架；
　　2. 部分框支抗震墙结构指地面以上有部分框支抗震墙的抗震墙结构；
　　3. 框架结构、板柱—抗震墙结构以及9度抗震设防的表列其他结构，超过表内高度的房屋，其结构设计应有可靠依据，并采取有效的加强措施

B 级高度乙类和丙类建筑的最大适用高度应符合表 4-2 的要求，对于甲类建筑，6度、7度时宜按本地区设防烈度提高一度后符合表 4-2 的要求，8度时应专门研究。

表 4-2　B 级高度现浇钢筋混凝土结构高层建筑的最大适用高度　　m

结构体系		非抗震设计	抗震设防烈度			
			6度	7度	8度	
					0.2g	0.3g
框架—抗震墙		170	160	140	120	100
抗震墙	全部落地抗震墙	180	170	150	130	110
	部分框支抗震墙	150	140	120	100	80
筒体	框架—核心筒	220	210	180	140	120
	筒中筒	300	280	230	170	150

注：1. 部分框支抗震墙结构指地面以上有部分框支抗震墙的抗震墙结构；
　　2. 当房屋高度超过表中数值时，结构设计应有可靠依据，并采取有效措施

应当注意，对于平面、竖向不规则结构或建造在Ⅳ类场地的结构，其最大适用高度应适当降低。

同时，现浇钢筋混凝土高层建筑结构的高宽比不宜超过表 4-3 规定的数值。

表 4-3　现浇钢筋混凝土结构高层建筑适用的高宽比

结构类型	非抗震设计	抗震设防烈度		
		6度、7度	8度	9度
框架	5	4	3	2
板柱—抗震墙	6	5	4	—

续表

结构类型	非抗震设计	抗震设防烈度		
		6度、7度	8度	9度
框架—抗震墙、抗震墙	7	6	5	4
框架—核心筒	8	7	6	4
筒中筒	8	8	7	5

4.2.2 抗震等级的划分

抗震等级是结构构件进行抗震设计的标准,《抗震规范》和《高层规程》综合考虑建筑重要性类别、设防烈度、结构类型及房屋高度等因素,对钢筋混凝土结构划分了不同的抗震等级。多层建筑和 A 级高度丙类高层建筑的抗震等级按表 4-4 确定,B 级高度丙类高层建筑的抗震等级按表 4-5 确定。对甲、乙、丁类建筑,则应对各自设防烈度调整后,再查表确定抗震等级。

表 4-4 多层及 A 级高度现浇钢筋混凝土结构的高层建筑抗震等级

结构类型		抗震设防烈度							
		6度		7度		8度			9度
框架结构	高度/m	≤24	>24	≤24	>24	≤24	>24		≤24
	框架	四	三	三	二	二	一		一
	大跨度框架	三		二		一			一
框架—抗震墙结构	高度/m	≤60	>60	≤24	25~60	>60	≤24	25~60	>60	≤24	25~50
	框架	四	三	四	三	二	三	二	一	二	一
	抗震墙	三		三	二		二		一	一	
抗震墙结构	高度/m	≤80	>80	≤24	25~80	>80	≤24	25~80	>80	≤24	25~50
	抗震墙	四	三	四	三	二	三	二	一	二	一
部分框支抗震墙结构	高度/m	≤80	>80	≤24	25~80	>80	≤24	25~80		
	抗震墙 一般部位	四	三	四	三	二	三	二		
	抗震墙 加强部位	三	二	三	二	一	二	一		
	框支框架	二		二		一	一			
框架—核心筒结构	框架	三		二		二			一	
	核心筒	二		二		一			一	
筒中筒结构	外筒	三		二		一			一	
	内筒	三		二		一			一	
板柱—抗震墙结构	高度/m	≤35	>35	≤35	>35	≤35	>35		
	框架、板柱的柱	三	二	二	二	一	一		
	抗震墙	二	二	二	一	二	一		

注:1. 建筑场地为 I 类时,除 6 度外应允许按表内降低 1 度所对应的抗震等级采取抗震构造措施,但相应计算要求不应降低;
2. 接近或等于高度分界时,应结合房屋不规则程度及场地、地基条件确定抗震等级;
3. 低于 60 m 的核心筒—外框结构,满足框架—抗震墙的有关要求时,应允许按框架—抗震墙确定抗震等级。

表 4-5　B 级高度现浇钢筋混凝土结构的高层建筑抗震等级

结构类型		抗震设防烈度		
		6 度	7 度	8 度
框架—抗震墙	框架	二	一	一
	抗震墙	二	一	特一
抗震墙	抗震墙	二	一	一
框支抗震墙	非底部加强部位抗震墙	二	一	一
	底部加强部位抗震墙	一	一	特一
	框支抗震墙	一	特一	特一
框架—核心筒	框架	二	一	一
	筒体	二	一	特一
筒中筒	内筒	二	一	特一
	外筒	二	一	特一

注：底部带转换层的筒体结构，其框支框架和底部加强部位筒体的抗震等级应按表中框支抗震墙结构的规定采用

注意，当本地区设防烈度为 9 度时，A 级高度乙类高层建筑的抗震等级应按特一级采用，甲类建筑应采取更有效的抗震措施。

当裙房与主楼相连时，除应按裙房本身确定外，其抗震等级应不低于主楼的抗震等级；当裙房与主楼分离时（设有防震缝），应按裙房本身确定抗震等级。

4.2.3　结构布置

4.2.3.1　平面布置

结构平面布置宜简单、规则、对称、减小偏心，尽量避免表 1-6 所列的竖向不规则情况，使刚度和承载力分布均匀。在布置柱和抗震墙的位置时，要使结构平面的质量中心与刚度中心尽可能重合或靠近，以减小水平地震作用下产生的扭转反应。框架和抗震墙应双向均匀设置，柱截面中线与抗震墙截面中线、梁轴中线与柱截面中线之间的偏心距不宜大于偏心方向柱宽的 1/4。地震区高层建筑的平面形状尺寸应满足表 1-5 的要求。

4.2.3.2　竖向布置

结构的竖向体型宜规则、均匀；结构竖向抗侧力构件宜上下连续贯通，尽量避免表 1-7 所列的竖向不规则情况。同时，结构避免过大的外挑和内收。外挑和内收的要求详见 1.4.2.2 节建筑立面布置。

A 级高度高层建筑的楼层层间抗侧力结构的受剪承载力不宜小于其相邻上一层受剪承载力的 80%，不应小于其相邻上一层受剪承载力的 65%；B 级高度高层建筑的楼层层间抗侧力结构的受剪承载力不应小于其相邻上一层受剪承载力的 75%。

4.2.3.3　防震缝的设置

当建筑结构平面形状不规则，如平面形状为 L 形、凸形或凹形时，可以通过设置防震缝，将

平面不规则的建筑结构划分成若干较为简单、规则的一字形结构，使其对抗震有利。但防震缝会给建筑立面处理、屋面防水、地下室防水处理等带来难度，而且在强震时防震缝两侧的相邻结构单元可能发生碰撞，造成震害。因此，应提倡尽量不设防震缝，当必须设置防震缝时，其缝最小宽度应符合下列要求：

（1）框架结构，高度不超过15 m时可取100 mm；超过15 m时，设防烈度6度、7度、8度和9度相应每增加5 m、4 m、3 m和2 m时，均宜加宽20 mm。

（2）框架—抗震墙结构的防震缝宽度可采用（1）规定的70%，抗震墙结构的防震缝宽度可采用（1）规定的50%，且均不宜小于100 mm。

（3）防震缝两侧结构类型不同时，宜按需要较宽防震缝的结构类型采用，并按较低房屋高度确定缝宽。

防震缝应沿房屋上部结构的全高设置。当利用伸缩缝或沉降缝兼作防震缝时，其缝宽必须满足防震缝的要求，且还应满足伸缩缝或沉降缝设置的要求。

当设防烈度为8度、9度的框架结构房屋防震缝两侧结构高度、刚度或层高相差较大时，可在缝两侧房屋的尽端沿全高设置垂直于防震缝的抗撞墙，每侧抗撞墙的数量不应少于两道，宜分别对称布置，墙肢长度可不大于层高的1/2，如图4-12所示。框架和抗撞墙的内力应按考虑和不考虑抗撞墙两种情况分别进行分析，并按不利情况取值。

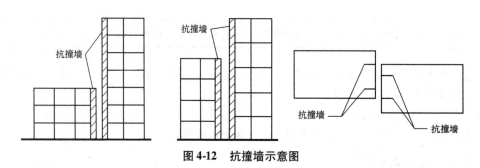

图4-12 抗撞墙示意图

4.2.4 结构材料

钢筋混凝土结构进行抗震设计时，为保证整体结构及结构构件的承载力和延性，材料性能应符合下列规定：

（1）混凝土的强度等级，在框支梁、框支柱及抗震等级为一级的框架梁、柱、节点核心区，应不低于C30；在构造柱、芯柱、圈梁及其他各类构件应不低于C20；在抗震烈度为8度时不宜超过C70和在抗震烈度为9度时不宜超过C60。

（2）普通钢筋宜优先采用延性、韧性和焊接性较好的钢筋；普通钢筋的强度等级，纵向受力钢筋宜选用符合抗震性能指标的HRB400级热轧钢筋，也可采用符合抗震性能指标的HRB335级热轧钢筋；箍筋宜选用符合抗震性能指标的不低于HRB335级的热轧钢筋，也可选用HPB300级热轧钢筋。

（3）抗震等级为一、二级的框架结构，其纵向受力钢筋采用普通钢筋时，钢筋的抗拉强度实测值与屈服强度实测值的比值应不小于1.25；且钢筋的屈服强度实测值与强度标准值的比值应不大于1.3；且钢筋在最大拉力下的总伸长率实测值应不小于9%。

4.3 钢筋混凝土框架结构房屋的抗震计算

钢筋混凝土框架结构房屋的抗震设计，除首先要满足抗震概念设计的一般要求外，还要满足框架结构自身特点的抗震概念设计要求（如承重方案选择、独立基础连系梁的设置等）。在概念设计满足后，进行结构的抗震计算，并满足抗震构造措施。

目前，我国工程界结构抗震计算基本上实现了电算化。当采用振型分解反应谱法或时程分析法计算地震作用时，常采用电算方法。电算方法就是采用设计软件（如 PKPM、ETABS）进行结构的抗震计算与设计。当采用底部剪力法计算地震作用时，通常采用手算方法。限于篇幅，本节主要介绍钢筋混凝土框架结构采用手算的设计方法。

4.3.1 水平地震作用计算及位移验算

实际结构是空间体系，但对于规则的框架结构，一般可以简化为平面结构进行抗震计算，即一榀框架只抵抗自身平面内的侧向地震作用，各平面结构通过楼盖（屋盖）连接而协同工作，各层楼盖平面内刚度无限大，平面外刚度很小，可忽略。

4.3.1.1 水平地震作用计算

对于高度不超过 40 m、以剪切变形为主且质量和刚度沿高度分布比较均匀的框架结构，在多遇地震下的水平地震作用可以采用底部剪力法计算。按第 3 章给出的计算方法，首先确定结构计算简图及各楼层质点的重力荷载代表值，然后依次计算出框架结构总水平地震作用标准值 F_{Ek}、各层水平地震作用标准值 F_i，以及当 $T_1 > 1.4 T_g$ 时要考虑高阶振型影响的主体结构顶层附加水平地震作用标准值 ΔF_n 或有局部突出主体屋面时的鞭梢效应。

4.3.1.2 楼层地震剪力的计算

当已知各层的水平地震作用标准值 F_i 和主体结构顶层附加水平地震作用标准值 ΔF_n 后，各楼层的层间地震剪力 V_i 按下式计算：

$$V_i = \sum_{j=i}^{n} F_j + \Delta F_n \tag{4-1}$$

且应满足楼层最小地震剪力的要求，即

$$V_i > \lambda \sum_{j=i}^{n} G_i \tag{4-2}$$

当不满足时，应对楼层剪力值进行调整。

4.3.1.3 弹性层间位移验算

在多遇地震作用下，主体结构和非结构构件处于弹性阶段，所有框架结构均应进行多遇地震作用下弹性层间位移的验算，框架结构的弹性层间位移应符合下式要求，即

$$\Delta u_e \leq [\theta_e] h \tag{4-3}$$

式中 $[\theta_e]$——弹性层间位移角限值；

h——楼层高度；

Δu_e——多遇地震作用标准值产生的楼层层间最大弹性位移。

框架结构的层间最大弹性位移可按下式计算：

$$\Delta u_e = \frac{V_i}{\sum_{k=1}^{m} D_{ik}} \tag{4-4}$$

式中　D_{ik}——第 i 层第 k 柱的侧移刚度；

　　　$\sum_{k=1}^{m} D_{ik}$——第 i 层所有柱的侧移刚度之和。

4.3.2　水平地震作用下的框架内力计算

当框架层间弹性位移验算满足要求后，方可进行多遇水平地震作用下的框架内力分析。

水平地震作用下框架结构的内力计算方法常采用反弯点法和 D 值法（改进反弯点法）。反弯点法适用于梁柱线刚度比大于3的情况，计算比较简单。D 值法近似考虑了框架节点转动对柱的侧移刚度和反弯点高度的影响，对柱的侧移刚度和反弯点高度进行了修正，计算比较精确，应用较为广泛。

用 D 值法计算框架结构内力的步骤如下：

（1）计算各层柱的侧移刚度。

$$D = \alpha \frac{12 i_c}{h^2} \tag{4-5}$$

式中　i_c——柱的线刚度；

　　　h——楼层高度；

　　　α——节点转动影响系数，按表4-6取用。

表4-6　节点转动影响系数 α

楼层	边柱		中柱		α
一般层	(图示)	$\bar{K} = \dfrac{i_{b1} + i_{b2}}{2 i_c}$	(图示)	$\bar{K} = \dfrac{i_{b1} + i_{b2} + i_{b3} + i_{b4}}{2 i_c}$	$\alpha = \dfrac{\bar{K}}{2 + \bar{K}}$
底层	(图示)	$\bar{K} = \dfrac{i_{b5}}{i_c}$	(图示)	$\bar{K} = \dfrac{i_{b5} + i_{b6}}{i_c}$	$\alpha = \dfrac{0.5 + \bar{K}}{2 + \bar{K}}$

当采用现浇整体式或装配整体式楼盖时，宜考虑部分楼板作为梁受压翼缘参加工作，梁的刚度就会有所提高，此时框架梁截面折算惯性矩 I_b 按表4-7采用。

表 4-7　框架梁截面折算惯性矩 I_b

楼盖结构类型	中框架	边框架
现浇整体式	$I_b = 2I_0$	$I_b = 1.5I_0$
装配整体式	$I_b = 1.5I_0$	$I_b = 1.2I_0$

注：1. I_0 为框架梁矩形截面惯性矩；
　　2. 中框架是指其两侧都布置楼板的框架，边框架是指其仅一侧布置楼板的框架

(2) 计算各柱分配的地震剪力。计算第 i 层第 j 根柱所分配的剪力 V_{ij}：

$$V_{ij} = \frac{D_{ij}}{\sum_{k=1}^{m} D_{ik}} V_i \qquad (4-6)$$

(3) 确定各柱的反弯点高度 yh。

柱的反弯点高度取决于框架的层数、柱子所在的楼层、上下层梁的刚度比值、上下层高与本层层高的比值以及荷载的作用形式等（见图 4-13）。

柱的反弯点高度可按下式计算，即

$$yh = (y_0 + y_1 + y_2 + y_3) h \qquad (4-7)$$

式中　y_0——标准反弯点高度比，根据水平荷载的形式，查附录 C 表 C1 中相应的用表确定；

　　　y_1——与柱相邻的上下横梁线刚度不同时对反弯点高度比的修正系数，按附录 C 表 C2 中相应的用表确定；

　　　y_2——相邻上层层高与本层层高不同时对反弯点高度比的修正系数，按附录 C 表 C3 中相应的用表确定；

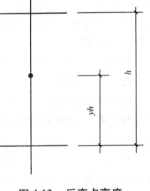

图 4-13　反弯点高度

　　　y_3——相邻下层层高与本层层高不同时对反弯点高度比的修正系数，按附录 C 表 C3 中相应的用表确定。

(4) 柱端弯矩计算。由柱剪力 V_{ij} 和反弯点高度 yh，按下列式子求得：

上端弯矩　　　　　　　　　　$M_c^t = V_{ij} (1 - y) h$ 　　　　　　(4-8)

下端弯矩　　　　　　　　　　$M_c^u = V_{ij} yh$ 　　　　　　(4-9)

(5) 计算梁端弯矩。按节点弯矩平衡条件进行计算，即将节点上、下柱端弯矩之和等于左右两梁端弯矩之和，然后按照左梁线刚度 i_b^l 和右梁线刚度 i_b^r 所占的比例进行分配，可得到节点左梁端弯矩 M_b^l、右梁端弯矩 M_b^r（见图 4-14），即

$$M_b^l = \frac{i_b^l}{i_b^l + i_b^r} (M_c^t + M_c^u) \qquad (4-10)$$

$$M_b^r = \frac{i_b^r}{i_b^l + i_b^r} (M_c^t + M_c^u) \qquad (4-11)$$

式中　M_c^u、M_c^t——与该节点相交的下柱顶端和上柱底端的弯矩。

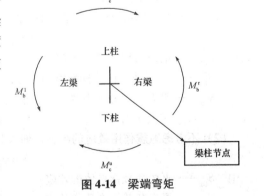

图 4-14　梁端弯矩

(6) 梁端剪力。梁端剪力按梁的弯矩平衡条件计算：

$$V_{b} = \frac{M_{b}^{l} + M_{b}^{r}}{l} \tag{4-12}$$

式中　M_{b}^{l}、M_{b}^{r}——框架梁左、右端弯矩；
　　　l——框架梁跨度。

(7) 柱轴力计算。框架柱轴力按该柱以上所有各层相邻梁端剪力沿竖向平衡条件求得。

4.3.3　竖向荷载作用下的框架内力计算

竖向荷载作用下框架内力近似计算可以采用分层法和弯矩二次分配法。

分层法就是将 m 层框架拆成 m 个计算单元，每个计算单元内仅由一层梁和与其相邻的上下柱组成，且只承受该层竖向荷载，上下柱的远端均近似看成固端；然后采用弯矩分配法计算各单元的弯矩；最后将各单元弯矩叠加成框架弯矩，对不平衡的节点弯矩可再进行一次分配，但不再传递。但是，由于除底层柱的下端外，其余各层柱端都不是固定端，而是弹性支承，因此，除底层柱外，其余各层柱的线刚度均乘以折减系数 0.9，并将柱的弯矩传递系数由 1/2 改为 1/3，底层柱不做此修正。

弯矩二次分配法就是将求得的各节点固端不平衡弯矩进行分配，并向远端传递，再在各节点分配一次而结束。

竖向荷载作用下，可以考虑框架梁塑性内力重分布，进行弯矩调幅，降低梁端负弯矩，减少支座配筋量。对于现浇框架，调幅系数可取 0.8 ~ 0.9；对于装配整体式框架，可取 0.7 ~ 0.8。弯矩调幅应在内力组合前进行。

据统计，国内高层民用建筑重力荷载为 12 ~ 15 kN/m^2，其中活荷载为 2 kN/m^2 左右，其不利布置对结构内力的影响不大。因此，当活荷载标准值小于 4 kN/m^2 时，可按全部满载布置，以简化计算。但求出的梁跨中弯矩需要乘以 1.1 ~ 1.2 的放大系数。

4.3.4　内力组合

多层框架结构承受的荷载主要包括永久荷载（恒荷载）、可变荷载（楼面和屋面活荷载、屋面雪荷载、风荷载）、地震作用等。通过框架内力分析，可以得到结构在不同荷载作用下的内力标准值，然后进行内力组合，从而得出构件控制截面上的最不利内力，以此作为截面设计的依据。

多层框架结构抗震设计时，一般考虑以下两种基本组合。

(1) 考虑地震作用效应的组合，即地震作用效应与重力荷载代表值的效应组合：

$$S = \gamma_{GE} S_{GE} + 1.3 S_{Ehk} \tag{4-13}$$

式中　S_{GE}——重力荷载代表值的效应；
　　　S_{Ehk}——水平地震作用标准值的效应；
　　　γ_{GE}——重力荷载分项系数，一般情况下取 1.2，当重力荷载效应对构件承载力有利时，不应大于 1.0。

(2) 不考虑地震作用效应的组合，即永久荷载和可变荷载的效应组合：

$$S = \gamma_G S_{Gk} + \gamma_Q S_{Qk} \tag{4-14}$$

式中　S_{Gk}——永久荷载标准值的效应；
　　　S_{Qk}——可变荷载标准值的效应；
　　　γ_G——永久荷载分项系数，当永久荷载效应对构件不利时，对由可变荷载效应控制的组合，取 1.2，对由永久荷载效应控制的组合，取 1.35；当永久荷载效应对构件有利时，不应大于 1.0；

γ_Q——可变荷载分项系数，一般取 1.4。

进行抗震设计时，应在上述两种荷载效应组合中取最不利情况的内力作为构件控制截面的内力设计值。当需要考虑竖向地震作用或风荷载时，其内力组合设计值可参考有关规定。

现以框架梁、柱为例，说明其内力组合方法。

(1) 框架梁的内力组合。

支座负弯矩：$-M = -(1.2M_{GE} + 1.3M_{Eh})$

支座正弯矩：$+M = -1.0M_{GE} + 1.3M_{Eh}$

跨间正弯矩：$+M = \max\{(\gamma_G M_{G中} + \gamma_Q M_{Q中}), M_{GE中}\}$

梁端剪力：$V = 1.2V_{GE} + 1.3V_{Eh}$

式中 M_{GE}、V_{GE}——重力荷载代表值作用下的梁端弯矩和剪力标准值；

M_{Eh}、V_{Eh}——水平地震作用下的梁端弯矩和剪力标准值；

$M_{G中}$、$M_{Q中}$——永久、可变荷载作用下梁跨中截面最大正弯矩标准值；

$M_{GE中}$——梁跨间在重力荷载和水平地震共同作用下的最大弯矩。

(2) 框架柱的内力组合。

①以横向地震作用（沿 x 方向）为例，柱单向偏心受压时：

有地震作用组合　　$M_x = 1.2M_{xGE} + 1.3M_{xEh}$

$N = 1.2N_{GE} + 1.3N_{Eh}$

无地震作用组合　　$M_x = 1.2M_{xG} + 1.4M_{xQ}$

$N = 1.2N_G + 1.4N_Q$

式中　N_{GE}、N_{Eh}——重力荷载、水平地震作用下的柱轴力标准值；

N_G、N_Q——永久、可变荷载作用下的柱轴力标准值。

②沿 x 方向有地震作用，柱双向偏心受压时：

有地震作用组合　　$M_x = 1.2M_{xGE} + 1.3M_{xEh}$

$M_y = 1.2M_{yGE}$

$N = 1.2N_{GE} + 1.3N_{Eh}$

无地震作用组合　　$M_x = 1.2M_{xG} + 1.4M_{xQ}$

$M_y = 1.2M_{yG} + 1.4M_{yQ}$

$N = 1.2N_G + 1.4N_Q$

注意：在进行有地震作用组合计算时，水平地震作用应考虑自左向右和自右向左两种情况。

4.3.5　构件截面设计

4.3.5.1　一般设计原则

框架结构的整体破坏机制可分为梁铰破坏机制（强柱弱梁型）和柱铰破坏机制（强梁弱柱型）。梁铰破坏机制是指当框架柱端的抗弯承载力大于框架梁端的抗弯承载力时，地震时框架梁端首先屈服而出现塑性铰，此时结构可以承受较大的变形，耗散较多的地震输入能；而各层柱基本处于弹性阶段，最后在底层框架柱根处出现塑性铰而形成延性破坏机制。柱铰破坏机制是指当框架柱端的抗弯承载力小于框架梁端的抗弯承载力时，地震时框架柱端首先屈服而出现塑性铰，导致某一层屈服（形成薄弱层），而造成结构承受变形能力较小、耗散地震输入能较少的脆性破坏机制，容易使结构倒塌。

为了使框架结构在地震中具有合理的破坏机制和良好的延性，框架结构的抗震设计应满足"强柱弱梁""强剪弱弯"和"强节点、强锚固"的原则。

（1）强柱弱梁。"强柱弱梁"的设计原则是框架节点处的柱端抗弯设计承载力应略大于梁端抗弯设计承载力。具体要求有如下几点：

①一、二、三、四级框架梁柱节点处，除框架顶层和柱轴压比小于0.15的柱及框支梁与框支柱节点外，柱端组合的弯矩设计值应符合下式要求：

$$\sum M_c = \eta_c \sum M_b \tag{4-15}$$

一级的框架结构和设防烈度为9度的一级框架可不符合式（4-15）要求，但应符合下式要求：

$$\sum M_c = 1.2 \sum M_{bua} \tag{4-16}$$

式中 $\sum M_c$——节点处上下柱端截面逆时针或顺时针方向组合的弯矩设计值之和，上下柱端的弯矩设计值可按弹性分析分配（按地震作用组合下的弯矩比分配）；

$\sum M_b$——节点处左右梁端截面逆时针或顺时针方向组合的弯矩设计值之和，一级框架节点左右梁端均为负弯矩时，绝对值较小的弯矩应取零；

$\sum M_{bua}$——节点处左右梁端截面逆时针或顺时针方向实配钢筋的正截面抗震受弯承载力所对应的弯矩设计值之和，根据实配钢筋截面面积（包含受压筋）和材料强度标准值确定；

η_c——框架柱端弯矩增大系数，对框架结构，一级取1.7，二级取1.5，三级取1.3，四级取1.2；其他结构类型中的框架，一级取1.4，二级取1.2，三、四级取1.1。

当反弯点不在柱的层高范围内时，柱端的弯矩设计值可乘以上述柱端弯矩增大系数。

②一、二、三、四级框架结构的底层，柱下端截面组合的弯矩设计值，应分别乘以增大系数1.7、1.5、1.3和1.2。底层柱纵向钢筋应按上下端的不利情况配置。这里的底层是指无地下室的基础或地下室以上的首层。

③一、二、三、四级框架结构的角柱，调整后的弯矩设计值应乘以不小于1.10的增大系数。

（2）强剪弱弯。"强剪弱弯"的设计原则是，框架梁和柱的抗剪承载力应略大于其抗弯承载力，就是将同一杆件在地震作用组合下的剪力设计值调整为略大于按杆端弯矩设计值（或实际抗弯承载力）及梁上荷载反算出的剪力值。具体要求如下：

①框架梁剪力设计值的调整。一、二、三级的框架梁和抗震墙的连梁，其梁端截面组合的剪力设计值应按下式调整：

$$V_b = \frac{\eta_{vb}(M_b^l + M_b^r)}{l_n} + V_{Gb} \tag{4-17}$$

一级的框架结构和设防烈度为9度的一级框架梁、连梁可不按式（4-17）调整，但应符合下式要求：

$$V_b = \frac{1.1(M_{bua}^l + M_{bua}^r)}{l_n} + V_{Gb} \tag{4-18}$$

式中 V_b——梁端截面组合的剪力设计值；

l_n——梁的净跨；

V_{Gb}——梁在重力荷载代表值（设防烈度为9度时高层建筑还应包括竖向地震作用标准值）作用下，按简支梁分析的梁端截面剪力设计值；

$M_{\mathrm{b}}^{\mathrm{l}}$、$M_{\mathrm{b}}^{\mathrm{r}}$——梁左、右端逆时针或顺时针方向组合的弯矩设计值,一级框架两端弯矩均为负值时,绝对值较小的一端取零;

$M_{\mathrm{bua}}^{\mathrm{l}}$、$M_{\mathrm{bua}}^{\mathrm{r}}$——梁左、右端逆时针或顺时针方向根据实配钢筋面积(考虑受压钢筋)材料强度标准计算的抗震受弯承载力所对应的弯矩值;

η_{vb}——梁端剪力增大系数,一级为1.3,二级为1.2,三级为1.1。

②框架柱剪力设计值的调整。一、二、三、四级的框架柱和框支柱组合的剪力设计值应按下式调整:

$$V_{\mathrm{c}} = \frac{\eta_{\mathrm{vc}}(M_{\mathrm{c}}^{\mathrm{t}} + M_{\mathrm{c}}^{\mathrm{u}})}{H_{\mathrm{n}}} \tag{4-19}$$

一级的框架结构和设防烈度为9度的一级框架可不按式(4-19)调整,但应符合下式要求:

$$V_{\mathrm{c}} = \frac{1.2(M_{\mathrm{cua}}^{\mathrm{t}} + M_{\mathrm{cua}}^{\mathrm{u}})}{H_{\mathrm{n}}} \tag{4-20}$$

式中 V_{c}——柱端截面组合的剪力设计值;

H_{n}——柱的净高;

$M_{\mathrm{c}}^{\mathrm{t}}$、$M_{\mathrm{c}}^{\mathrm{u}}$——柱的上、下端顺时针或逆时针方向截面组合的弯矩设计值,应符合上述对柱端弯矩设计值的要求;

$M_{\mathrm{cua}}^{\mathrm{t}}$、$M_{\mathrm{cua}}^{\mathrm{u}}$——柱的上、下端顺时针或逆时针方向根据实配钢筋截面面积、材料强度标准值和轴压力等计算的抗震受弯承载力所对应的弯矩值;

η_{vc}——柱剪力增大系数,对框架结构,一、二、三、四级分别取1.5、1.3、1.2、1.1;其他结构类型中的框架,一级取1.4,二级取1.2,三、四级取1.1。

对于一、二、三、四级框架结构的角柱,调整后的剪力设计值应乘以不小于1.10的增大系数。

如果控制截面(梁跨中、柱上下端截面等)内力不是由地震作用组合控制,则截面内力不需要按上述方法调整,可直接按组合内力的设计值进行截面设计。

(3)强节点、强锚固。地震震害表明,钢筋混凝土框架节点在地震中多有不同程度的破坏,破坏的主要形式是节点核心区的剪切破坏和钢筋锚固破坏,严重的会引起整个框架倒塌。根据"强节点、强锚固"的设计概念,框架节点的设计原则是:

①节点的承载力不应低于其连接构件(梁、柱)的承载力;
②梁柱纵筋在节点区应有可靠锚固;
③节点配筋不应使施工过分困难;
④发生多遇地震时,节点应在弹性范围内工作。

《抗震规范》规定:一、二、三级框架的节点核心区应进行抗震验算;四级框架的节点核心区可不进行抗震验算,但应符合抗震构造措施要求。

一、二、三级框架梁柱节点核心区组合的剪力设计值(见图4-15),应按下列公式确定:

$$V_{\mathrm{j}} = \frac{\eta_{\mathrm{jb}} \sum M_{\mathrm{b}}}{h_{\mathrm{b0}} - a_{\mathrm{s}}} \left(1 - \frac{h_{\mathrm{b0}} - a_{\mathrm{s}}}{H_{\mathrm{c}} - h_{\mathrm{b}}}\right) \tag{4-21}$$

图4-15中,$N_{\mathrm{c}}^{\mathrm{t}}$——柱底轴力设计值;

$N_{\mathrm{c}}^{\mathrm{u}}$——柱顶轴力设计值;

$V_{\mathrm{c}}^{\mathrm{t}}$——柱底剪力设计值;

$N_{\mathrm{c}}^{\mathrm{u}}$——柱顶剪力设计值;

V_b^l、V_b^r——梁左右端相应截面的剪力设计值;

C^l、C^r——截面左右相应位置处的压力;

T^l、T^r——截面左右相应位置处的拉力。

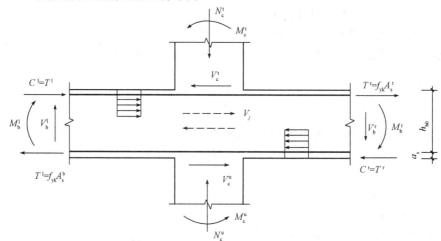

图4-15 框架节点核心区受力分析简图

一级的框架结构和设防烈度为9度的一级框架可不按式(4-21)调整,但应符合下式要求:

$$V_j = \frac{1.15 \sum M_{bua}}{h_{b0} - a_s}\left(1 - \frac{h_{b0} - a_s}{H_c - h_b}\right) \tag{4-22}$$

式中 V_j——梁柱节点核心区组合的剪力设计值;

η_{jb}——节点剪力增大系数,对于框架结构,一级取1.5,二级取1.35,三级取1.2;其他结构类型中的框架,一级取1.35,二级取1.2,三级取1.1。

H_c——柱的计算高度,可取节点上、下柱反弯点之间的距离;

h_b、h_{b0}——框架梁截面高度和截面有效高度,节点两侧梁截面高度不等时,取平均值;

a_s——梁受压钢筋合力作用点至受压边缘的距离;

$\sum M_b$——有地震作用组合时节点左右梁端逆时针或顺时针方向组合弯矩设计值之和,一级框架左右梁端均为负弯矩时,绝对值较小的弯矩应取为零;

$\sum M_{bua}$——有地震作用组合时节点左右梁端逆时针或顺时针方向按实配纵筋截面面积(含受压钢筋)和材料强度标准值计算,并且考虑承载力抗震调整系数的正截面受弯承载力所对应的弯矩值之和。

4.3.5.2 梁柱截面抗震承载力验算

框架梁柱截面抗震承载力验算应符合第3章中式(3-92)要求,即

$$S \leq \frac{R}{\gamma_{RE}} \tag{4-23}$$

式中 S——考虑地震作用组合的内力设计值(按调整后计算);

R——承载力设计值;

γ_{RE}——承载力抗震调整系数。

(1) 梁、柱正截面抗震承载力验算。为保证梁端具有足够的延性,框架梁正截面抗震承载力计算需要满足如下要求。

①梁端截面的混凝土受压区高度 x 应符合下列条件（考虑受压钢筋的作用）：

一级框架 $\qquad x < 0.25h_0 \qquad$ (4-24)

二、三级框架 $\qquad x < 0.35h_0 \qquad$ (4-25)

②梁端纵向受拉钢筋的配筋率不应大于2.5%。

（2）梁、柱斜截面抗震受剪承载力验算。有地震作用组合时，框架梁、柱斜截面抗震受剪承载力验算如下：

①矩形、T形和I形截面框架梁的验算。一般均布荷载作用下的框架梁：

$$V_b \leq \frac{1}{\gamma_{RE}}\left(0.42f_t bh_0 + 1.25f_{yv}\frac{A_{sv}}{s}h_0\right) \qquad (4-26)$$

式中 V_b——梁端截面组合的剪力设计值；

f_t——混凝土轴心抗拉强度设计值；

f_{yv}——箍筋屈服强度设计值；

A_{sv}——箍筋截面面积；

s——箍筋间距；

b——梁截面宽度；

h_0——梁截面有效高度。

集中荷载作用下（包含均布、集中荷载共同作用下，其中集中荷载对梁端产生的剪力占总剪力值75%以上的情况）的框架梁：

$$V_b \leq \frac{1}{\gamma_{RE}}\left(\frac{1.05}{\lambda+1}f_t bh_0 + f_{yv}\frac{A_{sv}}{s}h_0\right) \qquad (4-27)$$

式中 λ——梁的剪跨比，当 $\lambda < 1.5$ 时，取 $\lambda = 1.5$；当 $\lambda > 3$ 时，取 $\lambda = 3$。

②框架柱及框支柱的验算。柱轴力为压力时：

$$V_c \leq \frac{1}{\gamma_{RE}}\left(\frac{1.05}{\lambda+1}f_t bh_0 + f_{yv}\frac{A_{sv}}{s}h_0\right) + 0.056N \qquad (4-28)$$

式中 N——考虑地震作用组合的柱轴向压力设计值，当 $N > 0.3f_c A$ 时，取 $N = 0.3f_c A$；

b——柱截面宽度；

h_0——柱截面有效高度。

柱轴力为拉力时：

$$V_c \leq \frac{1}{\gamma_{RE}}\left(\frac{1.05}{\lambda+1}f_t bh_0 + f_{yv}\frac{A_{sv}}{s}h_0\right) - 0.2N \qquad (4-29)$$

式中 N——考虑地震作用组合的柱轴向拉力设计值，当式中括号内的计算值小于 $f_{yv}\frac{A_{sv}}{s}h_0$ 时，

取其计算值等于 $f_{yv}\frac{A_{sv}}{s}h_0$，且 $f_{yv}\frac{A_{sv}}{s}h_0 > 0.36f_t bh_0$；

λ——柱的剪跨比，当 $\lambda < 1$ 时，取 $\lambda = 1$；当 $\lambda > 3$ 时，取 $\lambda = 3$。

（3）截面尺寸验算。框架梁、柱最小截面尺寸的限制可由剪压比 $V/f_c bh$ 限制来实现，因为剪压比过大时，构件混凝土就会较早地发生脆性破坏。具体要求如下：

跨高比大于2.5的梁和连梁、剪跨比大于2的柱和抗震墙，应满足下式要求：

$$V \leq \frac{1}{\gamma_{RE}}(0.20\beta_c f_c bh_0) \qquad (4-30)$$

跨高比不大于2.5的梁和连梁、剪跨比不大于2的柱和抗震墙、部分框支抗震墙结构的框支

柱和框支梁，以及落地抗震墙的底部加强部位，应满足下式要求：

$$V \leqslant \frac{1}{\gamma_{RE}}(0.15\beta_c f_c b h_0) \tag{4-31}$$

式中 V——调整后的梁端、柱端或墙端截面组合的剪力设计值；
β_c——混凝土强度影响系数；
f_c——混凝土轴心抗压强度设计值；
h_0——梁、柱截面有效高度，抗震墙可取墙肢长度；
b——梁、柱截面宽度或抗震墙墙肢截面宽度，圆形截面柱可按面积相等的方形截面宽度计算。

4.3.5.3 梁柱节点核心区截面的抗震验算

根据"强节点、强锚固"原则，对于设防烈度为9度及一、二、三级框架，需要进行节点核心区的抗震验算；对于四级框架的节点核心区可不进行抗震验算，只采用构造措施加以保证。

应该指出，本节内容主要针对框架柱截面为矩形且梁宽小于柱宽的一般框架节点，而扁梁框架和圆柱框架的节点核心区抗震验算详见《抗震规范》。

（1）节点核心区剪压比限制。节点核心区的剪压比是指核心区有效截面范围内的组合平均剪应力与混凝土轴心抗压强度设计值之比，即 $V_j/f_c b_j h_j$。为防止节点核心区混凝土发生斜压破坏，核心区的剪压比不应过大，也就是核心区水平截面不能过小。因此，框架节点核心区受剪水平截面应符合下式要求：

$$V_j \leqslant \frac{1}{\gamma_{RE}}(0.30\eta_j \beta_c f_c b_j h_j) \tag{4-32}$$

式中 V_j——有地震作用组合的节点核心区水平截面上剪力设计值；
η_j——正交梁多节点的约束影响系数，楼板为现浇、梁柱中线重合、四侧各梁宽度不小于该侧柱截面宽度的1/2，且正交方向梁高度不小于框架梁截面高度的3/4时，取1.5；设防烈度为9度时，取1.25；其他情况取1.0；
h_j——节点核心区的截面高度，可取 $h_j = h_c$，h_c 为验算方向的柱截面高度；
b_j——节点核心区的截面有效验算宽度，框架梁柱中线重合时，当 $b_b \geqslant b_c/2$ 时，取 $b_j = b_c$；当 $b_b < b_c/2$ 时，取 $b_j = \min\{(b_b+0.5h_c), b_c\}$；当梁柱中线存在偏心距 e_{bc}，且 $e_{bc} \leqslant b_c/4$ 时，取 $b_j = \min\{(0.5b_b+0.5b_c+0.5h_c-e_{bc}), (b_b+0.5h_c), b_c\}$，$b_b$ 和 b_c 分别为梁、柱的截面宽度，即垂直于框架平面方向的尺寸。

其他符号意义同前。

（2）节点核心区抗震受剪承载力验算。节点核心区抗震受剪承载力主要由混凝土和水平箍筋承担。采用下式验算：

$$V_j \leqslant \frac{1}{\gamma_{RE}}\left(1.1\eta_j f_t b_j h_j + 0.05\eta_j N\frac{b_j}{b_c} + f_{yv}A_{svj}\frac{h_{b0}-a_s}{s}\right) \tag{4-33}$$

设防烈度为9度的一级框架：

$$V_j \leqslant \frac{1}{\gamma_{RE}}\left(0.9\eta_j f_t b_j h_j + f_{yv}A_{svj}\frac{h_{b0}-a_s}{s}\right) \tag{4-34}$$

式中 N——对应于地震作用组合剪力设计值的上柱底部的组合轴向压力较小值，其取值不应大于柱的截面面积和混凝土轴心抗压强度设计值的乘积的50%，当 N 为拉力时，取 $N=0$；
A_{svj}——核心区有效验算宽度 b_j 范围内同一截面验算方向箍筋的总截面面积；
s——箍筋间距。

其他符号意义同前。

4.3.6 框架结构薄弱层弹塑性变形验算

对需要进行第二阶段设计的框架结构或其他结构房屋，除满足多遇地震作用下的承载力和弹性变形要求之外，还必须进行罕遇地震作用下的薄弱层弹塑性变形验算，以满足"大震不倒"的要求。

薄弱层弹塑性变形的验算，可以根据结构体系的不同特点采用不同的计算方法（详见第3章）。对于不超过12层且刚度无突变的钢筋混凝土框架结构可以采用简化计算方法。

4.4 钢筋混凝土框架结构房屋的抗震构造措施

钢筋混凝土框架结构房屋的抗震设计，除应满足抗震概念设计、抗震验算之外，还必须采取一系列抗震构造措施，目的是加强结构整体性，提高结构及构件、节点的变形能力，从而提高结构耗散地震输入能的能力。

4.4.1 框架梁的构造措施

4.4.1.1 梁的截面尺寸

梁的截面宽度不宜小于200 mm；截面高宽比不宜大于4；净跨与截面高度之比不宜小于4。

采用梁宽大于柱宽扁梁时，楼、屋盖应现浇，梁中线宜与柱中线重合，扁梁应双向布置，且不宜用于一级框架结构。扁梁的截面尺寸应符合下列要求：

$$b_b \leq 2b_c \tag{4-35a}$$

$$b_b \leq b_c + h_b \tag{4-35b}$$

$$h_b \geq 16d \tag{4-36}$$

式中 b_c——柱截面宽度，圆形截面取柱直径的80%；

b_b、h_b——梁截面宽度和高度；

d——柱纵筋直径。

4.4.1.2 梁的纵向钢筋

（1）梁端计入受压钢筋的梁端混凝土受压区高度和有效高度之比，一级应不大于0.25，二、三级不应大于0.35。

（2）梁端截面的底面和顶面纵向钢筋配筋量的比值，除按计算确定外，一级应不小于0.5，二、三级应不小于0.3。

（3）梁端纵向受拉钢筋的配筋率应不大于2.5%。沿梁全长底面和顶面的配筋，一、二级不应少于2Φ14，且分别应不少于梁两端底面和顶面纵向配筋中较大截面面积的1/4，三、四级应不少于2Φ12。

（4）一、二级框架梁内贯通中柱的每根纵向钢筋直径，对矩形截面柱，不宜大于柱在该方向截面尺寸的1/20；对于圆形截面柱，不宜大于纵向钢筋所在位置柱截面弦长的1/20。

4.4.1.3 梁的箍筋

（1）梁端箍筋加密区的长度、箍筋最大间距和最小直径应按表4-8采用，当梁端纵向受拉钢筋的配筋率大于 2% 时，表中箍筋最小直径数值应增大 2 mm。

表 4-8　梁端箍筋加密区的长度、箍筋最大间距和最小直径　　　　　mm

抗震等级	加密区长度 （采用较大值）	箍筋最大间距 （采用较小值）	箍筋最小直径
一	$2h_b$, 500	$h_b/4$, $6d$, 100	10
二	1.5h_b, 500	$h_b/4$, $6d$, 150	8
三		$h_b/4$, $6d$, 150	8
四		$h_b/4$, $6d$, 150	6

注：d 为纵向钢筋直径，h_b 为梁截面高度。

（2）梁端箍筋加密区的箍筋肢距，一级不宜大于 200 mm 和 20 倍箍筋直径的较大值，二、三级不宜大于 250 mm 和 20 倍箍筋直径的较大值，四级不宜大于 300 mm。

4.4.2　框架柱的构造措施

4.4.2.1　柱的截面尺寸

柱截面的宽度和高度，四级或不超过 2 层时不宜小于 300 mm，一、二、三级且超过 2 层时不宜小于 400 mm；圆柱的直径，四级或不超过 2 层时不宜小于 350 mm；一、二、三级且超过 2 层时不宜小于 450 mm。

剪跨比宜大于 2，截面长边与短边的边长之比不宜大于 3。

4.4.2.2　柱轴压比限制

柱轴压比 μ 是指柱地震作用组合的轴压力设计值与柱的全截面面积和混凝土轴心抗压强度设计值乘积之比，即

$$\mu = \frac{N}{f_c A} \tag{4-37}$$

式中　N——地震作用组合的轴压力设计值（可不进行地震作用计算的结构，取无地震作用组合的轴压力设计值）；

　　　A——柱的全截面面积；

　　　f_c——混凝土轴心抗压强度设计值。

轴压比对柱的延性和破坏形态有重要影响。轴压比越大，则柱的延性越差。当轴压比较小时，柱为大偏心受压构件，呈延性破坏；而当轴压比较大时，柱为小偏心受压构件，呈脆性破坏。因此，为保证地震时柱的延性，《抗震规范》要求柱轴压比不宜超过表 4-9 的规定，建造于 Ⅳ 类场地且较高的高层建筑，柱轴压比限值应适当减小。

表 4-9　柱轴压比限值

结构类型	抗震等级			
	一	二	三	四
框架结构	0.65	0.75	0.85	0.9
框架—抗震墙、板柱—抗震墙、框架—核心筒及筒中筒	0.75	0.85	0.9	0.95

续表

结构类型	抗震等级			
	一	二	三	四
部分框支抗震墙	0.6	0.7	—	—

注：1. 表内限值适用于剪跨比大于 2、混凝土强度等级不高于 C60 的柱；剪跨比不大于 2 的柱轴压比限值应降低 0.05；剪跨比小于 1.5 的柱，轴压比限值应专门研究并采取特殊构造措施。
2. 沿柱全高采用井字复合箍且箍筋肢距不大于 200 mm、间距不大于 100 mm、直径不小于 12 mm，或沿柱全高采用复合螺旋箍、螺旋间距不大于 100 mm、箍筋肢距不大于 200 mm、直径不小于 12 mm，或沿全高采用连续复合矩形螺旋箍、螺旋净距不大于 80 mm、箍筋肢距不大于 200 mm、直径不小于 10 mm 时，轴压比限值均可增加 0.10。
3. 在柱的截面中部附加芯柱，其中另加的纵向钢筋的截面总面积不少于柱截面面积的 0.8%，轴压比限值可增加 0.05；此项措施与注 2 的措施共同采用时，柱轴压比限值可增加 0.15，但箍筋的配箍特征值仍应按轴压比增加 0.10 的要求确定。
4. 柱轴压比应不大于 1.05。

4.4.2.3 柱的纵向钢筋

柱的纵向钢筋配置应符合下列要求：
（1）柱的纵向钢筋宜对称配置。
（2）截面尺寸大于 400 mm 的柱，纵向钢筋间距不宜大于 200 mm。
（3）柱总配筋率不应大于 5%；一级且剪跨比不大于 2 的柱，每侧纵向钢筋配筋率不宜大于 1.2%。
（4）柱纵向钢筋的最小总配筋率应按表 4-10 采用，同时每一侧配筋率不应小于 0.2%；对建造于 Ⅳ 类场地且较高的高层建筑，表中的数值应增加 0.1。
（5）边柱、角柱及抗震墙端柱考虑地震作用组合产生小偏心受拉时，柱内纵筋总截面面积计算值应增加 25%。
（6）柱内纵向钢筋的绑扎接头应避开柱端的箍筋加密区。

表 4-10　柱截面纵向受力钢筋的最小总配筋率　　　　　　　　　　%

类别	抗震等级			
	一	二	三	四
中柱和边柱	1.0	0.8	0.7	0.6
角柱、框支柱	1.1	0.9	0.8	0.7

注：钢筋强度标准值小于 400 MPa 时，表中数值应增加 0.1；钢筋强度标准值为 400 MPa 时，表中数值应增加 0.05；当混凝土强度等级高于 C60 时，上述数值应相应增加 0.1

4.4.2.4 柱的箍筋

柱的箍筋除要满足抗剪要求外，在每层柱要有箍筋加密区，以提高其延性和转动变形能力。
（1）柱的箍筋加密区范围。
①柱上、下端，取截面长边尺寸（圆柱直径）、柱净高的 1/6 和 500 mm 三者的最大值。
②底层柱，柱根（即地下室顶面或无地下室情况的基础顶面）处不小于柱净高 1/3 的范围；当有刚性地面时，除柱端外，尚应取刚性地面上、下各 500 mm 的范围。

③剪跨比不大于2的柱和因设置填充墙等形成的柱净高与柱截面高度之比不大于4的柱，取柱全高范围；框支柱以及一、二级框架的角柱，均取柱全高范围。

(2) 柱箍筋加密区的箍筋最大间距和最小直径。

①一般情况下，箍筋最大间距和最小直径，应按表4-11采用。

表4-11 柱箍筋加密区的箍筋最大间距和最小直径 mm

抗震等级	箍筋最大间距（采用较小值）	箍筋最小直径
一	$6d$，100	10
二	$8d$，100	8
三	$8d$，150（柱根100）	8
四	$8d$，150（柱根100）	6（柱根8）

注：1. d 为柱纵筋最小直径；
2. 柱根是指底层柱下端箍筋加密区。

②二级框架柱的箍筋直径不小于10 mm且箍筋肢距不大于200 mm时，除柱根外，最大间距应允许采用150 mm；三级框架柱的截面尺寸不大于400 mm时，箍筋最小直径应允许采用6 mm；四级框架柱剪跨比不大于2时，箍筋直径应不小于8 mm。

③框支柱及剪跨比不大于2的柱，箍筋间距应不大于100 mm。

(3) 柱箍筋加密区的箍筋肢距要求。

①一级不宜大于200 mm，二、三级不宜大于250 mm和20倍箍筋直径的较大值，四级不宜大于300 mm。

②至少每隔一根纵向钢筋宜在两个方向有箍筋或拉筋约束。

③采用拉筋复合箍时，拉筋宜紧靠纵向钢筋并钩住箍筋。

(4) 柱箍筋加密区的体积配箍率。

①在柱箍筋加密区范围内，体积配箍率应符合下式要求：

$$\rho_v \leqslant \lambda_v \frac{f_c}{f_{yv}} \tag{4-38}$$

式中 ρ_v——柱箍筋加密区的体积配箍率，一级不应小于0.8%，二级不应小于0.6%，三、四级不应小于0.4%；计算复合箍的体积配箍率时，应扣除重叠部分的箍筋体积；

f_c——混凝土轴心抗压强度设计值，混凝土强度等级低于C35时，应按C35计算；

f_{yv}——箍筋或拉筋抗拉强度设计值，超过360 N/mm² 时，应取360 N/mm² 计算；

λ_v——最小配箍特征值，宜按表4-12采用。

表4-12 柱箍筋加密区的箍筋最小配箍特征值 λ_v

抗震等级	箍筋形式	柱轴压比							
		≤0.3	0.4	0.5	0.6	0.7	0.8	0.9	1.0	1.05
一	普通箍、复合箍	0.10	0.11	0.13	0.15	0.17	0.20	0.23		
	螺旋箍、复合或连续复合矩形螺旋箍	0.08	0.09	0.11	0.13	0.15	0.18	0.21		

续表

抗震等级	箍筋形式	柱轴压比								
		≤0.3	0.4	0.5	0.6	0.7	0.8	0.9	1.0	1.05
二	普通箍、复合箍	0.08	0.09	0.11	0.13	0.15	0.17	0.19	0.22	0.24
	螺旋箍、复合或连续复合矩形螺旋箍	0.06	0.07	0.09	0.11	0.13	0.15	0.17	0.20	0.22
三、四	普通箍、复合箍	0.06	0.07	0.09	0.11	0.13	0.15	0.17	0.20	0.22
	螺旋箍、复合或连续复合矩形螺旋箍	0.05	0.06	0.07	0.09	0.11	0.13	0.15	0.18	0.20

注：1. 普通箍指单个矩形或单个圆形箍；复合箍指由矩形、多边形、圆形箍或拉筋组成的箍筋；复合螺旋箍指由螺旋箍与矩形、多边形、圆形箍或拉筋组成的箍筋；连续螺旋箍指全部螺旋箍为同一根钢筋加工而成的箍筋。
2. 剪跨比不大于2的柱宜采用复合螺旋箍或井字复合箍，其体积配箍率应不小于1.2%，设防烈度为9度时应不小于1.5%。

②框支柱宜采用复合螺旋箍或井字复合箍，其最小配箍特征值应比表4-12内数值增加0.02，且体积配箍率应不小于1.5%。

(5) 柱箍筋非加密区的箍筋配置。为避免柱箍筋加密区外抗剪能力突然降低很多而造成非加密区的柱段破坏，要求柱箍筋非加密区的体积配箍率不宜小于加密区的50%；箍筋间距，一、二级框架柱应不大于10倍纵向钢筋直径，三、四级框架柱应不大于15倍纵向钢筋直径。

4.4.3 框架节点的构造措施

为保证节点核心区的抗剪承载力，使框架梁柱纵筋在节点核心区有可靠的锚固，同时要便于施工，节点的抗震构造措施一般要求如下：

(1) 框架节点核心区箍筋最大间距与最小直径宜与柱箍筋加密区的要求相同；一、二、三级框架节点核心区配箍特征值分别不宜小于0.12、0.10、0.08，且体积配箍率 ρ_v 分别不宜小于0.6%、0.5%、0.4%。柱剪跨比不大于2的框架节点核心区配箍特征值分别不宜小于核心区上下柱端的较大配箍特征值。

(2) 框架梁柱纵筋在框架顶层的边柱、中柱节点，以及中间层的边柱、中柱节点，其纵筋的锚固长度应满足相应的要求。其中钢筋抗震锚固长度 l_{aE} 要大于或等于非抗震设计时的锚固长度 l_a，即 $l_{aE} = \eta l_a$，η 为抗震锚固长度修正系数，对一、二、三、四级抗震等级分别取1.15、1.15、1.05、1.0。当采用绑扎搭接连接时，纵向受拉钢筋搭接长度 l_{lE} 为 $l_{lE} = \xi l_{aE}$，其中 ξ 为钢筋搭接长度修正系数，与非抗震设计取相同值。

4.4.4 砌体填充墙的构造措施

(1) 填充墙的砌筑砂浆强度等级应不低于M5，墙顶应与框架梁紧密结合。

(2) 填充墙应沿柱全高每隔500 mm设2ϕ6附加拉结筋，其伸入墙内的长度，设防烈度为6度、7度时不应小于墙长的1/5，且不小于700 mm，设防烈度为8度、9度时宜沿墙全长设置。当墙长大于5 m时，墙顶与框架梁宜有拉结措施；墙高大于4 m时，宜在墙体半高处设置与柱拉结且沿墙全长贯通的钢筋混凝土水平墙梁。

(3) 出屋面的女儿墙、屋顶间墙应与主体结构有可靠的拉结。

此外，钢筋在框架梁、柱及节点的锚固长度与搭接长度应满足抗震构造要求。

4.5 抗震墙结构的抗震设计要点

钢筋混凝土抗震墙（剪力墙）结构是由纵横方向的钢筋混凝土抗震墙和楼盖组成，形成刚度较大的抗侧力体系。由于抗震墙结构的抗震设计较为复杂，通常采用相关结构软件进行抗震设计。本节主要介绍抗震墙结构的抗震设计要点。

4.5.1 抗震墙的分类

不同类别抗震墙的抗侧移刚度不同，抗震性能也不尽相同。单片抗震墙的类别一般按其洞口大小和位置、墙肢惯性矩比及整体系数进行划分。

洞口的大小用洞口系数 ρ 表示：

$$\rho = \frac{墙面洞口面积}{墙面不计洞口的总面积} \tag{4-39}$$

墙肢惯性矩比 I_A/I 为

$$I_A/I = \frac{I - \sum_{j=1}^{m+1} I_j}{I} \tag{4-40}$$

式中 I_j、I——第 j 墙肢的惯性矩和抗震墙对组合截面形心的惯性矩；

I_A——各墙肢截面对组合截面形心的面积矩之和。

整体系数 α 为

$$\alpha = H\sqrt{\frac{6}{\tau h \sum_{j=1}^{m+1} I_j} \sum_{j=1}^{m} \frac{I'_{bj} c_j^2}{a_j^3}} \tag{4-41}$$

式中 H——抗震墙的总高度；

h——层高；

τ——轴向变形系数，双肢时取为墙肢惯性矩比 I_A/I，3~5 肢时可取为 0.80，5~7 肢时可取为 0.85，8 肢以上时可取为 0.90；

a_j——第 j 列洞口连梁计算跨度（取洞口宽度加连梁高度的一半）的 1/2；

c_j——第 j 列洞口两侧墙肢间轴线距离的 1/2；

I'_{bj}——第 j 列洞口连梁考虑剪切变形的折算惯性矩，按下式计算：

$$I'_{bj} = \frac{I_{bj}}{1 + \frac{3\mu E_c I_{bj}}{GA_{bj} a_j^2}} \tag{4-42}$$

式中 I_{bj}——连梁的惯性矩；

A_{bj}——连梁的截面面积；

μ——截面剪应力不均匀系数，矩形截面取为 1.2；

E_c、G——混凝土弹性模量和剪切弹性模量。

抗震墙可以分成下面几类：

（1）整体墙，如图 4-16（a）所示。无洞口或洞口很小的抗震墙，洞口系数 $\rho \leq 0.15$，且洞口间的净距及洞口至墙边的净距均大于洞口长边尺寸,可忽略洞口的影响,整体墙的应力可按平截面假定用材料力学的方法进行计算。在地震作用下,各层墙体均不出现反弯点,其侧向变形为弯曲型。

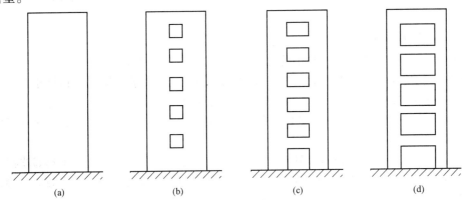

图 4-16 抗震墙的分类
(a) 整体墙;(b) 整体小开口墙;(c) 联肢墙;(d) 壁式框架

(2) 整体小开口墙,如图 4-16 (b) 所示。当 $\rho>0.15$,$\alpha \geqslant 10$,且 $I_A/I < [\zeta]$ 时为整体小开口墙,其中 ζ 按表 4-13 采用。此时,墙体的应力可按平截面假定计算,但得出的应力应进行修正。在地震作用下基本呈弯曲型。

表 4-13 系数 ζ 的取值(倒三角形荷载)

α	层数 n					
	8	10	12	16	20	≥30
10	0.887	0.938	0.974	1.000	1.000	1.000
12	0.867	0.915	0.950	0.994	1.000	1.000
14	0.853	0.901	0.938	0.976	1.000	1.000
16	0.844	0.889	0.924	0.963	0.989	1.000
18	0.837	0.881	0.913	0.953	0.978	1.000
20	0.832	0.875	0.906	0.945	0.970	1.000
22	0.828	0.871	0.901	0.939	0.964	1.000
24	0.825	0.867	0.897	0.935	0.959	0.989
26	0.822	0.864	0.893	0.931	0.956	0.986
28	0.820	0.861	0.889	0.928	0.953	0.982
≥30	0.818	0.858	0.885	0.925	0.949	0.979

(3) 联肢墙,如图 4-16 (c) 所示。当 $\rho>0.15$,$1<\alpha<10$,且 $I_A/I < [\zeta]$ 时为联肢墙。此时,墙体的应力分布不再满足平截面假定,在地震作用下的侧向变形由弯曲型过渡到剪切型。

(4) 壁式框架,如图 4-16 (d) 所示。当洞口很大,$\alpha \geqslant 10$,$I_A/I > [\zeta]$ 时墙体转化为壁式框架。大多数楼层的墙肢均出现反弯点,其侧向变形为剪切型,受力特点与框架相近。

4.5.2 抗震墙结构的抗震概念设计

抗震墙结构的抗震设计，除需要满足结构的抗震概念设计的一般要求之外，还需满足自身特点的抗震概念设计要求。

4.5.2.1 抗震墙的设置

《抗震规范》规定，抗震墙结构中的抗震墙设置，应符合下列要求：

（1）较长的抗震墙宜开设洞口，将一道抗震墙分成较均匀的若干墙段（包括小开口墙及联肢墙），洞口连梁的跨高比宜大于6，各墙段的高宽比不宜小于3。

（2）墙肢的长度沿结构全高不宜有突变；抗震墙有较大洞口时，以及一、二级抗震墙的底部加强部位，洞口宜上下对齐。

（3）矩形平面的部分框支抗震墙结构，其框支层的楼层侧向刚度应不小于相邻非框支层的楼层侧向刚度的50%；框支层落地抗震墙间距不宜大于24 m，框支层的平面布置宜对称，且宜设抗震筒体。

4.5.2.2 抗震墙的加强部位

（1）部分框支抗震墙结构的抗震墙，其底部加强部位的高度，可取框支层加框支层以上二层的高度及落地抗震墙的总高度的1/10两者的较大值，且不大于15 m。

（2）其他结构的抗震墙，其底部加强部位的高度可取墙肢总高度的1/10，且不大于15 m。

4.5.3 抗震墙结构的抗震计算方法

4.5.3.1 水平地震作用的计算

抗震墙结构按弹性体系计算水平地震作用 F_i 时，可以采用底部剪力法、振型分解反应谱法、弹性时程分析法进行计算。采用的计算简图仍然为葫芦串模型。计算手段通常采用电算，如使用SETWE等软件。

4.5.3.2 水平地震作用及楼层地震内力的分配

抗震墙结构各层的地震作用 F_i、地震内力（V_i、M_i），可按各抗震墙片刚度的比例分配到各墙片上，则第 i 层第 j 墙片分配到的地震作用 F_{ij} 和地震剪力 V_{ij}、地震弯矩 M_{ij} 分别为

$$F_{ij} = \frac{(E_c I)_j}{\sum_{k=1}^{n}(E_c I)_k} F_i \tag{4-43}$$

$$V_{ij} = \frac{(E_c I)_j}{\sum_{k=1}^{n}(E_c I)_k} V_i \tag{4-44}$$

$$M_{ij} = \frac{(E_c I)_j}{\sum_{k=1}^{n}(E_c I)_k} M_i \tag{4-45}$$

式中　$(E_c I)_j$、$\sum_{k=1}^{n}(E_c I)_k$——第 i 层第 j 墙片的刚度和该层所有墙体的总刚度。

4.5.3.3 各抗震墙体的内力计算

确定各抗震墙体所承担的水平地震作用、地震剪力及地震弯矩以后，要计算墙体各部位（墙肢、连梁等）的内力。

(1) 整体墙，可作为竖向悬臂构件按材料力学公式计算水平截面的应力和位移。

(2) 整体小开口墙，截面应力分布虽然与整体墙不同，但偏差不大，可以按下列公式近似计算。

第 j 墙肢的弯矩：

$$M_j = 0.85 M \frac{I_j}{I} + 0.15 M \frac{I_j}{\sum I_k} \tag{4-46}$$

第 j 墙肢的轴力：

$$N_j = 0.85 M \frac{A_j y_j}{I} \tag{4-47}$$

第 j 墙肢的层剪力：

$$V_j = \frac{V}{2}\left(\frac{A_j}{\sum A_k} + \frac{I_j}{\sum I_k}\right) \tag{4-48}$$

式中 V、M——该墙体在计算截面处由外荷载（含地震作用）产生的剪力和弯矩；

I——整个抗震墙截面对组合截面形心的总惯性矩；

I_j、A_j、y_j——第 j 墙肢的截面惯性矩、截面面积和墙肢截面形心至组合截面形心的距离。

(3) 联肢墙，内力的计算可以利用微分方程求解，可参见有关文献，此处从略。

地震作用下的内力计算完成后，就可以与其他荷载作用下的内力进行组合，然后确定最不利的内力组合，作为截面设计的依据。

4.5.3.4 抗震墙内力设计值的调整

抗震墙设计应遵循"强墙弱连梁、强剪弱弯"的原则。强墙弱连梁是为了避免连梁过强而使墙肢过早破坏；强剪弱弯是为了避免墙肢（含无洞门的墙体）和连梁发生剪切破坏。

(1) 墙肢弯矩调整。抗震墙各墙肢截面组合的内力设计值，应按下列规定采用：

①一级抗震墙的底部加强以上部位，墙肢的组合弯矩设计值应乘以增大系数，其值可采用 1.2；剪力相应调整。

②部分框支抗震墙结构的落地抗震墙墙肢不应出现小偏心受拉。

③双肢抗震墙中，墙肢不应出现小偏心受拉；当任一墙肢为偏心受拉时，另一墙肢的剪力设计值、弯矩设计值应乘以增大系数 1.25。

(2) 底部加强部位墙肢剪力的调整。为了使墙体在底部出现塑性铰之前不发生剪切破坏，需要根据"强剪弱弯"的原则进行调整。一、二、三级的抗震墙底部加强部位，其截面地震作用组合的剪力设计值应按下式调整：

$$V_w = \eta_{vw} V \tag{4-49}$$

设防烈度为 9 度的一级可不按式（4-49）调整，但应符合下式要求：

$$V_w = 1.1 \frac{M_{wua}}{M_w} V \tag{4-50}$$

式中 V、M_w——抗震墙底部加强部位截面组合的剪力设计值和弯矩设计值；

M_{wua}——抗震墙底部截面实配钢筋的抗震受弯承载力所对应的弯矩值，根据实配纵向钢筋面积、材料强度标准值和轴力等计算；有翼墙时应计入墙两侧各一倍翼墙厚度范围内的纵向钢筋；

η_{vw}——抗震墙剪力增大系数，一级可取 1.6，二级可取 1.4，三级可取 1.2。

(3) 连梁的剪力调整和刚度折减。为了使抗震墙中连梁具有较好的延性，连梁剪力应根据

"强剪弱弯"的原则进行调整，计算公式同框架梁的剪力调整。

计算地震内力时，抗震墙连梁刚度可折减，折减系数不宜小于0.5；计算位移时刚度可不折减。抗震墙的连梁刚度折减后，如部分连梁尚不满足剪压比限制，可采用双连梁、多连梁的布置，还可按剪压比要求降低连梁剪力设计值及弯矩，并相应调整抗震墙的墙肢内力。

4.5.4 抗震墙结构的抗震构造措施

4.5.4.1 抗震墙的厚度

为保证墙体具有足够的稳定性，抗震墙的厚度应符合下列要求：

（1）两端有翼墙或端柱的抗震墙厚度，抗震等级为一、二级时应不小于160 mm且不小于层高的1/20；三、四级时应不小于140 mm且应不小于层高的1/25。

（2）无端柱或翼墙时，一、二级不宜小于层高或无支长度的1/16；三、四级不宜小于层高或无支长度的1/20。

（3）底部加强部位的墙厚，一、二级时不宜小于200 mm且不宜小于层高的1/16，三、四级时应不小于160 mm且应不小于层高的1/20；无端柱或翼墙时，一、二级不宜小于层高或无支长度的1/12，三、四级不宜小于层高或无支长度的1/16。

抗震墙结构为10层或10层以上或高度超过24 m时的墙厚还应符合《高层规程》的要求。

4.5.4.2 轴压比限制

轴压比是影响抗震墙墙肢延性的重要因素。为了提高墙肢的延性，一、二、三级抗震墙，在重力荷载代表值作用下墙肢的轴压比，一级且设防烈度为9度时不宜大于0.4，7、8度时不宜大于0.5，二、三级时不宜大于0.6。

4.5.4.3 分布钢筋构造要求

抗震墙的分布钢筋可以承受弯矩、剪力和轴力，还可以起到控制混凝土收缩裂缝和温度裂缝等作用。抗震墙的竖向和横向分布钢筋除应满足计算要求之外，还应满足下列构造要求。

（1）抗震墙厚度大于140 mm时，竖向和横向分布钢筋应双排布置；双排分布钢筋间拉筋的间距应不大于600 mm，直径应不小于6 m；在底部加强部位，边缘构件以外的拉筋间距应适当加密。

（2）一、二、三级抗震墙的竖向和横向分布钢筋最小配筋率均不应小于0.25%；四级抗震墙应不小于0.20%；钢筋最大间距应不大于300 mm，钢筋直径不宜大于墙厚的1/10，最小直径应不小于8 mm。

（3）部分框支抗震墙结构的落地抗震墙底部加强部位，竖向及横向分布钢筋配筋率均应不小于0.3%，钢筋间距应不大于200 mm。

4.5.4.4 边缘构件构造要求

抗震墙两端及洞口两侧应设置边缘构件，边缘构件包括暗柱、端柱、翼墙和转角墙。研究表明，抗震墙端部设置边缘构件，可以有效地改善其受压性能、增大延性。

抗震墙的边缘构件分为约束边缘构件和构造边缘构件。约束边缘构件中箍筋对混凝土约束作用较大，构件具有较大的变形能力；构造边缘构件中箍筋对混凝土约束作用较小，构件的变形能力较差。

（1）构造边缘构件。抗震墙结构中，当墙肢底截面的轴压比较小（即一级9度时小于0.1，一级7、8度时小于0.2，二、三级时小于0.3）时，墙肢两端可设置构造边缘构件；一、二级抗震墙的其他部位和三、四级抗震墙，均应设置构造边缘构件。

构造边缘构件范围按图4-17采用，构造边缘构件的配筋应符合表4-14的要求。

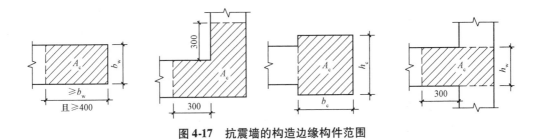

图 4-17 抗震墙的构造边缘构件范围

表 4-14 抗震墙构造边缘构件的配筋要求

抗震等级	底部加强部位			其他部位		
	纵向钢筋最小量（取较大值）	箍筋		纵向钢筋最小量（取较大值）	拉筋	
		最小直径/mm	沿竖向最大间距/mm		最小直径/mm	沿竖向最大间距/mm
一	$0.010A_c$，6Φ16	8	100	$0.008A_c$，6Φ14	8	150
二	$0.008A_c$，6Φ14	8	150	$0.006A_c$，6Φ12	8	200
三	$0.006A_c$，6Φ12	6	150	$0.005A_c$，4Φ12	6	200
四	$0.005A_c$，4Φ12	6	200	$0.004A_c$，4Φ12	6	250

注：1. A_c 为边缘构件的截面面积；
    2. 对其他部位，拉筋的水平间距不应大于纵筋间距的 2 倍，转角处宜用箍筋；
    3. 当端柱承受集中荷载时，其纵向钢筋、箍筋直径和间距应满足柱的相应要求

（2）约束边缘构件。一、二级抗震墙底部加强部位及相邻的上一层墙肢设置约束边缘构件；部分框支抗震墙结构，一、二级落地抗震墙的底部加强部位及相邻的上一层墙肢两端，应设置符合约束边缘构件要求的翼墙或端柱，洞口两侧应设置约束边缘构件；不落地的抗震墙，应在底部加强部位及相邻的上一层墙肢的两端设置约束边缘构件。

约束边缘构件沿墙肢的长度、配箍特征值，箍筋和纵向钢筋宜符合表 4-15 的要求，具体如图 4-18 所示。

表 4-15 约束边缘构件的范围及配筋要求

项目	一级（9度）		一级（7、8度）		二、三级	
	$\lambda \leq 0.2$	$\lambda > 0.2$	$\lambda \leq 0.3$	$\lambda > 0.3$	$\lambda \leq 0.4$	$\lambda > 0.4$
l_c（暗柱）	$0.20h_w$	$0.25h_w$	$0.15h_w$	$0.20h_w$	$0.15h_w$	$0.20h_w$
l_c（翼墙或端柱）	$0.15h_w$	$0.20h_w$	$0.10h_w$	$0.15h_w$	$0.10h_w$	$0.15h_w$
λ_v	0.12	0.20	0.12	0.20	0.12	0.20
纵向钢筋（取较大值）	$0.012A_c$，8Φ16		$0.012A_c$，8Φ16		$0.012A_c$，8Φ16（三级6Φ14）	
箍筋或拉筋沿竖向间距/mm	100		100		150	

注：1. 抗震墙的翼墙长度小于其 3 倍厚度或端柱截面边长小于 2 倍墙厚时，按无翼墙、无端柱查表。
    2. l_c 为约束边缘构件沿墙肢长度，且不小于墙厚和 400 mm；有翼墙或端柱时不应小于翼墙厚度或端柱沿墙肢方向截面高度和 300 mm。
    3. λ_v 为约束边缘构件的配箍特征值。
    4. h_w 为抗震墙墙肢长度。
    5. λ 为墙肢轴压比

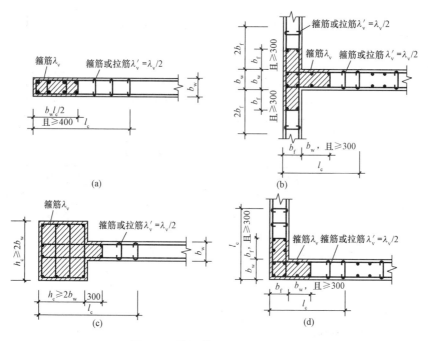

图 4-18 抗震墙的约束边缘构件

一、二级抗震墙约束边缘构件在设置箍筋范围内（图4-18中阴影部分）的纵向钢筋配筋率，分别应不小于 1.2% 和 1.0%。

4.5.4.5 连梁构造要求

由于连梁的跨高比较小，易产生剪切破坏。为防止连梁发生脆性剪切破坏，提高延性，连梁应当满足下列构造要求：

（1）一、二级抗震墙跨高比不大于2且截面宽度不小于200 mm的连梁，除普通箍筋外，宜另设斜向交叉构造箍筋，以改善其延性。

（2）顶层连梁纵筋伸入墙体的锚固长度范围内，应设置间距不大于150 mm的构造箍筋，构造箍筋的直径与该连梁的箍筋直径相同。

（3）墙体水平分布钢筋应作为连梁的腰筋，在连梁范围内拉通连续配置；连梁截面高度大于700 mm时，其两侧面的纵向构造钢筋（腰筋）直径应不小于10 mm，间距应不大于200 mm；对跨高比不大于2.5的连梁，其两侧面的纵向构造钢筋（腰筋）的面积配筋率不应小于3%。

4.6 钢筋混凝土框架结构抗震设计实例

有一栋5层（局部6层）现浇钢筋混凝土框架结构办公房屋，结构平面及剖面分别如图4-19和图4-20所示，屋顶有局部凸出部分。现浇钢筋混凝土楼（屋）盖。框架梁截面尺寸：走道梁（各层）为 250 mm×400 mm；其他梁对顶层为 250 mm×600 mm，对其他楼层为 250 mm×600 mm。柱截面尺寸：1~3层柱为 500 mm×500 mm，4~5层柱为 450 mm×450 mm。混凝土强度等级：梁、板、柱混凝土强度等级皆为C25。钢筋强度等级：受力纵筋采用HRB400级，箍筋采用

HPB300 级。各层重力荷载代表值如图 4-20 所示。已知：抗震设防烈度为 8 度，设计的基本地震加速度为 $0.20g$，设计地震分组为第二组，建造在 I 类场地上，结构阻尼比为 0.05。试对该框架结构进行横向（仅考虑 y 主轴方向）水平地震作用下的抗震设计计算。

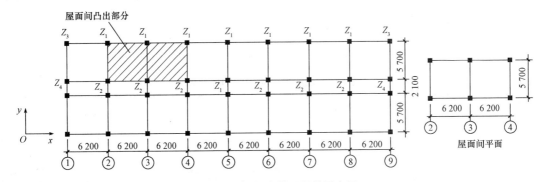

图 4-19 框架结构平面柱网布置

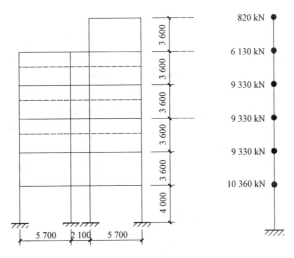

图 4-20 框架剖面及计算简图

抗震设计的思路如下：建筑设计完成和结构抗震概念设计（设防类别、结构选型及布置、抗震等级划分等）完成后需要进行抗震计算。抗震计算步骤如下：①进行地震作用的计算及变形验算（计算简图、计算方法、重力荷载代表值及地震作用、楼层地震剪力、层间水平位移等）；②进行地震作用下的结构内力分析；③按有地震作用组合的情况进行最不利内力组合并进行内力调整；④按调整后的内力进行截面设计；⑤与地震作用组合的最不利情况比较选择两者最不利的截面设计作为最终结果。以下结合本实例分别叙述各步骤。关于抗震构造措施，可参见《抗震规范》有关内容，本处从略。

4.6.1 计算简图及对重力荷载代表值的计算

计算地震作用所需的首要参数。

本实例框架结构的计算简图如图 4-20 所示，其符合底部剪力法的适用条件。计算重力荷载代表值时，永久荷载取全部，楼面可变荷载取 50%，屋面活荷载不考虑。各质点的重力荷载代表值 G_i 取本层楼面重力荷载代表值及与其相邻上下层间墙（包括门窗）、柱全部重力荷载代表值的一半之和。顶层屋面质点重力荷载代表值仅按屋面及其下层间一半计算，凸出屋面的局部屋顶间按其全部计算，并集中在屋顶间屋面质点上。各层重力荷载代表值集中于楼层标高处，其代表值已表示在计算简图中，计算过程略。

4.6.2 框架抗侧移刚度的计算

（1）梁的线刚度。计算结果如表 4-16 所示。其中梁的截面惯性矩考虑了楼板的作用。

表 4-16 现浇框架梁的线刚度计算

部分	截面 $b \times h/m^2$	跨度 l/m	矩形截面惯性矩 $I_0 = bh^3/12$ / $(10^{-3} m^4)$	边框架梁 $I_b = 1.5I_0$ / $(10^{-3} m^4)$	边框架梁 $i_b = E_c I_b/l$ / $(10^4 kN \cdot m)$	中框架梁 $I_b = 1.5I_0$ / $(10^{-3} m^4)$	中框架梁 $i_b = E_c I_b/l$ / $(10^4 kN \cdot m)$
走道梁	0.25 × 0.40	2.10	1.33	2.00	2.67	2.66	3.55
顶层梁	0.25 × 0.60	5.70	4.5	6.75	3.31	9.00	4.42
楼层梁	0.25 × 0.65	5.70	5.72	8.58	4.21	11.44	5.62

注：混凝土 C25，$E_c = 2.80 \times 10^4 \text{ N/mm}^2$

（2）柱的抗侧移刚度。采用 D 值法计算：由式（4-5）得 $D = 12 \dfrac{i_c}{h^2}$，计算结果如表 4-17 所示。表 4-17 中系数计算按表 4-6，即

对一般层　　　　　$\bar{K} = \dfrac{\sum i_b}{2i_c}$，$\alpha = \dfrac{\bar{K}}{2 + \bar{K}}$

对底层　　　　　　$\bar{K} = \dfrac{\sum i_b}{i_c}$，$\alpha = \dfrac{0.5 + \bar{K}}{2 + \bar{K}}$

表 4-17 框架柱 D 值及楼层抗侧移刚度计算

楼层 i	层高/m	柱号	柱根数	$b \times h/m^2$	$I_c = \dfrac{bh^3}{12}$ / $(10^{-3} m^4)$	$i_b = \dfrac{E_c I_b}{h}$ / $(10^4 kN \cdot m)$	$\bar{K}$	α	D_{ij} / $(10^4 kN \cdot m^{-1})$	$\sum D_{ij}$ / $(10^4 kN \cdot m^{-1})$	D_i / $(10^4 kN \cdot m^{-1})$
5	3.6	Z_1	14	0.45 × 0.45	3.417	2.66	1.89	0.486	1.197	16.758	47.52
		Z_2	14				3.22	0.617	1.521	21.294	
		Z_3	4				1.41	0.413	1.017	4.068	
		Z_4	4				2.42	0.548	1.35	5.40	
4	3.6	Z_1	14	0.45 × 0.45	3.417	2.66	2.11	0.513	1.264	17.696	47.978
		Z_2	14				3.22	0.617	1.519	21.266	
		Z_3	4				1.58	0.441	1.086	4.344	
		Z_4	4				1.80	0.474	1.168	4.672	

续表

楼层 i	层高/m	柱号	柱根数	$b \times h / \text{m}^2$	$I_c = \frac{bh^3}{12}$ / (10^{-3} m⁴)	$i_b = \frac{E_c I_b}{h}$ / (10^4 kN·m)	$\bar{K}$	α	D_{ij} / (10^4 kN·m⁻¹)	$\sum D_{ij}$ / (10^4 kN·m⁻¹)	D_i / (10^4 kN·m⁻¹)
2~3	3.6	Z_1	14	0.50×0.50	5.208	4.05	1.39	0.410	1.534	21.476	61.34
		Z_2	14				2.26	0.531	1.99	27.86	
		Z_3	4				1.04	0.342	1.283	5.132	
		Z_4	4				1.69	0.458	1.718	6.872	
1	4.0	Z_1	14	0.50×0.50	5.208	3.65	1.540	0.576	1.573	22.022	60.016
		Z_2	14				2.512	0.668	1.825	25.55	
		Z_3	4				1.153	0.524	1.432	5.728	
		Z_4	4				1.885	0.614	1.679	6.716	

注：混凝土 C25，$E_c = 2.80 \times 10^4 \text{ N/mm}^2$

例如，对 2~3 层柱 Z_1，$\bar{K} = \frac{\sum i_b}{2 i_c} = \frac{2 \times 5.62 \times 10^4}{2 \times 4.05 \times 10^4} = 1.388$，$\alpha = \frac{\bar{K}}{2 + \bar{K}} = \frac{1.388}{2 + 1.388} = 0.410$

对 2~3 层柱 Z_2，$\bar{K} = \frac{2 \times (5.62 + 3.55) \times 10^4}{2 \times 4.05 \times 10^4} = 2.264$，$\alpha = \frac{2.264}{2 + 2.264} = 0.531$

对底层 Z_1，$\bar{K} = \frac{\sum i_b}{i_c} = \frac{5.62 \times 10^4}{3.65 \times 10^4} = 1.540$，$\alpha = \frac{0.5 + \bar{K}}{2 + \bar{K}} = \frac{0.5 + 1.540}{2 + 1.540} = 0.576$

对底层 Z_2，$\bar{K} = \frac{\sum i_b}{i_c} = \frac{(5.62 + 3.55) \times 10^4}{3.65 \times 10^4} = 2.512$，$\alpha = \frac{0.5 + 2.512}{2 + 2.512} = 0.668$

（3）楼层的抗侧移刚度。楼层所有柱的 D 值之和即为该楼层抗侧移刚度 D_i。其计算过程及计算结果如表 4-17 所示。

4.6.3 自振周期计算

本例题选用顶点位移法计算自振周期。

假想顶点位移计算结果如表 4-18 所示。取填充墙的周期影响系数 $\psi_T = 0.67$。由式（3-77），可得结构基本自振周期为

$$T_1 = 1.7 \psi_T \sqrt{\Delta_{bs}} = 1.7 \times 0.67 \times \sqrt{0.224} = 0.539 \text{ （s）}$$

表 4-18 假想顶点位移计算

楼层 i	重力荷载代表值 G_i/kN	楼层剪力 $V_{Gi} = \sum G_i$/kN	楼层侧移刚度 D_i/ (kN·m⁻¹)	层间位移 $\delta_i = V_{Gi}/D_i$/m	楼层位移 $\Delta_i = \sum \delta_i$/m
5	6 950	6 950	475 200	0.015	0.224
4	9 330	16 280	479 780	0.034	0.209
3	9 330	25 610	613 400	0.042	0.175
2	9 330	34 940	613 400	0.057	0.133

续表

楼层 i	重力荷载代表值 G_i/kN	楼层剪力 $V_{Gi}=\sum G_i/\mathrm{kN}$	楼层侧移刚度 $D_i/(\mathrm{kN}\cdot\mathrm{m}^{-1})$	层间位移 $\delta_i=V_{Gi}/D_i/\mathrm{m}$	楼层位移 $\Delta_i=\sum\delta_i/\mathrm{m}$
1	10 360	45 300	600 160	0.076	0.076
$\sum$		45 300			

4.6.4 水平地震作用计算及弹性位移验算

水平地震作用计算采用底部剪力法（注意结构适用条件）。

（1）水平地震影响系数 α_1 的计算。结构基本周期取顶点位移法的计算结果，$T_1=0.539$ s；查表 3-3 可得多遇地震下设防烈度 8 度（设计地震加速度为 $0.20g$）的水平地震影响系数最大值 $\alpha_{\max}=0.16$；查表 3-2 可得 I 类场地、设计地震分组为第二组时，$T_g=0.3$ s，则

$$\alpha_1=\left(\frac{T_g}{T_1}\right)^{0.9}\eta_2\alpha_{\max}=\left(\frac{0.3}{0.539}\right)^{0.9}\times 1.0\times 0.16=0.094$$

（2）水平地震作用计算。结构总水平地震作用标准值按式（3-63）计算，即

$$F_{Ek}=\alpha_1 G_{eq}=0.094\times 0.85\times 45\,300=3\,619\ (\mathrm{kN})$$

查表 3-5，因为 $T_1=0.539$ s $>1.4T_g=0.42$ s，需要考虑顶部附加地震作用的修正；因 $T_g=0.3$ s <0.35 s，则顶部附加地震作用系数为

$$\delta_n=0.08T_1+0.07=0.08\times 0.539+0.07=0.113$$

则顶部附加地震作用为

$$\Delta F_n=\delta_n F_{Ek}=0.113\times 3\,619=409\ (\mathrm{kN})$$

注意：ΔF_n 的作用位置在主体结构顶部，即第 5 层顶部。

分布在各楼层的水平地震作用标准值按式（3-70）计算，即

$$F_i=\frac{G_i H_i}{\sum_{j=1}^{n}G_j H_j}(1-\delta_n)F_{Ek}$$

计算结果如表 4-19 所示。

表 4-19 F_i、V_i、Δu_e 及 $\Delta u_e/h$ 值

楼层 i	层高 h_i/m	G_i/kN	H_i/m	$G_i H_i$	$\sum G_i H_i$	F_i/kN	V_i/kN	$D_i/(\mathrm{kN}\cdot\mathrm{m}^{-1})$	$\Delta u_e/(10^{-3}\mathrm{m})$	$\Delta u_e/h$
6（屋顶间）	3.6	820	22.0	18 040		119.2	119.2			
5	3.6	6 130	18.4	112 792		745.4	1 273.6	475 200	2.68	1/1 343
4	3.6	9 330	14.8	138 084	485 760	912.5	2 186.1	479 780	4.56	1/789
3	3.6	9 330	11.2	104 496		690.5	2 876.6	613 400	4.69	1/767
2	3.6	9 330	7.6	70 908		468.6	3 345.2	613 400	5.45	1/661
1	4.0	10 360	4.0	41 440		273.9	3 619.0	600 160	6.03	1/663

（3）楼层地震剪力计算。各楼层地震剪力标准值按式（4-1）计算，计算结果如表 4-19 所示。

第4章 多层和高层钢筋混凝土房屋抗震设计

注意：由于 ΔF_n 的作用位置在主体结构的顶部，所以 1~5 层楼层剪力 V_i 中，都包含 ΔF_n 项。

经验算，各楼层地震剪力标准值均满足式（3-91）的楼层最小地震剪力要求。

考虑屋顶间局部突出部分的鞭梢效应，屋顶间部分（第6层）的楼层地震剪力应乘以放大系数3，即

$$V_6' = 3V_6 = 3 \times 119.2 = 357.6 \text{（kN）}$$

（4）多遇地震下的弹性位移验算。多遇地震下的各楼层层间弹性位移按式（4-4）计算。计算结果如表 4-19 所示，并将其表示为层间位移角 $\Delta u_e / h$ 的形式。由表 3-12 查得，钢筋混凝土框架结构弹性层间位移角限值为 1/550。经验算各层均满足要求。

4.6.5 水平地震作用下框架的内力分析

一般选取有代表性的平面框架单元进行内力分析。

水平地震作用下框架的内力计算步骤如下：

（1）将上述求得的各楼层地震剪力按式（4-6）分配到单元框架的各框架柱，可得各层每根柱的剪力值。

（2）通过查表得到各柱的反弯点高度比及其修正值（可近似按倒三角形分布的水平荷载查表），再利用式（4-7），确定各层各柱的反弯点位置。

（3）按式（4-8）和式（4-9）计算出每层柱上下端的柱端弯矩。

（4）利用节点的弯矩平衡原理，按式（4-10）和式（4-11），求出每层各跨梁端的弯矩。

（5）按式（4-12）求出梁端剪力。

（6）由柱轴力与梁端剪力平衡的条件可求出柱轴力。

现以框架单元（无局部突出部分）为例，将计算结果列于表 4-20 和表 4-21 及图 4-21 中。由于地震是反复双向作用，两类梁、各柱的弯矩、轴力及剪力的符号也相应地反复变化。

表 4-20 水平地震作用下的中框架柱剪力和柱端弯矩标准值

柱 j	层 i	h_i/m	V_i/kN	D_i/(kN·m^{-1})	D_{ij}/(kN·m^{-1})	$\dfrac{D_{ij}}{D_i}$	V_{ik}/kN	$\bar{K}$	y	M_{ij}^b/(kN·m)	M_{ij}^t/(kN·m)
Z_1	5	3.6	1 273.6	475 200	11 970	0.025	31.84	1.89	0.39	40.70	69.92
	4	3.6	2 186.1	479 780	12 640	0.026	56.84	2.11	0.46	94.13	110.49
	3	3.6	2 876.6	613 400	15 340	0.025	71.92	1.39	0.5	129.46	129.46
	2	3.6	3 345.2	613 400	15 340	0.025	83.63	1.39	0.5	150.53	150.53
	1	4.0	3 619.0	600 160	15 370	0.026	94.1	1.54	0.63	237.13	139.27
Z_2	5	3.6	1 273.6	475 200	15 210	0.032	40.76	3.220	0.45	66.03	80.71
	4	3.6	2 186.1	479 780	15 190	0.031	67.77	3.220	0.5	121.99	121.99
	3	3.6	2 876.6	613 400	19 900	0.032	92.05	2.260	0.5	165.69	165.69
	2	3.6	3 345.2	613 400	19 900	0.032	107.05	2.260	0.5	192.69	192.69
	1	4.0	3 619.0	600 160	18 250	0.030	108.57	2.512	0.58	251.88	182.40

表 4-21　水平地震作用下的中框架梁端弯矩、剪力及柱轴力标准值

楼层 i	进深梁			走道梁				柱 Z_1	柱 Z_2
	l/m	$M_{Ek}^l/$ (kN·m)	$M_{Ek}^r/$ (kN·m)	$V_{Ek}/$ kN	l/m	$M_{Ek}^l/$ (kN·m)	$M_{Ek}^r/$ (kN·m)	$V_{Ek}/$ kN	$N_{Ek}/$ kN	$N_{Ek}/$ kN
5	5.7	69.92	44.76	20.12	2.1	35.95	35.95	34.24	20.12	14.12
4	5.7	155.19	115.23	47.44	2.1	72.79	72.79	69.32	67.56	36.0
3	5.7	223.59	176.31	70.16	2.1	111.37	111.37	106.07	137.72	71.91
2	5.7	279.99	219.64	87.65	2.1	138.74	138.74	132.13	225.37	116.39
1	5.7	289.8	229.88	91.17	2.1	145.21	145.21	138.30	316.54	163.52

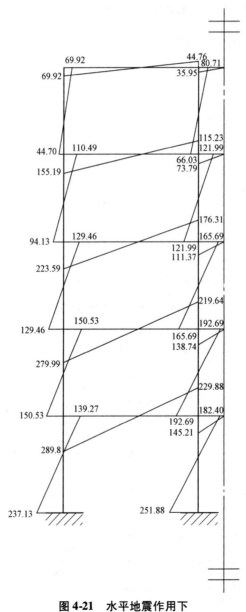

图 4-21　水平地震作用下框架弯矩（单位：kN·m）

4.6.6 框架重力荷载作用效应计算

当考虑重力荷载作用将与地震作用进行组合时，计算单元框架上的竖向重力荷载应该按重力荷载代表值计算。本例中，永久荷载取全部，楼面活荷载取50%，屋面雪荷载取50%。

该结构基本对称，竖向荷载作用下的框架侧移可以忽略，因此可采用弯矩分配法（分层法、二次分配法）计算框架的内力。此时，需要考虑塑性内力重分布而进行梁端负弯矩调幅，本例取弯矩调幅系数为0.8，梁的跨中弯矩应做相应的调整（增加）。

以框架单元为例，采用分层法计算，将重力荷载代表值作用下的内力计算结果列于表4-22中，计算过程略。表中弯矩以顺时针为正，其中 M^l_{GE}、M^r_{GE} 分别为梁左端及右端的弯矩；M^t_{GE}、M^b_{GE} 分别为柱上端及下端的弯矩。表中弯矩值已经折算到节点柱边缘处，折算公式如下：

$$M = M_c - V_0 \cdot \frac{b}{2}$$

式中　M——节点柱边缘处弯矩值；
　　　M_c——轴线处弯矩值；
　　　V_0——按简支梁计算的支座剪力值（取绝对值）；
　　　b——节点处柱的截面宽度。

表 4-22　重力荷载代表值作用下的⑤轴框架梁端弯矩及柱端弯矩、轴力

楼层 i	框架梁				框架柱					
	进深梁		走道梁		边柱 Z_1			中柱 Z_2		
	M^l_{GE} /(kN·m)	M^r_{GE} /(kN·m)	M^l_{GE} /(kN·m)	M^r_{GE} /(kN·m)	M^t_{GE} /(kN·m)	M^b_{GE} /(kN·m)	N_{GE} /(kN·m)	M^t_{GE} /(kN·m)	M^b_{GE} /(kN·m)	N_{GE} /(kN·m)
5	-46.5	56.1	-15.8	15.8	46.5	47.6	162	-40.3	-42.1	221
4	-94.5	103.9	-17.8	17.8	47.0	47.3	408	-44.0	-44.1	558
3	-99.9	107.5	-15.0	15.0	58.0	43.3	654	-53.0	-49.1	895
2	-107.3	111.3	-12.2	12.2	54.0	59.6	900	-50.0	-54.9	1 232
1	-98.4	106.3	-15.8	15.8	58.0	19.5	1 173	-35.2	-17.5	1 606

4.6.7 内力组合与内力调整

作为例题，没有给出无地震作用组合的内力计算结果（实际设计时应考虑）。因此，这里只进行有地震作用时的内力组合，即只考虑水平地震作用与重力荷载效应的组合，并假定结构内力由地震作用组合起控制作用，因此内力组合后需要进行内力调整，以保证按照延性框架设计。对一般情况，在组合前应将轴线处内力折算到节点柱边缘处。

本框架抗震等级为二级。

（1）框架梁的内力组合及调整。以⑤轴框架底层楼面进深梁为例。

①梁端组合弯矩设计值（以使梁下部受拉的弯矩为正）。以下算式中 M_{Ek} 为折算到节点柱边缘处的弯矩值。

梁左端：
地震作用弯矩顺时针方向时，$\gamma_{GE}=1.2$，则梁左端正弯矩为

$$M_b^l = 1.3M_{Ek} + 1.2M_{GE}$$
$$= 1.3 \times \left(289.8 - 91.17 \times \frac{0.5}{2}\right) + 1.2 \times (-98.4)$$
$$= 229 \text{ (kN·m)}$$

地震作用弯矩顺时针方向时，$\gamma_{GE} = 1.0$，则梁左端正弯矩为
$$M_b^l = 1.3M_{Ek} + 1.0M_{GE} = 1.3 \times 267 + 1.0 \times (-98.4) = 248.7 \text{ (kN·m)}$$

地震作用弯矩逆时针方向时，梁左端负弯矩为
$$M_b^r = 1.3M_{Ek} + 1.2M_{GE} = 1.3 \times (-267) + 1.2 \times (-98.4) = -465.18 \text{ (kN·m)}$$

梁右端：

地震作用弯矩顺时针方向时，梁右端负弯矩为
$$M_b^r = 1.3M_{Ek} + 1.2M_{GE} = 1.3 \times \left[-\left(229.88 - 91.17 \times \frac{0.5}{2}\right)\right] + 1.2 \times (-106.3)$$
$$= -396.78 \text{ (kN·m)}$$

地震作用弯矩逆时针方向时，梁右端正弯矩为
$$M_b^r = 1.3M_{Ek} + 1.2M_{GE} = 1.3 \times 207.09 + 1.2 \times (-106.3) = 141.66 \text{ (kN·m)}$$

地震作用弯矩逆时针方向时，$\gamma_{GE} = 1.0$，则梁右端正弯矩为
$$M_b^r = 1.3M_{Ek} + 1.0M_{GE} = 1.3 \times 207.09 + 1.0 \times (-106.3) = 162.92 \text{ (kN·m)}$$

经比较，两端组合弯矩设计值最后取值为：梁左端最大负弯矩为 -465.18 kN·m，最大正弯矩为 248.7 kN·m；梁右端最大负弯矩为 -396.78 kN·m，最大正弯矩为 162.92 kN·m。

②梁端组合剪力设计值。二级框架梁端截面组合剪力设计值按式（4-17）计算，剪力增大系数为1.2。

梁端弯矩顺时针作用时的剪力为（取 $\gamma_{GE} = 1.2$）
$$V_b = \frac{\eta_{vb}(M_b^l + M_b^r)}{l_n} + V_{Gb} = \frac{1.2 \times (229 + 396.78)}{5.2} + 1.2 \times (0.5 \times 59.2 \times 5.2)$$
$$= 329.11 \text{ (kN)}$$

梁端弯矩逆时针作用时的剪力为
$$V_b = \frac{\eta_{vb}(M_b^l + M_b^r)}{l_n} + V_{Gb} = \frac{1.2 \times (465.18 + 141.66)}{5.2} + 1.2 \times (0.5 \times 59.2 \times 5.2)$$
$$= 324.74 \text{ (kN)}$$

式中的 59.2 kN/m 为作用在梁上的竖向均布荷载。

经比较，梁端最大剪力为 329.11 kN。

(2) 柱的内力组合及调整。以⑤轴框架底层中柱 Z_2 为例。

①柱端组合弯矩设计值。柱顶弯矩（M_{Ek} 是已经折算到节点边缘的弯矩值）：

逆时针方向
$$M_c^t = 1.3M_{Ek} + 1.2M_{GE} = 1.3 \times (-111.83) + 1.2 \times (-35.6) = -188.1 \text{ (kN·m)}$$
顺时针方向
$$M_c^t = 1.3M_{Ek} + 1.2M_{GE} = 1.3 \times 111.83 + 1.2 \times (-35.6) = 102.66 \text{ (kN·m)}$$

柱底弯矩调整如下。

柱下端截面：二级框架底层柱下端截面的组合弯矩设计值（绝对值大者）应乘以增大系数1.5，即应调整为
$$M_c^b = 1.5 \times 348.44 = 522.66 \text{ (kN·m)（逆时针方向）}$$

柱上端截面：由于底层柱轴压比 0.7 > 0.15，所以柱上端截面的组合弯矩设计值（绝对值最大者）应乘以增大系数 1.5，即应调整为

$$M_c^t = 1.5 \times 188.1 = 282.15 \text{ (kN·m)} \text{（逆时针方向）}$$

②柱端组合剪力设计值。柱上下端截面组合剪力设计值（顺时针方向）按式（4-19）调整为

$$V_c = \frac{\eta_{vc}(M_c^t + M_c^b)}{H_n} = 1.3 \times \frac{522.66 + 282.15}{3.475} = 301.08 \text{ (kN)}$$

(3) 节点核心区组合剪力设计值。以⑤轴框架底层中柱 Z_2 节点为例。

框架节点核心区组合剪力设计值按式（4-21）确定，剪力增大系数为 1.2，即

$$V_j = \frac{\eta_{jb} \sum M_b}{h_{b0} - a_s'} \left(1 - \frac{h_{b0} - a_s'}{H_c - h_b}\right)$$

其中，节点左侧梁弯矩（已折算到节点柱边缘）为

$$M_b^l = 1.2 \times 106.3 + 1.3 \times 207.09 = 396.78 \text{ (kN·m)}$$

节点右侧梁弯矩（已折算到节点柱边缘）为

$$M_b^r = 1.2 \times (-15.8) + 1.3 \times 110.7 = 124.95 \text{ (kN·m)}$$

$$V_j = \frac{1.5 \times (396.78 + 124.95)}{\frac{0.65 + 0.4}{2} - 0.04 - 0.04} \times \left[1 - \frac{\frac{0.65 + 0.4}{2} - 0.04 - 0.04}{4 \times (1 - 0.58) + 3.6 \times 0.5 - \frac{0.65 + 0.4}{2}}\right]$$

$$= 1\ 344.4 \text{ (kN)}$$

4.6.8 截面设计

根据上述所选框架内力计算结果，进行相应构件截面设计，以满足构件的抗震承载力要求。

(1) 框架梁截面设计。以⑤轴框架底层楼面进深梁为例。

①梁正截面抗弯设计。梁端按矩形截面双筋考虑，梁端正截面抗震受弯承载力应满足下列要求：

$$\gamma_{RE} M_b^{\overline{F}} \leq f_y A_s'(h_0 - a_s')$$

及

$$\gamma_{RE} M_b^{\bot} \leq \alpha_1 f_c b x \left(h_0 - \frac{x}{2}\right) + f_y A_s'(h_0 - a_s')$$

$$\alpha_1 f_c b x = A_s f_y - A_s' f_y'$$

式中　A_s、A_s'——梁端上部钢筋面积和下部钢筋面积。

梁左端下部配筋计算：

$$A_s' = \frac{\gamma_{RE} M_b^{\overline{F}}}{f_y(h_0 - a_s')} = \frac{0.75 \times 248.7 \times 10^6}{360 \times (650 - 40)} = 849.4 \text{ (mm}^2\text{)}$$

选 4Φ18，$A_s' = 1\ 017 \text{ mm}^2$。

梁左端上部配筋计算：

$$\alpha_s = \frac{\gamma_{RE} M_b^{\bot} - f_y A_s'(h_0 - a_s')}{\alpha_1 f_c b h_0^2} = \frac{0.75 \times 465.18 \times 10^6 - 360 \times 1\ 017 \times (610 - 40)}{1.0 \times 11.9 \times 250 \times 610^2} = 0.127 < \alpha_{smax} = 0.384$$

$$\zeta = 1 - \sqrt{1 - 2\alpha_s} = 1 - \sqrt{1 - 2 \times 0.127} = 0.136 < \zeta_b = 0.518$$

$$x = \zeta h_0 = 0.136 \times 610 = 83 \text{ (mm)} > 2a_s' = 80 \text{ mm}$$

$$A_s = \frac{\alpha_1 \zeta f_c b h_0 + f'_c A'_s}{f_y} = \frac{1.0 \times 0.136 \times 11.9 \times 250 \times 610 + 360 \times 1017}{360} = 1702.57 \text{ (mm}^2\text{)}$$

选 5Φ22，$A_s = 1900 \text{ mm}^2$。

验算二级框架抗震要求：

相对受压区高度 $\zeta = \dfrac{A_s f_y - A'_s f'_y}{\alpha_1 f_c b h_0} = \dfrac{1900 \times 360 - 1017 \times 360}{1.0 \times 11.9 \times 250 \times 610} = 0.175 < 0.35$

梁底部钢筋面积与顶部钢筋面积之比 $\dfrac{A'_s}{A_s} = \dfrac{1017}{1900} = 0.535 > 0.3$

纵向钢筋最小配筋

$$A_s = 1900 \text{ mm}^2 > 0.3\% bh = 0.003 \times 250 \times 610 = 457.5 \text{ (mm}^2\text{)}。$$

皆满足要求。

同理可计算出梁右端配筋（略）。

梁跨中最大弯矩及其位置应根据梁（按竖向均布荷载作用下）的隔离体平衡（见图4-22），通过求极值的方法确定，即

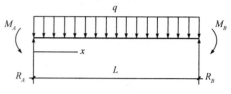

图4-22 框架梁隔离体

$$M_{\max} = \frac{R_A^2}{2q} - M_A$$

$$R_A = \frac{qL}{2} - \frac{1}{L}(M_B - M_A)$$

最大弯矩截面位置为

$$x = \frac{R_A}{q}$$

跨中正截面按T形截面设计计算（略）。

②梁斜截面抗剪设计。验算梁截面尺寸：

$$\frac{0.2\beta_c f_c b h_0}{\gamma_{RE}} = \frac{0.2 \times 1.0 \times 11.9 \times 250 \times 610}{0.85} = 427 \text{ (kN)} > V_b = 329.11 \text{ kN}$$

满足要求。

根据式（4-26）得

$$\frac{A_{sv}}{s} \geq \frac{\gamma_{RE} V_b - 0.42 f_t b h_0}{f_{yv} h_0} = \frac{0.85 \times 329.11 \times 10^3 - 0.42 \times 1.27 \times 250 \times 610}{300 \times 610} = 1.084$$

二级框架要求，梁箍筋直径 $d \geq \Phi 8$，箍筋间距 $s = \min\{100, h/4, 8d\}$。取双肢箍 Φ10@100，则

$$\frac{A_{sv}}{s} = \frac{157}{100} = 1.57 > 1.084$$

（2）框架柱抗震设计。以⑤轴框架底层中柱 Z_2 节点为例。

①柱轴压比验算。柱轴力组合设计值：

验算柱轴压比时

$$N_c = 1.3 N_{Ek} + 1.2 N_{GE} = 1.3 \times 163.52 + 1.2 \times 1606 = 2139.78 \text{ (kN)}$$

验算正截面承载力时

与柱端顺时针弯矩对应

$$N_c = 1.3 N_{Ek} + 1.0 N_{GE} = 1.3 \times 163.52 + 1.0 \times 1606 = 1818.58 \text{ (kN)}$$

与柱端逆时针弯矩对应

$$N_c = 1.3 N_{Ek} + 1.0 N_{GE} = 1.3 \times (-163.52) + 1.0 \times 1\,606 = 1\,393.42 \text{ (kN)}$$

轴压比为

$$\frac{N_c}{f_c A} = \frac{2\,139\,780}{11.9 \times 500 \times 500} = 0.719 < 0.75$$

满足二级框架柱要求。

②柱正截面承载力计算。已知调整后的柱底截面最不利组合内力:

$$M_1 = M_c^t = 282.15 \text{ kN·m}, \quad M_2 = M_c^b = 522.66 \text{ kN·m}, \quad N_c = 1\,393.42 \text{ kN}$$

$$h_0 = 500 - 40 = 460 \text{ (mm)}, \quad e_0 = \frac{M_c^b}{N_c} = \frac{522.66}{1\,393.42} = 0.372 \text{ (m)} = 375 \text{ mm}, \quad e_a = 20 \text{ mm}$$

$$e_i = e_0 + e_a = 375 + 20 = 395 \text{ (mm)}, \quad \zeta = \frac{0.5 f_c A}{N_c} = \frac{0.5 \times 11.9 \times 500 \times 500}{1\,393.42 \times 10^3} = 1.07 > 1.0$$

取 $\zeta = 1.0$。

框架柱的计算长度为 l_0,底层取 $l_0 = 1.0H$,其他层取 $l_0 = 1.25H$,H 为层高。

$$\frac{M_1}{M_2} = \frac{282.15}{522.66} = 0.54 < 0.9, \text{ 且} \frac{N_c}{f_c A} = \frac{2\,139\,780}{11.9 \times 500 \times 500} = 0.719 < 0.9, \frac{l_0}{h} = \frac{4\,000}{500} = 8 < [34 - 12(M_1/M_2)] = 27.52,$$

可以不考虑杆件自身挠曲变形的影响,故可取 $\eta_{ns} = 1.0$。

则

$$e_i = 395 > 0.3 h_0 = 0.3 \times 460 = 138 \text{ (mm)}$$

对称配筋:

$$\zeta = \frac{N_c}{f_c b h_0} = \frac{1\,393.42 \times 10^3}{11.9 \times 500 \times 460} = 0.51 < \zeta_b = 0.518$$

按最大偏心受压构件计算:

$$e = e_i + \frac{h}{2} - a_s = 395 + \frac{500}{2} - 40 = 605 \text{ (mm)}$$

由 $N_c \leq \dfrac{1}{\gamma_{RE}}\left[\alpha_1 f_c b x \left(h_0 - \dfrac{x}{2}\right) + f_y' A_s' (h_0 - a_s')\right]$,得

$$A_s' \geq \frac{\gamma_{RE} N_c e - \alpha_1 f_c b h_0^2 \zeta \left(1 - \dfrac{\zeta}{2}\right)}{f_y' (h_0 - a_s')}$$

$$= \frac{0.8 \times 1\,393.42 \times 10^3 \times 605 - 11.9 \times 500 \times 460^2 \times 0.51 \times \left(1 - \dfrac{0.51}{2}\right)}{360 \times (460 - 40)}$$

$$= 1\,296.6 \text{ (mm}^2\text{)}$$

选 4Φ18 位于角部,每边分别布置 2Φ18,总配筋为 12Φ18,$A_s' = 3\,054 \text{ mm}^2$。

配筋率 $\rho = \dfrac{A_s'}{bh} = \dfrac{3\,054}{500 \times 500} = 1.22\% > 0.8\%$,满足要求。

③柱斜截面抗剪承载力计算。柱截面尺寸验算:

$$\frac{0.2 f_c b h_0}{\gamma_{RE}} = \frac{0.2 \times 11.9 \times 500 \times 460}{0.85} = 644\,000 \text{ (N)} = 644 \text{ kN} > V_c = 301.08 \text{ kN}$$

满足要求。

柱抗剪承载力验算:

若选 Φ10@100 复合箍(见图 4-23),则箍筋直径(>Φ8),箍筋间距($s = \min\{100, 8 \times$

$18 = 144\}$) 及体积配筋率：$\rho_v = 8 \times 78.5/(100 \times 450) = 1.4\% > \lambda_v f_c/f_y = 0.154 \times 11.9/210 = 0.87\%$，都满足二级框架柱加密区的箍筋构造要求。且箍筋肢距不大于 200 mm，对两筋的约束要求也满足。对非加密区的配筋仅改为 ϕ10@200 复合箍筋即满足抗震构造要求，此时

$$\lambda = \frac{H}{2h_0} = \frac{3.475 \times 10^3}{2 \times 46} = 3.78 > 3$$

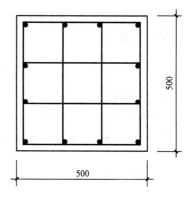

图 4-23　1~3 层柱截面配筋图

取 $\lambda = 3$。

$$\begin{aligned}V_u &= \frac{1}{\gamma_{RE}}\left(\frac{1.05}{\lambda+1.0}f_t bh_0 + f_{yv}\frac{A_{sv}}{s}h_0 + 0.056N\right)\\ &= \frac{1}{0.85} \times \left(\frac{1.05}{3+1.0} \times 1.27 \times 500 \times 460 + 300 \times \frac{4 \times 78.5}{200} \times\right.\\ &\quad\left. 460 + 0.056 \times 1\,393.42 \times 10^3\right)\\ &= 436\,903\,(N) = 436.9\,\text{kN} > V_c = 301.08\,\text{kN}\end{aligned}$$

满足要求。

（3）节点核心区验算。由于梁宽 $b_b = b_c/2 = 250$ mm，可以取 $b_j = b_c = 500$ mm。并且节点四侧各梁截面宽度不小于该侧柱宽度的 1/2，正交方向的纵向框架梁高度不小于本横向框架梁高度的 3/4，可以取交叉梁约束影响系数 $\eta_j = 1.5$。节点核心区配箍与柱端配箍相同。

截面尺寸验算：

$$\frac{0.3\eta_j f_c b_j h_j}{\gamma_{RE}} = \frac{0.3 \times 1.5 \times 11.9 \times 500 \times 500}{0.85} = 1\,575\,000\,(N) = 1\,575\,\text{kN} > V_j = 1\,344.4\,\text{kN}$$

满足要求。

节点作用的组合轴力设计值：

$$\begin{aligned}N &= 1.3N_{Ek} + 1.0N_{GE} = -1.3 \times 120.15 + 1.0 \times 1\,232\\ &= 1\,075.8\,\text{kN} < 0.5 f_c b_c h_c = 1\,487.5\,\text{kN}\end{aligned}$$

抗震承载力验算：

$$\begin{aligned}V_u &= \frac{1}{\gamma_{RE}}\left(0.1\eta_j f_t b_j h_j + 0.05\eta_j N \frac{b_j}{b_c} + f_{yv}A_{svj}\frac{h_{b0} - a'_s}{s}\right)\\ &= \frac{1}{0.85} \times \left(0.1 \times 1.5 \times 1.27 \times 500^2 + 0.05 \times 1.5 \times 1\,075.8 \times 10^3 \times \frac{500}{500} + 300 \times 4 \times 78.5 \times \frac{\frac{610+360}{2}-40}{100}\right)\\ &= 644\,118\,(N) = 644.12\,\text{kN} < V_j = 1\,344.4\,\text{kN}\end{aligned}$$

节点核心区抗震抗剪承载力不满足要求，需提高节点区混凝土强度等级或箍筋强度等级，重新计算（略）。

4.6.9　罕遇地震作用下变形验算

当结构有罕遇地震作用下变形验算要求时，则需要进行变形验算，以防止倒塌（方法略）。

本章小结

本章主要介绍了多层和高层钢筋混凝土建筑结构震害的特点及原因。在抗震设计时，必须考虑混凝土结构的抗震概念设计、抗震设计计算及抗震构造措施三个层面的内容。除场地选择

第 4 章 多层和高层钢筋混凝土房屋抗震设计

需要考虑之外,多层和高层钢筋混凝土建筑抗震概念设计的要求主要包括建筑结构的体型(平面、立面)、抗震结构体系类型、抗震设计等级等。钢筋混凝土框架结构的抗震设计内容和设计方法是本章的主要内容,为提高设计的实用性,安排了一个较为完整的例题进行讲解。同时介绍了多层和高层钢筋混凝土框架结构的主要抗震构造措施,并对抗震墙结构的抗震设计方法做了简单介绍。

思考题

4-1 多层和高层钢筋混凝土建筑结构的抗震结构体系有哪些?如何选择?
4-2 钢筋混凝土框架结构、抗震墙结构中的抗侧力构件分别有哪些?
4-3 考虑结构刚度中心和质量中心的位置,对建筑抗震有何意义?
4-4 多层和高层钢筋混凝土结构的抗震概念设计包括哪些内容?
4-5 多层和高层钢筋混凝土结构设计时,抗震等级如何划分?有何意义?
4-6 为什么要限制框架柱的轴压比?轴压比是如何定义的?
4-7 楼层地震剪力是如何在框架结构、抗震墙结构中进行分配的?
4-8 进行框架结构内力调整的目的是什么?怎样进行调整?
4-9 如何进行框架节点的抗震设计?
4-10 墙如何进行分类?墙分类对抗震设计有何作用?

第 5 章

多层砌体结构房屋抗震设计

5.1 概 述

砌体结构是指由砖、石、砌块等块材采用砂浆砌筑而成的结构,其在我国居住、办公、学校等建筑中得到普遍使用。由于砌体是一种脆性材料,其抗拉、抗剪、抗弯强度均较低,因而砌体房屋的抗震性能相对较差。在国内外历次强烈地震中,砌体结构的破坏率相当高。

震害调查表明,在 7 度、8 度区,甚至在 9 度区,砌体结构房屋震害较轻,或者基本完好的也不乏其例。实践表明,只要经过认真的抗震设计、进行合理的抗震设防、采取得当的构造措施、具有良好的施工质量保证,则即使在中、高烈度区,砌体结构房屋也能够不同程度地抵御地震的破坏。

砌体结构的震害特征大致如下:

(1) 房屋倒塌。当房屋墙体特别是底层墙体整体抗震强度不足时,易造成房屋整体倒塌;当房屋局部或上层墙体抗震强度不足时,易发生局部倒塌;当个别部位构件间强度连接不足时,易造成局部倒塌。

(2) 墙体开裂、破坏。墙体裂缝形式主要是水平裂缝、斜裂缝、交叉裂缝和竖向裂缝。墙体出现斜裂缝的主要原因是抗剪强度不足。高宽比较小的墙片易出现斜裂缝,高宽比较大的窗间墙易出现水平偏斜裂缝。当墙片平面处受弯时,易出现水平裂缝;当纵横墙交接处连接不好时,易出现竖向裂缝。

(3) 墙角破坏。墙角为纵横墙的交汇点,在地震作用下,其应力状态复杂,因而破坏形态多种多样,有受剪斜裂缝、受压竖向裂缝、块材被压碎或墙角脱落等。

(4) 纵横墙连接破坏。一般是因为施工时纵横墙没有很好地咬槎、连接槎,加之地震时两个方向地震作用使连接处受力复杂,应力集中,这种破坏将导致整片纵墙外凸甚至倒塌。

(5) 楼梯间破坏。主要是墙体破坏,而楼梯本身很少破坏。这是因为楼梯在水平方向刚度大,不易破坏,而墙体在高度方向缺乏有力支撑,空间刚度差,且高厚比较大,稳定性差,容易造成破坏。

(6) 楼盖与屋盖破坏。地震时,楼板支承长度不足,引起局部倒塌,或其下部的支承墙体破坏倒塌，引起楼盖、屋盖倒塌。

（7）附属构件的破坏。这些构件与建筑物本身连接较差，在地震时造成大量破坏。如突出屋面的小烟囱、女儿墙、门脸或附墙烟囱的倒塌，隔墙等非结构构件、室内外装饰等开裂、倒塌。

5.2　结构方案与结构布置

多层砌体结构在进行建筑平面、立面以及结构抗震体系的布置与选择方面，除应满足一般原则要求外，还必须遵循以下规定。

5.2.1　设计基本要求及防震缝设置

多层砌体房屋应优先采用横墙承重或纵横墙共同承重的结构体系；纵横墙的布置宜均匀对称，沿平面宜对齐，沿竖向应上下连续；同一轴线上的窗间墙宽度宜均匀；楼梯间不宜设置在房屋的尽端或转角处；横墙较少、跨度较大的房屋，宜采用现浇钢筋混凝土楼盖、屋盖。

房屋有下列情况之一时宜设置防震缝，缝两侧均应设置墙体，缝宽应根据设防烈度和房屋高度确定，可采用 70～100 mm：
（1）房屋立面高差在 6 m 以上。
（2）房屋有错层，且楼板高差大于层高的 1/4。
（3）各部分结构刚度、质量截然不同。

5.2.2　房屋总高度和层数限制

历次震害调查表明，多层砌体建筑的高度越大、层数越多，震害越严重，破坏和倒塌率也越高。因此，对砌体房屋的总高度和层数应予以限制。
（1）一般情况下，房屋的层数和总高度不应超过表 5-1 的规定。

表 5-1　多层砌体房屋的层数和总高度限值

房屋类型	最小抗震墙厚度/mm	设防烈度和设计基本地震加速度										
		6 度		7 度				8 度				9 度
		0.05g		0.10g		0.15g		0.20g		0.30g		0.40g
		高度/m	层数	高度/m	层数	高度/m	层数	高度/m	层数	高度/m	层数	高度/m	层数
普通砖	240	21	7	21	7	21	7	18	6	15	5	12	4
多孔砖	240	21	7	21	7	18	6	18	6	15	5	9	3
	190	21	7	18	6	15	5	15	5	12	4	—	—
小砌块	190	21	7	21	7	18	6	18	6	15	5	9	3

注：1. 房屋的总高度指室外地面到主要屋面板板顶或檐口的高度，半地下室从地下室室内地面算起，全地下室和嵌固条件好的半地下室应允许从室外地面算起；对带阁楼的坡屋面应算到山尖墙的 1/2 高度处。
2. 室内外高差大于 0.6 m 时，房屋总高度应允许比表中的数据适当增加，但增加量应少于 1.0 m。
3. 乙类的多层砌体房屋仍按该地区设防烈度查表，其层数应减少一层且总高度应降低 3 m；不应采用底部框架—抗震墙砌体房屋。
4. 表中小砌块砌体房屋不包括钢筋混凝土小型空心砌块砌体房屋

(2) 对医院、教学楼及横墙较少（同一楼层内开间大于 4.2 m 的房间占该层总面积的 40% 以上）的多层砌体房屋，总高度应比表 5-1 的规定降低 3 m，层数相应减少一层；各层横墙很少的多层砌体房屋，还应再减少一层。

(3) 设防烈度为 6 度、7 度时，横墙较少的丙类多层砌体房屋，当按规定采取加强措施并满足抗震承载力要求时，其高度和层数应允许仍按表 5-1 的规定采用。

(4) 普通砖、多孔砖和混凝土小型空心砌块砌体承重的多层房屋的层高，不应超过 3.6 m。

5.2.3　房屋最大高宽比

房屋高宽比是指房屋总高度与建筑平面最小总宽度之比。多层砌体房屋的高宽比较小时，地震作用引起的变形以剪切为主，随着高宽比增大，变形中弯曲效应增加，房屋易发生整体弯曲破坏。因此，为了限制多层砌体房屋的弯曲效应，保证房屋的整体稳定性，多层砌体房屋的高宽比应符合表 5-2 的要求。

表 5-2　房屋最大高宽比

设防烈度	6 度	7 度	8 度	9 度
最大高宽比	2.5	2.5	2.0	1.5

注：单面走廊房屋的总宽度不包括走廊宽度；建筑平面接近正方形时，其高宽比宜适当减少

5.2.4　房屋抗震横墙的间距

房屋抗震横墙的间距直接影响房屋的空间刚度。如果横墙间距过大，楼盖的水平刚度较差，结构的空间刚度减小，不能满足楼盖传递水平地震作用到相邻墙体所需的水平刚度要求。所以，多层砌体房屋抗震横墙的间距不应超过表 5-3 的要求。

表 5-3　房屋抗震横墙的间距　　　　　　　　　　　　　　　　　　　　m

楼盖类别	设防烈度			
	6 度	7 度	8 度	9 度
现浇或装配整体式钢筋混凝土楼盖、屋盖	15	15	11	7
装配式钢筋混凝土楼盖、屋盖	11	11	9	4
木屋盖	9	9	4	—

注：1. 多层砌体房屋的顶层，除木屋盖外的最大横墙间距应允许适当放宽，但应采取相应加强措施。
　　2. 多孔砖抗震横墙厚度为 190 mm 时，最大横墙间距应比表中数值减少 3 m

5.2.5　房屋局部尺寸限值

为了避免房屋出现抗震薄弱部位，防止因局部破坏引起房屋倒塌，《抗震规范》通过对震害的宏观调查，规定了房屋中墙段的局部尺寸限值（见表 5-4）。

表 5-4　房屋的局部尺寸限值　　　　　　　　　　　　　　　　　　　　m

部位	6 度	7 度	8 度	9 度
承重窗间墙最小宽度	1.0	1.0	1.2	1.5
承重外墙尽端至门窗洞边的最小距离	1.0	1.0	1.2	1.5

续表

部位	6度	7度	8度	9度
非承重外墙尽端至门窗洞边的最小距离	1.0	1.0	1.0	1.0
内墙阳角至门窗洞边的最小距离	1.0	1.0	1.5	2.0
无锚固女儿墙（非出入口处）的最大高度	0.5	0.5	0.5	0.0

注：1. 局部尺寸不足时，应采取局部加强措施弥补，且最小宽度不宜小于1/4层高和表列数据的80%；
2. 出入口的女儿墙应有锚固

5.3 多层砌体房屋的抗震计算

对多层砌体房屋抗震计算，一般只需验算房屋在横向和纵向水平地震作用下，横墙和纵墙在其自身平面内的剪切强度。同时《抗震规范》规定，进行多层砌体房屋抗震强度验算时，可只选择从属面积较大或竖向应力较小的墙段进行截面承载力验算。

5.3.1 计算简图

在计算多层砌体房屋地震作用时，应以防震缝所划分的结构单元作为计算单元，在计算单元中各楼层的集中质点设在楼盖、屋盖标高处，各楼层质点重力荷载应包括：楼盖、屋盖上的重力荷载代表值，楼层上、下各半层墙体的重力荷载。图5-1所示为多层砌体房屋的计算简图。

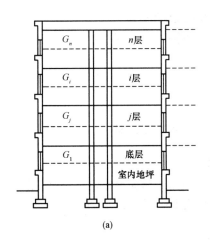 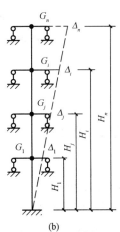

图 5-1 多层砌体房屋及其计算简图
（a）多层砌体房屋；（b）计算简图

计算简图中结构底部固端标高的取法：对于多层砌体结构房屋，当基础埋置较浅时，取为基础顶面；当基础埋置较深时，可取为室外地坪下0.5 m处；当设有整体刚度很大的全地下室时，则取为地下室顶板顶部；当地下室整体刚度较小或为半地下室时，则应取为地下室室内地坪处。

5.3.2 水平地震作用及地震剪力计算

因为多层砌体结构房屋的质量和刚度沿高度分布均匀，且以剪切型变形为主，故可以按底部剪力法来确定其地震作用。考虑到多层砌体房屋中纵向和横向承重墙体的数量较多，房屋的侧向刚度很大，因而其纵向和横向基本周期较短，一般均不超过 0.25 s。所以《抗震规范》规定：对于多层砌体房屋确定水平地震作用时，采用 $\alpha_1 = \alpha_{max}$，因此，总水平地震作用标准值 F_{Ek} 为

$$F_{Ek} = \alpha_{max} G_{eq} \tag{5-1}$$

计算质点 i 的水平地震作用标准值 F_i 时，考虑到多层砌体房屋的自振周期较短，地震作用采用倒三角形分布，如图 5-2 所示。其顶部误差不大，故取 $\delta_n = 0$，则 F_i 的计算公式为

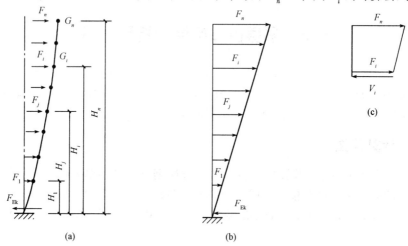

图 5-2 多层砌体房屋地震作用分布
（a）地震作用分布图；（b）地震作用图；（c）i 层地震剪力

$$F_i = \frac{G_i H_i}{\sum_{j=1}^{n} G_j H_j} F_{Ek} \tag{5-2}$$

作用在第 i 层的地震剪力 V_i 为 i 层以上各层地震作用之和，即

$$V_i = \sum_{i=1}^{n} F_i \tag{5-3}$$

采用底部剪力法时，对于突出屋面的屋顶间、女儿墙、烟囱等小建筑的地震作用效应应乘以增大系数3，以考虑鞭梢效应。此增大部分的地震作用效应不往下层传递。

5.3.3 楼层地震剪力在墙体中的分配

楼层地震剪力 V_i 是作用在整个房屋某一楼层上的剪力。首先要把它分配到同一楼层的各道墙上去，进而把每道墙上的地震剪力分配到同一道墙的某一墙段上。这样，当某一道墙或某一墙段的地震剪力已知后，才可能按砌体结构的方法对墙体的抗震承载力进行验算。

楼层地震剪力 V_i 在同一层各墙体间的分配主要取决于楼盖的水平刚度及各墙体的侧移刚度。

5.3.3.1 墙体侧移刚度

在多层砌体房屋的抗震分析中，如果各层楼盖仅发生平移而不发生转动，确定墙体的层间

抗侧力等效刚度时，视其为下端固定、上端嵌固的构件，即一般假设：各层墙体或开洞墙中的窗间墙、门间墙上下端均不发生转动（见图 5-3）。这类构件在单位水平力作用下由弯曲引起的变形与由剪切引起的变形如图 5-4 所示。

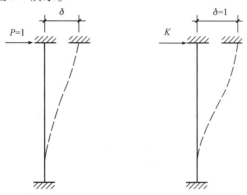

图 5-3　构件的侧移柔度、侧移刚度

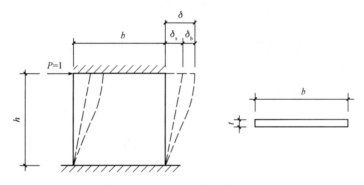

图 5-4　单位水平力作用下构件弯曲变形、剪切

弯曲变形为

$$\delta_b = \frac{h^3}{12EI} = \frac{1}{Et} \cdot \frac{h}{b} \left(\frac{h}{b} \right)^2 \tag{5-4}$$

剪切变形为

$$\delta_s = \frac{\zeta h}{AG} = 3 \frac{1}{Et} \cdot \frac{h}{b} \tag{5-5}$$

式中　h——墙体、门间墙或窗间墙高度；

A——墙体、门间墙或窗间墙的水平截面面积；

I——墙体、门间墙或窗间墙的水平截面惯性矩；

b、t——墙体、墙段的宽度和厚度；

ζ——截面剪应力分布不均匀系数，对矩形截面取 $\zeta = 1.2$；

E——砌体弹性模量；

G——砌体剪切模量，一般取 V_{Eki}。

总变形为

$$\delta = \delta_b + \delta_s \tag{5-6}$$

将式（5-4）和式（5-5）代入式（5-6），得到构件在单位水平力作用下的总变形为

$$\delta = \frac{1}{Et} \cdot \frac{h}{b}\left(\frac{h}{b}\right)^2 + 3\frac{1}{Et} \cdot \frac{h}{b} \tag{5-7}$$

图 5-5 给出了不同高宽比墙段其剪切变形和弯曲变形的数量关系以及在总变形中所占的比例。从图 5-5 中可以看出：当 $h/b < 1$ 时，弯曲变形占总变形的 10% 以上；当 $h/b > 4$ 时，剪切变形在总变形中所占的比例很小，其侧移柔度值很大；当 $1 \leq h/b \leq 4$ 时，剪切变形和弯曲变形在总变形中占有相当的比例。为此，《抗震规范》规定：

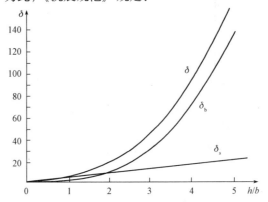

图 5-5 剪切变形与弯曲变形在总变形中的比例关系

（1）高宽比小于 1 时，可只考虑剪切变形，有

$$K_s = \frac{1}{\delta_s} = \frac{Etb}{3h} \tag{5-8}$$

（2）高宽比不大于 4 且不小于 1 时，应同时考虑弯曲和剪切变形，即

$$K_{bs} = \frac{1}{\delta} = \frac{Et}{(h/b)\left[3 + (b/h)^2\right]} \tag{5-9}$$

（3）高宽比大于 4 时，由于侧移柔度值很大，可不考虑其刚度，即取 $K = 0$。

对小开口墙段按毛截面计算的刚度应乘以洞口影响系数。洞口影响系数根据开洞率确定（见表 5-5）。

表 5-5 墙段洞口影响系数

开洞率	0.10	0.20	0.30
洞口影响系数	0.98	0.94	0.88

注：1. 开洞率为洞口水平截面面积与墙段水平毛截面面积之比，相邻洞口之间净宽度小于 500 mm 的墙段视为洞口；
2. 洞口中线偏离墙段中线大于墙段长度的 1/4 时，表中影响系数值折减 90%；门洞的洞顶高度大于 80% 层高时，表中数据不适用；窗洞高度大于 50% 层高时，按门洞对待。

5.3.3.2 楼层地震剪力 V_i 的分配原则

（1）横向楼层地震剪力 V_i 的分配。横向楼层地震剪力在横向各抗侧力墙体之间的分配，不仅取决于每片墙体的层间抗侧力等效刚度，而且取决于楼盖的整体水平刚度。楼盖的水平刚度一般取决于楼盖的结构类型和楼盖的长宽比。对于横向计算若近似认为楼盖的长宽比保持不变，则楼盖的水平刚度仅与楼盖的结构类型有关。

①刚性楼盖房屋。刚性楼盖房屋是指抗震横墙间距符合《抗震规范》规定的现浇及装配整体式钢筋混凝土楼盖房屋。当受到横向水平地震作用时,可以认为楼盖在其水平面内无变形,即将楼盖视为在其平面内绝对刚性,而横墙为其弹性支座(见图5-6)。当结构、荷载都对称时,楼盖仅发生整体平移运动,各横墙将产生相等的水平位移Δ,作用于刚性梁上的地震作用所引起的支座反力即抗震横墙所承受的地震剪力,它与支座的弹性刚度成正比,即各墙所承受的地震剪力按各墙的侧移刚度比例进行分配。

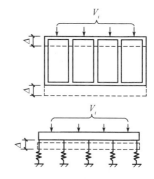

图 5-6 刚性楼盖计算简图

第 i 层第 m 道墙所分担的地震剪力标准值 V_{im} 为

$$V_{im} = \frac{K_{im}}{\sum_{m=1}^{s} K_{im}} \tag{5-10}$$

当计算墙体在其平面内的侧移刚度为 K_{im} 时,因其弯曲变形小,故一般可只考虑剪切变形的影响,即

$$K_{im} = \frac{A_{im} G_{im}}{\zeta h_{im}} \tag{5-11}$$

式中 G_{im} ——第 i 层第 m 道墙砌体的剪切模量;
A_{im} ——第 i 层第 m 道墙净截面面积;
h_{im} ——第 i 层第 m 道墙的高度。

若各道墙的高度 h_{im} 相同,材料相同,从而 G_{im} 相同,则

$$V_{im} = \frac{A_{im}}{\sum_{m=1}^{s} A_{im}} V_i \tag{5-12}$$

式中 $\sum_{m=1}^{s} A_{im}$ ——第 i 层各抗震横墙净横截面面积之和。

式(5-12)表明,对于刚性楼盖,当各抗震墙的高度、材料相同时,其楼层水平地震剪力可按各抗震墙的横截面面积比例进行分配。

②柔性楼盖房屋。柔性楼盖房屋是指以木结构等柔性材料为楼盖的房屋。由于楼盖在其自身平面内的水平刚度很小,因此当受到横向水平地震作用时,楼盖变形除平移外还有弯曲变形,在各横墙处的变形不相同,变形曲线不连续,因而可近似地视整个楼盖为分段简支于各片横墙的多跨简支梁(见图5-7),各片横墙可独立地变形。各横墙所承担的地震作用为该墙两侧横墙之间各一半楼(屋)盖面积的重力荷载所产生的地震作用。因此,各横墙所承担的地震作用即可按各墙所承担的上述重力荷载代表值的比例进行分配,即

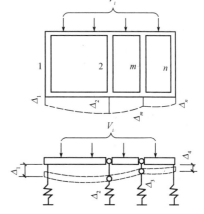

图 5-7 柔性楼盖计算简图

$$V_{im} = \frac{F'_{im}}{G_i} V_i \tag{5-13}$$

式中 G_i ——第 i 层楼(屋)盖上所承担的总重力荷载代表值;

F'_{im}——第 i 层楼（屋）盖上第 m 道墙与左右两侧相邻横墙之间各一半楼（屋）盖面积上所承担的总重力荷载代表值之和。

当楼（屋）盖面积上重力荷载均匀分布时，各横墙所承担的地震剪力可换算为按该墙与两侧相邻横墙之间各一半楼（屋）盖面积比例进行分配，即

$$V_{im} = \frac{F_{im}}{F_i} V_i \tag{5-14}$$

式中 F_i——第 i 层楼（屋）盖的总面积；

F_{im}——第 i 层楼（屋）盖上第 m 道墙与左右两侧相邻横墙之间各一半楼（屋）盖面积之和。

③中等刚性楼盖房屋。装配式钢筋混凝土楼盖属于中等刚性楼盖，其楼（屋）盖的刚度介于刚性与柔性楼（屋）盖之间，既不能把它假定为绝对刚性水平连续梁，也不能假定为多跨简支梁。在横向水平地震作用下，中等刚性楼盖在各片横墙间将产生一定的相对水平变形，各片横墙产生的位移并不相等，因而，各片横墙所承担的地震剪力不仅与横墙抗侧力等效刚度有关，而且与楼盖的水平变形有关。在一般多层砌体的设计中，对于中等刚性楼盖房屋，第 i 层第 m 片横墙所承担的地震剪力，可取刚性楼盖和柔性楼盖房屋两种计算结果的平均值：

$$V_{im} = \frac{1}{2}\left(\frac{K_{im}}{\sum_{m=1}^{s} K_{im}} + \frac{G_{im}}{G_i}\right) V_i \tag{5-15}$$

对于一般房屋，当墙高 h_{im} 相同，所用材料相同，楼（屋）盖重力荷载均匀分布时，V_{im} 也可为

$$V_{im} = \frac{1}{2}\left(\frac{A_{im}}{\sum_{m=1}^{s} A_{im}} + \frac{F_{im}}{F_i}\right) V_i \tag{5-16}$$

（2）纵向楼层地震剪力的分配。一般房屋纵向往往较横向的长度大很多，且纵墙的间距小。无论何种类型楼盖，其纵向水平刚度都很大，在纵向地震作用下，楼盖的变形小，可认为在其自身平面内无变形，因而，在纵向地震作用下，纵墙所承受的地震剪力，不论哪种楼盖，均可按刚性楼盖考虑，即纵向地震剪力可按纵墙的刚度比例进行分配。

（3）同一道墙上各墙段间地震剪力的分配。同一道墙上，门窗洞口之间墙段所承受的地震剪力可按墙段的侧移刚度进行分配。由于各墙段的高宽比 h/b 不同，其侧移刚度也不同。墙段的高宽比为洞净高与洞侧墙宽之比。洞高的取法：窗间墙取窗洞高；门间墙取门洞高；门窗之间的墙取窗洞高；尽端墙取紧靠尽端的门洞或窗洞高。

在求各墙段所分配的地震剪力时，按以下原则进行：

①若各墙段高宽比 h/b 均小于 1，则计算各墙段的侧移刚度时仅考虑剪切变形的影响，即对于第 r 个墙段其抗剪强度 K_{imr} 为

$$K_{imr} = \frac{A_{imr} G_{imr}}{\zeta h_{imr}} \tag{5-17}$$

第 r 个墙段所分配的地震剪力为

$$V_{imr} = \frac{K_{imr}}{\sum_{m=1}^{s} K_{imr}} V_{im} \tag{5-18}$$

当各墙段的材料、高度均相同时，各墙段的地震剪力分配可按各墙段的横截面面积比例进行，即对于第 r 个墙段其分配的地震剪力为

$$V_{imr} = \frac{A_{imr}}{\sum_{m=1}^{s} A_{imr}} V_{im} \tag{5-19}$$

式中 K_{imr}、A_{imr}、h_{imr}、G_{imr}——第 i 层第 m 道墙第 r 墙段的侧移刚度、横截面面积、墙段高度、墙段剪切模量；

V_{imr}——第 i 层第 m 道墙第 r 墙段所分配的地震剪力。

② 当各墙段高宽比相差较大，求各墙段侧移刚度时，有的墙段需考虑弯曲变形及剪切变形的影响，有的墙段仅需考虑剪切变形的影响，因此，各墙段的地震剪力应按墙段的侧移刚度比例进行分配。

对于需同时考虑弯曲变形及剪切变形影响的墙段：

$$V_{imb} = \frac{K_{bs}}{\sum K_{bs} + \sum K_s} V_{im} \tag{5-20}$$

对于仅需考虑剪切变形影响的墙段：

$$V_{ims} = \frac{K_s}{\sum K_{bs} + \sum K_s} V_{im} \tag{5-21}$$

式中 V_{imb}——需同时考虑弯曲变形及剪切变形影响的墙段所分配的地震剪力；

V_{ims}——仅需考虑剪切变形影响的墙段所分配的地震剪力；

K_{bs}——同时考虑弯曲变形及剪切变形影响的墙段的侧移刚度；

K_s——仅需考虑剪切变形影响的墙段的侧移刚度；

V_{im}——第 i 层第 m 道墙所分配的地震剪力。

5.3.4 墙体抗震承载力验算

对于多层砌体房屋，可只选择承载面积较大或竖向应力较小的墙段进行截面抗震承载力验算。

各类砌体沿阶梯形截面破坏的抗震抗剪强度设计值，按下式计算：

$$f_{vE} = \zeta_N f_v \tag{5-22}$$

式中 f_{vE}——砌体沿阶梯形截面破坏的抗震抗剪强度设计值；

f_v——非抗震设计的砌体抗剪强度设计值；

ζ_N——砌体抗剪强度的正应力影响系数，应按表 5-6 采用。

表 5-6 砌体抗剪强度的正应力影响系数 ζ_N

砌体类别	σ_0/f_v							
	0.0	1.0	3.0	5.0	7.0	10.0	12.0	≥16.0
普通砖、多孔砖	0.80	0.99	1.25	1.47	1.65	1.90	2.05	—
小砌块	—	1.23	1.69	2.15	2.57	3.02	3.32	3.92

注：σ_0 为对应于重力荷载代表值的砌体截面平均压应力

普通砖、多孔砖墙体的截面抗震受剪承载力，应按下列规定验算：

（1）一般情况下，应按下式验算：

$$V \leqslant f_{vE}A/\gamma_{RE} \tag{5-23}$$

式中 V——墙体剪力设计值;

f_{vE}——砖砌体沿阶梯形截面破坏的抗震抗剪强度设计值;

A——墙体横截面面积,多孔砖取毛截面面积;

γ_{RE}——承载力抗震调整系数,承重墙按3.9节采用,自承重墙按0.75采用。

（2）采用水平配筋的墙体,应按下式验算：

$$V \leqslant \frac{1}{\gamma_{RE}}(f_{vE}A + \zeta_s f_{yh}A_{sh}) \tag{5-24}$$

式中 f_{yh}——水平钢筋抗拉强度设计值;

f_{vE}——砖砌体沿阶梯形截面破坏的抗震抗剪强度设计值;

A_{sh}——层间墙体竖向截面的总水平钢筋截面面积,其配筋率应不小于0.07%且不大于0.17%;

ζ_s——钢筋参与工作系数,可按表5-7采用。

表5-7 钢筋参与工作系数 ζ_s

墙体高宽比	0.4	0.6	0.8	1.0	1.2
ζ_s	0.10	0.12	0.14	0.15	0.12

（3）当按式（5-23）、式（5-24）验算不满足要求时,可计入基本均匀设置于墙段中部、截面面积不小于240 mm×240 mm（墙厚190 mm时为240 mm×190 mm）且间距不大于4 m的构造柱对受剪承载力的提高作用,按下列简化方法验算：

$$V \leqslant \frac{1}{\gamma_{RE}}[\eta_c f_{vE}(A - A_c) + \zeta f_t A_c + 0.08 f_{yc}A_{sc} + \zeta_s f_{yh}A_{sh}] \tag{5-25}$$

式中 A_c——中部构造柱的横截面总面积（对横墙和内纵墙,$A_c > 0.15A$ 时,取 $0.15A$；对外纵墙,$A_c > 0.25A$ 时,取 $0.25A$）;

f_t——中部构造柱的混凝土轴心抗拉强度设计值;

A_{sc}——中部构造柱的纵向钢筋截面总面积（配筋率应不小于0.6%,大于1.4%时取1.4%）;

f_{yh}、f_{yc}——墙体水平钢筋、构造柱钢筋抗拉强度设计值;

ζ_c——中部构造柱参与工作系数,居中设一根时取0.5,多于一根时取0.4;

η_c——墙体约束修正系数,一般情况下取1.0,构造柱间距不大于3.0 m时取1.1;

A_{sh}——层间墙体竖向截面的总水平钢筋面积,无水平钢筋时取0.0。

（4）混凝土小砌块墙体的截面抗震受剪承载力,应按下式验算：

$$V \leqslant \frac{1}{\gamma_{RE}}[f_{vE}A + (0.3f_t A_c + 0.05f_y A_s)\zeta_c] \tag{5-26}$$

式中 f_t——芯柱混凝土轴心抗拉强度设计值;

A_c——芯柱截面总面积;

A_s——芯柱钢筋截面总面积;

f_y——芯柱钢筋抗拉强度设计值;

ζ_c——芯柱参与工作系数,可按表5-8采用。

表 5-8 芯柱参与工作系数

填孔率	$\rho<0.15$	$0.15\leqslant\rho<0.25$	$0.25\leqslant\rho<0.5$	$\rho\geqslant0.5$
ζ_c	0	1.0	1.10	1.15

注：填孔率指芯柱根数（含构造柱和填实孔洞数量）与孔洞总数之比

注意：当同时设置芯柱和构造柱时，构造柱截面可作为芯柱截面，构造柱钢筋可作为芯柱钢筋。

5.4 多层砌体结构房屋的抗震构造措施

对于砌体结构房屋的抗震设计，除了进行抗震概念设计、抗震计算和验算外，还必须采取合理、可靠的抗震构造措施。抗震构造措施可以加强砌体结构的整体性，提高变形能力，保证计算目标的实现，特别是对防止结构在大震时倒塌具有重要意义。

5.4.1 多层砖房的抗震构造措施

5.4.1.1 构造柱

设置钢筋混凝土构造柱可以明显改善多层砌体结构房屋的抗震性能，可使砌体的抗剪强度提高 10%~30%，提高幅度与墙体高宽比、竖向压力和开洞情况有关。由于构造柱对砌体具有约束作用，因而可提高其变形能力；设置在震害较重、连接构造比较薄弱和易于应力集中的部位的构造柱，可起到减轻震害的作用。

（1）构造柱的设置要求（见表 5-9）。

表 5-9 多层砌体结构房屋构造柱设置要求

房屋层数				设置部位	
6 度	7 度	8 度	9 度		
4、5	3、4	2、3		楼、电梯间四角，楼梯斜梯段上下端对应的墙体处；外墙四角和对应转角；错层部位横墙与外纵墙交接处；大房间内外墙交接处；较大洞口两侧	隔 12 m 或单元横墙与外纵墙交接处；楼梯间对应的另一侧内横墙与外纵墙交接处
6	5	4	2		隔开间横墙（轴线）与外墙交接处；山墙与内纵墙交接处
7	≥6	≥5	≥3		内墙（轴线）与外墙交接处；内墙的局部较小墙垛处；内纵墙与横墙（轴线）交接处

注：较大洞口，内墙指不小于 2.1 m 的洞口；外墙在内外墙交接处已设置构造柱时应允许适当放宽，但洞侧墙体应加强。

外廊式和单面走廊式的多层砖房，应根据房屋增加一层后的层数，按表 5-9 的要求设置构造柱，且单面走廊两侧的纵墙均应按外墙处理。

教学楼、医院等横墙较少的房屋，应根据房屋增加一层后的层数，按表 5-9 的要求设置构造柱；当教学楼、医院等横墙较少的房屋为外廊式或单面走廊式时，应根据房屋增加一层后的层数，按表 5-9 的要求设置构造柱，且单面走廊两侧的纵墙均应按外墙处理。但设防烈度为 6 度不超过 4 层、7 度不超过 3 层和 8 度不超过 2 层时，应按增加 2 层后的层数考虑。

（2）构造柱的构造。构造柱的最小截面可采用240 mm×180 mm（墙厚190 mm时为180 mm×190 mm），纵向钢筋宜采用4φ12，箍筋间距不宜大于250 mm，且在柱上下端宜适当加密；设防烈度为6、7度时超过6层、8度时超过5层和9度时，构造柱纵向钢筋宜采用4φ14，箍筋间距不应大于200 mm；房屋四角的构造柱应适当加大截面及配筋。

钢筋混凝土构造柱必须先砌墙、后浇柱，构造柱与墙连接处应砌成马牙槎，并沿墙高每隔500 mm设2φ6水平钢筋和φ4分布短筋平面内点焊组成的拉结网片或φ4点焊钢筋网片，每边伸入墙内不宜小于1 m（见图5-8）。

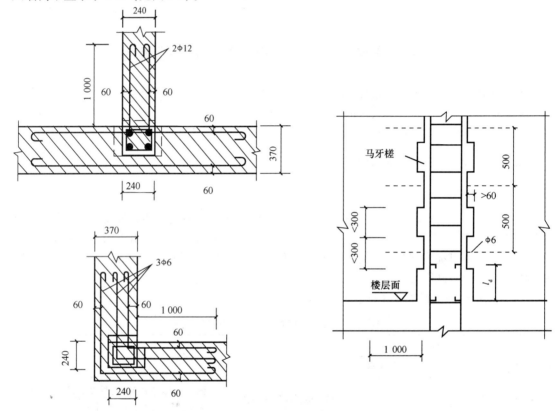

图 5-8 构造柱与墙体连接构造（单位：mm）

构造柱应与圈梁连接，以增加构造柱的中间支点。构造柱与圈梁连接处，构造柱的纵筋应在圈梁纵筋内侧穿过，以保证构造柱纵筋上下贯通。

构造柱可不单独设置基础，但应伸入室外地面下500 mm，或与埋深小于500 mm的基础圈梁相连。

房屋高度和层数接近表5-1的限值时，纵、横墙内构造柱的间距尚应符合下列要求：
①横墙内的构造柱间距不宜大于层高的2倍；下部1/3楼层的构造柱间距适当减小。
②当外纵墙开间大于3.9 m时，应另设加强措施。内纵墙的构造柱间距不宜大于4.2 m。

5.4.1.2 圈梁

（1）圈梁的功能。圈梁对房屋抗震有重要作用，且是多层砖房一种经济有效的抗震措施，其主要功能为：
①加强房屋的整体性。由于圈梁的约束作用，减小了预制板散开以及墙体处平面倒塌的危

险性，使纵、横墙能保持为一个整体的箱形结构，充分发挥各片墙体的平面内抗剪强度，有效抵御来自任何方向的水平地震作用。

②圈梁作为楼盖的边缘构件，提高了楼盖的水平刚度，同时箍住楼（屋）盖，增强楼盖的整体性；可以限制墙体斜裂缝的开展和延伸，使墙体裂缝仅在两道圈梁之间的墙段内发生，墙体抗剪强度得以充分发挥，同时提高了墙体的稳定性；还可以减轻地震时地基不均匀沉陷对房屋的影响，以及减轻和防止地震时的地表裂隙将房屋撕裂。

（2）圈梁的设置。多层砖房的现浇钢筋混凝土圈梁设置应符合下列要求：

装配式钢筋混凝土楼、屋盖或木屋盖的砖房，横墙承重时应按表 5-10 的要求设置圈梁；纵墙承重时，抗震横墙上的圈梁间距应比表 5-10 内的要求适当减少。

表 5-10 多层砖房现浇钢筋混凝土圈梁设置要求

墙 类	设防烈度		
	6 度、7 度	8 度	9 度
外墙和内纵墙	屋盖处及每层楼盖处	屋盖处及每层楼盖处	屋盖处及每层楼盖处
内横墙	屋盖处及每层楼盖处；屋盖处间距不应大于 4.5 m；楼盖处间距不应大于 7.2 m；构造柱对应部位	屋盖处及每层楼盖处；各层所有横墙，且间距不应大于 4.5 m；构造柱对应部位	屋盖处及每层楼盖处；各层所有横墙

现浇或装配整体式钢筋混凝土楼盖、屋盖与墙体有可靠连接的房屋，应允许不另设圈梁，但楼板沿抗震墙体周边均应加强配筋，并应与相应的构造柱钢筋可靠连接。

（3）圈梁构造。多层砖房的现浇钢筋混凝土圈梁应闭合，遇有洞口圈梁应上下搭接。圈梁宜与预制板设在同一标高处或紧靠板底；在表 5-10 要求的间距内无横墙时，应利用梁或板缝中配筋替代圈梁。

圈梁的截面高度不应小于 120 mm，配筋应符合表 5-11 的要求；为加强基础整体性和刚性而增设基础圈梁，截面高度不应小于 180 mm，配筋不应少于 4ϕ12。

表 5-11 多层砖房圈梁配筋要求

配 筋	设防烈度		
	6 度、7 度	8 度	9 度
最小纵筋	4ϕ10	4ϕ12	4ϕ14
箍筋最大间距/mm	250	200	150

5.4.1.3 楼（屋）盖结构及其连接

现浇钢筋混凝土楼板或屋面板伸进纵、横墙内的长度，均不应小于 120 mm。装配式钢筋混凝土楼、屋面板，当圈梁未设在板的同一标高时，板端伸进外墙的长度不应小于 120 mm，伸进内墙的长度不应小于 100 mm 或采用硬架支模连接，在梁上不应小于 80 mm 或采用硬架支模连接。当板的跨度大于 4.8 m 并与外墙平行时，靠外墙的预制板侧板应与墙或圈梁拉结。房屋端部大房间的楼盖，设防烈度为 6 度时房屋的屋盖和 7~9 度时房屋的楼盖、屋盖，当圈梁设在板底时，钢筋混凝土预制板应相互拉结，并应与梁、墙或圈梁拉结。楼盖、屋盖的钢筋混凝土梁或屋架应与墙、柱（包括构造柱）或圈梁可靠连接；不得采用独立砖柱。跨度不小于 6 m 大梁的支承构件应采取组合砌体等加强措施,并满足承载力要求。

丙类的多层砖房,当横墙较少且总高度和层数接近或达到表5-1规定的限值时,应采取加强措施:房屋的最大开间尺寸不宜大于6.6 m;同一结构单元内横墙错位数量不宜超过横墙总数的1/3,且连续错位不宜多于两道;错位的墙体交接处均应增设构造柱,且楼、屋面板应采用现浇钢筋混凝土板。横墙和内纵墙上洞口的宽度不宜大于1.5 m;外纵墙上洞口的宽度不宜大于2.1 m或开间尺寸的一半;内外墙上洞口位置不应影响内外纵墙与横墙的整体连接。所有纵横墙均应在楼盖、屋盖标高处设置加强的现浇钢筋混凝土圈梁;圈梁的截面高度不宜小于150 mm,上下纵筋各不应少于3Φ10,箍筋不小于Φ6,间距不大于300 mm。所有纵横墙交接处及横墙的中部,均应增设满足下列要求的构造柱:在纵横墙内的柱距不宜大于3.0 m,最小截面尺寸不宜小于240 mm×240 mm(墙厚190 mm时为240 mm×190 mm),配筋宜符合表5-12的要求。

表5-12 增设构造柱的纵筋和箍筋设置要求

位置	纵向钢筋			箍筋		
	最大配筋率/%	最小配筋率/%	最小直径/mm	加密区范围/mm	加密区间距/mm	最小直径/mm
角柱	1.8	0.8	14	全高	100	6
边柱			14	上端700下端500		
中柱	1.4	0.6	12			

同一结构单元的楼面、屋面板应设置在同一标高处。屋面底层和顶层的窗台标高处,宜设置沿纵横墙通长的水平现浇钢筋混凝土带;其截面高度不小于60 mm,宽度不小于墙厚,纵向配筋不少于2Φ10,横向分布筋的直径不小于6 mm且其间距不大于200 mm。设防烈度为6、7度时长度大于7.2 m的房间,以及8、9度时外墙转角及内外墙交接处,应沿墙高每隔500 mm配置2Φ6的通长钢筋和Φ4分布短筋平面内点焊组成的拉结网片或Φ4点焊钢筋网片。坡屋顶房屋的屋架应与顶层圈梁可靠连接,檩条或屋面板应与墙、屋架可靠连接,房屋出入口处的檐口瓦应与屋面构件锚固。采用硬山搁檩时,顶层内纵墙顶宜增砌支承山墙的踏步式墙垛,并设置构造柱。门窗洞处不应采用砖过梁,过梁支承长度,设防烈度为6~8度时不应小于240 mm,9度时不应小于360 mm。预制阳台,设防烈度为6、7度时应与圈梁和楼板的现浇板带可靠连接,8、9度时不应采用预制阳台。

5.4.1.4 对楼梯间的要求

楼梯间是发生地震时的疏散通道,同时历次地震震害表明,由于楼梯间比较空旷,常常破坏严重,在地震烈度9度及9度以上地区曾多次发生楼梯间的局部倒塌,当楼梯间设置在房屋尽端时破坏尤为严重。因此,要求顶层楼梯间墙体应沿墙高每隔500 mm配置2Φ6的通长钢筋和Φ4分布短筋平面内点焊组成的拉结网片或Φ4点焊钢筋网片;设防烈度为7~9度时其他各层楼梯间墙体应在休息平台或楼层半高处设置60 mm厚、纵向钢筋不少于2Φ10的钢筋混凝土带或配筋砖带,配筋砖带不少于3皮,每皮的配筋不少于2Φ6,砂浆强度等级不应低于M7.5且不低于同层墙体的砂浆强度等级。楼梯间及门厅内墙阳角处的大梁支承长度不应小于500 mm,并应与圈梁连接。装配式楼梯段应与平台板的梁可靠连接,设防烈度为8、9度时不应采用装配式楼梯段;不应采用墙中悬挑式踏步或踏步竖肋插入墙体的楼梯,不应采用无筋砖砌栏板。突出屋顶的楼、电梯间,构造柱应伸到顶部,并与顶部圈梁连接,所有墙体应沿墙高每隔500 mm配置2Φ6的通长钢筋和Φ4分布短筋平面内点焊组成的拉结网片或Φ4点焊钢筋网片。

5.4.2 多层砌块结构房屋的抗震构造措施

混凝土小型空心砌块房屋，应按表5-13的要求设置钢筋混凝土芯柱，对医院、教学楼等横墙较少的房屋，应根据房屋增加一层后的层数，按表5-13的要求设置芯柱。

表5-13 多层小砌块房屋芯柱设置要求

房屋层数				设置部位	设置数量
6度	7度	8度	9度		
4、5	3、4	2、3		外墙转角，楼、电梯间四角，楼梯斜梯段上下端对应的墙体处；大房间内外墙交接处；错层部位横墙与外纵墙交接处；隔12 m或单元横墙与外纵墙交接处	外墙转角，灌实3个孔；内外墙交接处，灌实4个孔；楼梯斜梯段上下端对应的墙体处，灌实2个孔
6	5	4		外墙转角，楼、电梯间四角，楼梯斜梯段上下端对应的墙体处；大房间内外墙交接处；错层部位横墙与外纵墙交接处；隔12 m或单元横墙与外纵墙交接处；隔开横墙（轴线）与外纵墙交接处	
7	6	5	2	外墙转角，楼、电梯间四角，楼梯斜梯段上下端对应的墙体处；大房间内外墙交接处；错层部位横墙与外纵墙交接处；隔12 m或单元横墙与外纵墙交接处；各内墙（轴线）与外纵墙交接处；内纵墙与横墙（轴线）交接处和洞口两侧	外墙转角，灌实5个孔；内外墙交接处，灌实4个孔；内外墙交接处，灌实4~5个孔；洞口两侧各灌实1个孔
	7	≥6	≥3	外墙转角，楼、电梯间四角，楼梯斜梯段上下端对应的墙体处；大房间内外墙交接处；错层部位横墙与外纵墙交接处；隔12 m或单元横墙与外纵墙交接处；横墙内芯柱间距不大于2 m	外墙转角，灌实7个孔；内外墙交接处，灌实5个孔；内外墙交接处，灌实4~5个孔；洞口两侧各灌实1个孔

注：外墙转角，内外墙交接处，楼、电梯间四角等部位，应允许采用钢筋混凝土构造柱替代部分芯柱

小砌块房屋的芯柱应符合：混凝土小型空心砌块房屋芯柱截面不宜小于120 mm×120 mm；芯柱混凝土强度等级不应低于Cb20；芯柱的竖向插筋应贯通墙身且与圈梁连接；插筋不应小于1Φ12，设防烈度为6、7度时超过5层、8度时超过4层和9度时，插筋不应小于1Φ14；芯柱应伸入室外地面下500 mm或与埋深小于500 mm的基础梁相连。

小砌块房屋中替代芯柱的钢筋混凝土构造柱应符合：构造柱截面不宜小于190 mm×190 mm，设防烈度为6、7度时超过5层、8度时超过4层和9度时，构造柱纵向钢筋宜采用4Φ14，箍筋间距不宜大于200 mm；外墙转角的构造柱可适当加大截面及配筋；构造柱与砌块墙连接处应砌成马牙槎，与构造柱相邻的砌块孔洞，设防烈度为6度时宜填实，7度时应填实，8、9度时应填实并插筋；构造柱与砌块墙之间沿墙高每隔600 mm设置Φ4点焊拉结钢筋网片，并应沿墙体水平通长设置；设防烈度为6、7度时底部1/3楼层，8度时底部1/2楼层，9度时全部楼层，上述拉结钢筋网片沿墙高间距不大于400 mm；构造柱与圈梁连接处及在基础处的构造处理与一般多层砖房钢筋混凝土构造柱相同。

多层混凝土小型空心砌块房屋的现浇钢筋混凝土圈梁的设置位置应符合表5-10的要求，圈梁宽度不应小于190 mm，配筋不应少于4Φ12，箍筋间距不应大于200 mm。

小砌块房屋的层数，设防烈度为6度时超过5层、7度时超过4层、8度时超过3层和9度时，在底层和顶层的窗台标高处，沿纵横墙应设置通长的水平现浇钢筋混凝土带；其截面高度不

小于60 mm，纵筋不少于2Φ10，并应有分布拉结钢筋；其混凝土强度等级不应低于C20。

5.4.3 多层砌块结构房屋抗震设计实例

某4层砌体结构办公楼，其平面、剖面尺寸如图5-9所示。楼盖和屋盖采用预制钢筋混凝土空心板。横墙承重，楼梯间突出屋顶。砖的强度等级为：底层、2层为M5，其余层为M2.5。窗口尺寸除个别注明外，一般为1 500 mm×2 100 mm，内门尺寸为1 000 mm×2 500 mm，设防烈度为7度，设计基本加速度为0.10g，建筑场地为Ⅰ类，设计地震分组为第一组。试验算该楼墙体的抗震承载力。

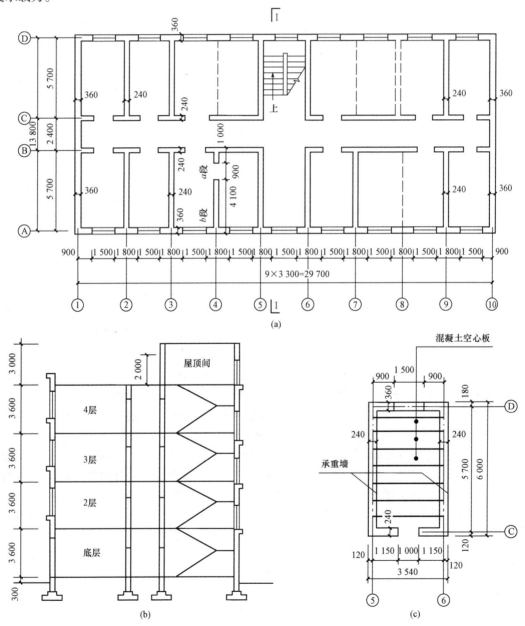

图5-9 办公楼平面、剖面（单位：mm）
（a）底层平面图；（b）Ⅰ—Ⅰ剖面图；（c）突出屋顶楼梯间平面图

5.4.3.1 建筑总重力荷载代表值计算

集中在各楼层标高处的各质点重力荷载代表值包括楼面（或屋面）自重的标准值、50%楼（屋）面承受的活荷载、上下各半墙重的标准值之和，即

屋顶间顶盖处质点　　$G_5 = 205.94$ kN

4层屋盖处质点　　$G_4 = 4\,140.84$ kN

3层楼盖处质点　　$G_3 = 4\,856.67$ kN

2层楼盖处质点　　$G_2 = 4\,856.67$ kN

底层楼盖处质点　　$G_1 = 5\,985.85$ kN

建筑总重力荷载代表值　　$G_E = \sum_{i=1}^{5} G_i = 20\,045.97$ kN

5.4.3.2 水平地震作用计算

房屋底部总水平地震作用标准值 F_{Ek} 为

$$F_{Ek} = \alpha_1 G_{eq} = \alpha_{max} \times 0.85 G_E = 0.08 \times 0.85 \times 20\,045.97 = 1\,363.13 \text{ (kN)}$$

各楼层的水平地震作用标准值（见图5-10）及地震剪力标准值如表5-14所示。

表5-14　各楼层的水平地震作用标准值及地震剪力标准值

	G_i /kN	H_i /m	$G_i H_i$	$\dfrac{G_i H_i}{\sum_{j=1}^{5} G_j H_j}$	$F_i = \dfrac{G_i H_i}{\sum_{j=1}^{5} G_j H_j} F_{Ek}$ /kN	$V_i = \sum_{i=1}^{5} F_i$ /kN
屋顶间	205.94	18.2	3 748.11	0.020	27.263	27.263
4	4 140.84	15.2	62 940.77	0.335	456.648	483.911
3	4 856.67	11.6	56 337.37	0.299	407.576	891.487
2	4 856.67	8.0	38 853.36	0.206	280.805	1 172.292
1	5 985.85	4.4	26 337.74	0.140	190.838	1 363.13
Σ	20 045.97		188 217.35		1 363.13	

5.4.3.3 抗震承载力验算

（1）屋顶间墙体强度计算。考虑鞭梢效应的影响，屋顶间的地震作用取计算值的3倍：

$$V_5 = 3 \times 27.263 = 81.789 \text{ (kN)}$$

屋面采用预制钢筋混凝土空心板且沿房屋纵向布置，⑤、⑥轴墙体为承重墙，选取Ⓒ、Ⓓ轴墙体（非承重墙）进行验算。

屋顶间（见图5-11）Ⓒ轴墙净横截面面积为

$$A_{Ⓒ顶} = (3.54 - 1.0) \times 0.24 = 0.61 \text{ (m}^2\text{)}$$

屋顶间Ⓓ轴墙净横截面面积为

$$A_{Ⓓ顶} = (3.54 - 1.5) \times 0.36 = 0.73 \text{ (m}^2\text{)}$$

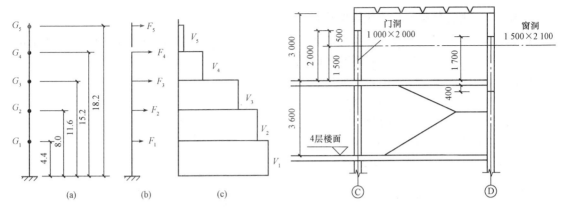

图 5-10 地震作用及地震剪力分布　　　　图 5-11 屋顶间剖面尺寸示意（单位：mm）
（a）计算简图；（b）地震作用简图；（c）地震剪力图

因屋顶间沿房屋纵向尺寸很小，故其水平地震作用产生的剪力分配按式（5-16）进行，即

$$V_{©顶} = 1/2 \times [0.61/(0.61+0.73) + 1/2] \times 81.789 = 39.054 \text{（kN）}$$
$$V_{①顶} = 1/2 \times [0.73/(0.61+0.73) + 1/2] \times 81.789 = 42.735 \text{（kN）}$$

在层高半高处 σ_0 对应于重力荷载代表值的砌体截面平均压应力为（砖砌体重度按 19 kN/m³ 计）

©轴墙　　　$\sigma_0 = \dfrac{(1.5 \times 3.54 - 0.5 \times 1.0) \times 0.24 \times 19}{0.24 \times (3.54 - 1.0)} = 35.98$（kN/m²）

①轴墙　　　$\sigma_0 = \dfrac{(1.5 \times 3.54 - 0.2 \times 1.5) \times 0.36 \times 19}{0.36 \times (3.54 - 1.5)} = 46.66$（kN/m²）

由《砌体结构设计规范》（GB 50003—2011）查得砂浆强度等级为 M2.5 时的砖砌体 $f_v = 0.08$ N/mm²，其 σ_0/f_v 为

©轴墙　　　　　　　$\sigma_0/f_v = 3.598 \times 10^{-2}/0.08 = 0.45$

①轴墙　　　　　　　$\sigma_0/f_v = 4.666 \times 10^{-2}/0.08 = 0.58$

砌体强度的正应力影响系数 ζ_N 为

©轴墙　　　　　　　　　$\zeta_N = 0.89$

①轴墙　　　　　　　　　$\zeta_N = 0.916$

所以，沿阶梯形截面破坏的抗震抗剪强度设计值为

©轴墙　　　　$f_{vE} = \zeta_N f_v = 0.89 \times 0.08 = 0.071$（N/mm²）

①轴墙　　　　$f_{vE} = \zeta_N f_v = 0.916 \times 0.08 = 0.073$（N/mm²）

因墙体不承重，其承载力抗震调整系数采用 0.75，则

©轴墙　　　$f_{vE}A/\gamma_{RE} = 0.071 \times 610\,000/0.75 = 57\,747$（N）＝ 57.75 kN

©轴墙承受的设计地震剪力 $= \gamma_{Eh} V_{©顶} = 1.3 \times 39.054 = 50.77$（kN）＜ 57.75 kN

抗剪承载力满足要求。

①轴墙 $f_{vE}A/\gamma_{RE} = 0.073 \times 730\,000/0.75 = 71\,053$（N）＝ 71.05 kN ＞ $\gamma_{Eh} V_{①顶} = 1.3 \times 42.735 = 55.56$（kN）

抗剪承载力满足要求。

(2) 横向地震作用下，横墙的抗剪承载力验算（取底层④、⑨轴墙体）。
a. ④墙体验算。
④墙体横截面面积：$A_{14} = (6-0.9) \times 0.24 = 1.224$（m²）
底层横墙总截面面积：$A_1 = 27.26$ m²
④轴墙承担地震作用的面积：$F_{14} = 3.3 \times (5.70 + 0.18 + 1.20) = 23.36$（m²）
底层建筑面积：$F_1 = 14.16 \times 30.06 = 425.65$（m²）
④轴墙体由地震作用所产生的剪力按式（5-16）计算，得

$$V_{14} = \frac{1}{2} \times \left(\frac{A_{14}}{A_1} + \frac{F_{14}}{F_1}\right) V_1 = \frac{1}{2} \times \left(\frac{1.224}{27.26} + \frac{23.36}{425.65}\right) \times 1\,363.13 = 68.16\ (\text{kN})$$

④轴墙有门洞 0.9 m × 2.1 m。将墙分为 a、b 两段，计算墙段高宽比 h/b 时，墙段 a、b 的 h 取为 2.1 m，则

a 墙段 $\quad\quad\quad\quad\quad\quad\quad 1 < h/b = 2.10/1.0 = 2.1 < 4$
b 墙段 $\quad\quad\quad\quad\quad\quad\quad h/b = 2.10/4.1 = 0.51 < 1$

求墙段侧移刚度时，a 墙段考虑剪切变形和弯曲变形的影响，b 墙段仅考虑剪切变形的影响。

$$K_a = \frac{Et}{(h/b)\left[(h/b)^2 + 3\right]} = \frac{Et}{2.1 \times (2.1^2 + 3)} = 0.064Et$$

$$K_b = \frac{Et}{3 \times h/b} = \frac{Et}{3 \times 0.51} = 0.654Et$$

所以 $\quad\quad\quad\quad \sum K = K_a + K_b = (0.064 + 0.654)Et = 0.718Et$

各墙段分配的地震剪力为

a 墙段 $\quad\quad\quad V_a = \frac{K_a}{\sum K} V_{14} = \frac{0.064Et}{0.718Et} \times 68.16 = 6.076$（kN）

b 墙段 $\quad\quad\quad V_b = \frac{K_b}{\sum K} V_{14} = \frac{0.654Et}{0.718Et} \times 68.16 = 62.084$（kN）

各墙段在半层高处重力荷载代表值的平均压应力为（计算过程略）
a 墙段 $\quad\quad\quad\quad\quad\quad \sigma_0 = 60.33 \times 10^{-2}$ N/mm²
b 墙段 $\quad\quad\quad\quad\quad\quad \sigma_0 = 46.21 \times 10^{-2}$ N/mm²

各墙段抗剪承载力验算结果列于表 5-15，砂浆强度等级为 M5 时，$f_v = 0.11$ N/mm²。

表 5-15 各墙段抗剪承载力验算

	A /mm²	σ_0 /(N·mm⁻²)	σ_0/f_v	ζ_N	$f_{vE} = \zeta_N f_v$ /(N·mm⁻²)	V /kN	$\gamma_{Eh}V$ /kN	$f_{vE}A/\gamma_{RE}$ /kN
a	240 000	60.33 × 10⁻²	5.48	1.55	0.17	6.076	7.899	40.8
b	984 000	46.21 × 10⁻²	4.20	1.41	0.16	62.084	80.709	157.4

由以上计算可看出，各墙段抗剪承载力均满足要求。
b. ⑨墙体验算。

⑨墙体横截面面积： $A_{19} = 6.0 \times 0.24 \times 2 = 2.88$（m²）

底层横墙总截面面积： $A_1 = 27.26$ m²

⑨轴墙承担地震作用的面积：

$$F_{19} = (3.3 + 1.65) \times 7.08 + (4.95 + 1.65) \times 7.08 = 81.77 \text{（m}^2\text{）}$$

底层建筑面积： $F_1 = 14.16 \times 30.06 = 425.65$（m²）

⑨轴墙体由地震作用所产生的剪力按式（5-16）计算，得

$$V_{19} = \frac{1}{2} \times \left(\frac{A_{19}}{A_1} + \frac{F_{19}}{F_1}\right)V_1 = \frac{1}{2} \times \left(\frac{2.88}{27.26} + \frac{81.77}{425.65}\right) \times 1\,363.13 = 203.11 \text{（kN）}$$

各墙段在半层高处的平均压应力为

$$\sigma_0 = 41.60 \times 10^{-2} \text{ N/mm}^2$$

砂浆强度等级为M5，抗剪强度 $f_v = 0.11$ N/mm²，则

$$\sigma_0/f_v = 41.60 \times 10^{-2}/0.11 = 3.78$$

$$\zeta_N = 1.366$$

$$f_{vE} = \zeta_N f_v = 1.366 \times 0.11 = 0.15 \text{（N/mm}^2\text{）}$$

$$f_{vE}A/\gamma_{RE} = 0.15 \times 2\,880\,000/1 = 432\,000 \text{（N）} = 432 \text{ kN}$$

承受的设计地震剪力 $= \gamma_{Eh}V_{19} = 1.3 \times 203.11 = 264$（kN） < 432 kN

抗剪承载力满足要求。

（3）纵向地震作用下，外纵墙的抗剪承载力验算（取底层Ⓐ轴墙体）。

a. 作用在Ⓐ轴窗间墙的地震剪力。

作用在Ⓐ轴纵墙上的地震剪力应按式（5-15）计算，由于Ⓐ轴各窗间墙的宽度相等，故作用在窗间墙上的地震剪力 V_c 可按横截面面积的比例进行分配，即

$$V_c = \frac{A_{1A}}{A_1}V_1 \times \frac{a_c}{A_{1A}} = \frac{a_c}{A_1}V_1$$

式中 A_1——底层纵墙总横截面面积， $A_1 = 22$ m²；

A_{1A}——底层Ⓐ轴纵墙横截面净面积；

a_c——窗间墙横截面面积， $a_c = 1.8 \times 0.36 = 0.648$（m²）。

$$V_c = (0.648/22) \times 1\,363.13 = 40.15 \text{（kN）}$$

b. 窗间墙抗剪承载力。

Ⓐ轴墙体在半层高处的平均压应力为

$$\sigma_0 = 35.06 \times 10^{-2} \text{ N/mm}^2$$

$$\sigma_0/f_v = 35.06 \times 10^{-2}/0.11 = 3.19$$

$$\zeta_N = 1.27$$

$$f_{vE} = \zeta_N f_v = 1.27 \times 0.11 = 0.140 \text{（N/mm}^2\text{）}$$

以上验算的是纵向非承重窗间墙，但从总体上看，有大梁作用于纵墙上，故仍属承重砖墙，其承载力抗震调整系数仍采用1，故

$$f_{vE}A/\gamma_{RE} = 0.140 \times 1\,800 \times 360/1\,000 = 90.72 \text{（kN）}$$

承受的设计地震剪力 $= \gamma_{Eh}V_c = 1.3 \times 40.15 = 52.20$（kN） < 90.72 kN

纵向窗间墙抗剪承载力满足要求。

（4）其他各层墙体验算方法同上，从略。

5.5 配筋混凝土小型空心砌块抗震墙房屋的抗震设计要点

配筋混凝土小型空心砌块抗震墙是砌体结构中抗震性能较好的一种新型结构体系。这种结构的基本构造形式是，在混凝土小型空心砌块墙体的孔洞中配置竖向钢筋并灌实混凝土，在水平灰缝或在凸槽砌体中配置水平钢筋，以此形成承受竖向和水平作用的配筋混凝土小型空心砌块抗震墙。国外的研究、工程实践和震害表明，这种结构形式强度高、延性好，其受力性能和计算方法与现浇钢筋混凝土抗震墙结构相似，而且具有施工方便、造价较低的特点，在欧美等发达国家已得到较广泛的应用。

我国自 20 世纪 80 年代以来，对配筋混凝土小型空心砌块抗震墙结构开展了一系列的试验研究，并积极进行试点建筑。工程实践表明，对中高层房屋，这种结构形式具有足够的承载能力和规范要求的变形能力，而且更能体现配筋砌块砌体结构施工和经济方面的优势。在此基础上，并借鉴国外标准，《抗震规范》和《砌体结构设计规范》（GB 50003—2011）对配筋小型空心砌块抗震墙的抗震设计做出了相应的规定。

5.5.1 结构方案与结构布置

（1）建筑平面及结构布置。平面形状宜简单、规则，凹凸不宜过大；竖向布置宜规则、均匀，避免过大的外挑和内收。纵、横向抗震墙宜拉通对直；每个独立墙段长度不宜大于 8 m，且不宜小于墙厚的 5 倍；墙段的总高度与墙段长度之比不宜小于 2；门洞口宜上下对齐，成列布置。

房屋需要设置防震缝时，当房屋高度不超过 24 m 时，最小宽度可采用 100 mm；当超过 24 m 时，设防烈度为 6 度、7 度、8 度和 9 度相应每增加 6 m、5 m、4 m 和 3 m，最小宽度宜加宽 20 mm。

采用现浇钢筋混凝土楼盖、屋盖时，抗震横墙的最大间距应符合表 5-16 的要求。

表 5-16 配筋混凝土小型空心砌块抗震横墙的最大间距

设防烈度	6 度	7 度	8 度	9 度
最大间距/m	15	15	11	7

（2）房屋高度和层高限值。配筋混凝土小型空心砌块抗震墙结构房屋的最大高度和最大宽高比，应分别符合表 5-17 和表 5-18 的规定。

表 5-17 配筋混凝土小型空心砌块抗震墙房屋的最大高度　　　　m

结构类型及最小墙厚		设防烈度和设计基本地震加速度					
		6 度	7 度		8 度		9 度
		0.05g	0.10g	0.15g	0.20g	0.30g	0.40g
配筋砌块砌体抗震墙	190 mm	60	55	45	40	30	24
部分框支抗震墙		55	49	40	31	24	—

注：1. 房屋高度指室外地面到主要屋面板板顶的高度（不包括局部突出屋顶部分）；
　　2. 某层或几层开间大于 6.0 m 的房间建筑面积占相应层建筑面积 40% 以上时，表中数据相应减少 6 m；
　　3. 部分框支抗震墙结构指首层或底部两层为框支层的结构，不包括仅个别框支墙的情况；
　　4. 房屋的高度超过表内高度时，应根据专门研究，采取有效的加强措施

表 5-18 配筋混凝土小型空心砌块抗震墙房屋的最大宽高比

设防烈度	6 度	7 度	8 度	9 度
最大宽高比	4.5	4.0	3.0	2.0
注：房屋的平面布置和竖向布置不规则时应当减小最大宽高比				

配筋混凝土小型空心砌块抗震墙房屋的层高，应符合下列规定：

①底部加强部位（不小于房屋高度的 1/6 且不小于底部二层的高度范围）的层高（房屋总高度小于 21 m 时取一层），一、二级不宜大于 3.2 m，三、四级不应大于 3.9 m。

②其他部位的层高，一、二级不应大于 3.9 m，三、四级不应大于 4.8 m。

（3）抗震等级的划分。配筋混凝土小型空心砌块抗震墙结构抗震等级的划分，是基于不同烈度和不同房屋高度对结构抗震性能的不同要求，也考虑了结构构件的延性和消能能力。丙类建筑的抗震等级宜按表 5-19 确定。

表 5-19 配筋混凝土小型空心砌块抗震墙房屋（丙类建筑）的抗震等级

设防烈度	6 度		7 度		8 度		9 度
高度/m	≤24	>24	≤24	>24	≤24	>24	≤24
抗震等级	四	三	三	二	二	一	一
注：接近或等于高度分界时，可结合房屋不规则程度及场地、地基条件确定抗震等级							

5.5.2 配筋混凝土小型空心砌块抗震墙抗震计算

5.5.2.1 弹性层间位移角限值

配筋混凝土小型空心砌块抗震墙房屋抗震计算时，设防烈度为 6 度时可不进行截面抗震验算，但应采取相应的抗震构造措施。配筋混凝土小型空心砌块抗震墙房屋应进行多遇地震作用下的抗震变形验算，其楼层内最大的弹性层间位移角，底层不宜超过 1/1 200，其他楼层不宜超过 1/800。

5.5.2.2 地震作用计算和地震剪力分配

配筋混凝土小型空心砌块抗震墙结构应按《抗震规范》的规定进行地震作用计算。一般可只考虑水平地震作用的影响。对于平、立面布置规则的房屋，可采用底部剪力法或振型分解反应谱法。

由于此种结构的楼（屋）盖一般采用现浇钢筋混凝土结构，即使在抗震等级低时（如四级时），至少也要采用装配整体式钢筋混凝土楼（屋）盖，故属于刚性楼（屋）盖，因此对于楼层水平地震剪力，应按各墙体的刚度比例在墙体间分配。

5.5.2.3 配筋混凝土小型空心砌块抗震墙抗震承载力验算

（1）墙体抗震承载力验算。

①正截面抗震承载力验算。考虑地震作用组合的配筋混凝土小型空心砌块抗震墙墙体可能是偏向受压或偏心受拉构件，其正截面承载力可采用配筋砌块砌体非抗震设计计算公式，但在公式右端应除以承载力抗震调整系数 $\gamma_{RE}=0.85$。

②斜截面抗震承载力验算。

a. 剪力设计值的调整。为了提高配筋混凝土小型空心砌块抗震墙的整体抗震能力，防止抗震墙底部在弯曲破坏前发生剪切破坏，保证强剪弱弯的要求，在进行斜截面抗剪承载力验算且抗震等级为一、二、三级时，应对墙体底部加强区范围内剪力设计值 V 进行调整，按下式取值：

$$V = \eta_{vw} V_w \tag{5-27}$$

式中 V——抗震墙底部加强部位截面组合的剪力设计值；
V_w——抗震墙底部加强部位截面组合的剪力计算值；
η_{vw}——剪力增大系数，一级取 1.6，二级取 1.4，三级取 1.2，四级取 1.0。

b. 抗震墙的截面尺寸要求。

当剪跨比大于 2 时：

$$V \leqslant \frac{1}{\gamma_{RE}}(0.2 f_g bh) \tag{5-28}$$

当剪跨比不大于 2 时：

$$V \leqslant \frac{1}{\gamma_{RE}}(0.15 f_g bh) \tag{5-29}$$

式中 f_g——灌孔小砌块砌体抗压强度设计值；
b——抗震墙截面宽度；
h——抗震墙截面高度；
γ_{RE}——承载力抗震调整系数，取 0.85。

c. 配筋混凝土小型空心砌块抗震墙斜截面受剪承载力验算。

偏心受压情况：

$$V \leqslant \frac{1}{\gamma_{RE}}\left[\frac{1}{\lambda - 0.5}(0.48 f_{gv} bh_0 + 0.1N) + 0.72 f_{yh}\frac{A_{sh}}{s}h_0\right] \tag{5-30}$$

$$0.5V \leqslant \frac{1}{\gamma_{RE}}\left(0.72 f_{yh}\frac{A_{sh}}{s}h_0\right) \tag{5-31}$$

式中 N——抗震墙组合的轴向压力设计值，当 $N > 0.2 f_g bh$ 时，取 $N = 0.2 f_g bh$；
λ——计算截面处的剪跨比，取 $\lambda = M/(Vh_0)$；小于 1.5 时取 1.5，大于 2.2 时取 2.2；
f_{gv}——灌孔小砌块砌体抗剪强度设计值，$f_{gv} = 0.2 f_g^{0.55}$；
A_{sh}——同一截面的水平钢筋截面面积；
s——水平分布筋间距；
f_{yh}——水平分布筋抗拉强度设计值；
h_0——抗震墙截面有效高度。

在多遇地震组合下，配筋混凝土小型空心砌块抗震墙的墙肢不应出现小偏心受拉。大偏心受拉配筋混凝土小型空心砌块抗震墙，其斜截面受剪承载力应按下列公式计算：

$$V \leqslant \frac{1}{\gamma_{RE}}\left[\frac{1}{\lambda - 0.5}(0.48 f_{gv} bh_0 - 0.17N) + 0.72 f_{yh}\frac{A_{sh}}{s}h_0\right] \tag{5-32}$$

$$0.5V \leqslant \frac{1}{\gamma_{RE}}\left(0.72 f_{yh}\frac{A_{sh}}{s}h_0\right) \tag{5-33}$$

当 $0.48 f_{gv} bh_0 - 0.17N \leqslant 0$ 时，取 $0.48 f_{gv} bh_0 - 0.17N = 0$。

式中 N——抗震墙组合的轴向拉力设计值。

（2）连梁抗震承载力验算。

①配筋混凝土小型空心砌块抗震墙跨高比大于 2.5 的连梁，宜采用钢筋混凝土连梁，其截面组合的剪力设计值和斜截面受剪承载力，应符合《混凝土结构设计规范（2015 年版）》（GB 50010—2010）对连梁的有关规定。

②抗震墙采用配筋混凝土小型空心砌块砌体连梁时，应符合下列要求：

a. 连梁的截面应满足下式要求：

$$V \leqslant \frac{1}{\gamma_{RE}}(0.15f_g bh_0) \tag{5-34}$$

b. 连梁的斜截面受剪承载力应按下式计算：

$$V \leqslant \frac{1}{\gamma_{RE}}\left(0.56f_{gv}bh_0 + 0.7f_{yv}\frac{A_{sv}}{s}h_0\right) \tag{5-35}$$

式中 A_{sv}——配置在同一截面内的箍筋各肢的全部截面面积；

f_{yv}——箍筋的抗拉强度设计值。

5.5.3 配筋混凝土小型空心砌块抗震墙房屋抗震构造措施

5.5.3.1 墙体材料及钢筋的构造要求

（1）配筋混凝土小型空心砌块抗震墙房屋的灌孔混凝土应采用坍落度大、流动性及和易性好，并与砌块结合良好的混凝土，灌孔混凝土的强度等级不应低于Cb20。配筋混凝土小型空心砌块抗震墙房屋的抗震墙，应全部用灌孔混凝土灌实。

（2）配筋混凝土小型空心砌块抗震墙的横向和竖向分布钢筋应符合表5-20和表5-21的要求；横向分布钢筋宜双排布置，双排分布钢筋之间拉结筋的间距不应大于400 mm，直径不应小于6 mm；竖向分布钢筋宜采用单排布置，直径不应大于25 mm。

表5-20 配筋混凝土小型空心砌块抗震墙横向分布钢筋构造要求

抗震等级	最小配筋率/%		最大间距/mm	最小直径/mm
	一般部位	加强部位		
一级	0.13	0.15	400	8
二级	0.13	0.13	600	8
三级	0.11	0.13	600	8
四级	0.10	0.10	600	6

表5-21 配筋混凝土小型空心砌块抗震墙竖向分布钢筋构造要求

抗震等级	最小配筋率/%		最大间距/mm	最小直径/mm
	一般部位	加强部位		
一级	0.15	0.15	400	12
二级	0.13	0.13	600	12
三级	0.11	0.13	600	12
四级	0.10	0.10	600	12

注：设防烈度为9度时配筋率不应小于0.2%；在顶层和底部加强部位，最大间距应适当减小。

配筋混凝土小型空心砌块抗震墙内竖向和横向分布钢筋的搭接长度不应小于48倍钢筋直径，锚固长度不应小于42倍钢筋直径。

配筋混凝土小型空心砌块抗震墙的横向分布钢筋，沿墙长应连续布置，两端的锚固应符合下列规定：

①一、二级的抗震墙，横向分布钢筋可绕竖向主筋弯180°弯钩，弯钩端部直段长度不宜小

于 12 倍钢筋直径；横向分布钢筋亦可弯入端部灌孔混凝土中，锚固长度不应小于 30 倍钢筋直径且不应小于 250 mm。

②三、四级的抗震墙，横向分布钢筋亦可弯入端部灌孔混凝土中，锚固长度不应小于 25 倍钢筋直径且不应小于 200 mm。

5.5.3.2 轴压比要求

配筋混凝土小型空心砌块抗震墙在重力荷载代表值作用下的轴压比，应符合下列要求：

（1）一般墙体的底部加强部位，一级（9 度）不宜大于 0.4，一级（8 度）不宜大于 0.5，二、三级不宜大于 0.6；一般部位均不宜大于 0.6。

（2）短肢墙体全高范围，一级不宜大于 0.5，二、三级不宜大于 0.6；对于无翼缘的一字形短肢墙，其轴压比限值应相应降低 0.1。

（3）各向墙肢截面均为 $3b < h < 5b$ 的独立小墙肢，一级不宜大于 0.4，二、三级不宜大于 0.5；对于无翼缘的一字形独立小墙肢，其轴压比限值应相应降低 0.1。

5.5.3.3 墙体边缘构件的设置

配筋混凝土小型空心砌块抗震墙墙肢端部应设置边缘构件；底部加强部位的轴压比，一级大于 0.2 和二级大于 0.3 时，应设置约束边缘构件。

构造边缘构件的配筋范围：无翼墙端部为 3 孔配筋；L 形转角节点为 3 孔配筋；T 形转角节点为 4 孔配筋；边缘构件范围应设置水平箍筋，最小配筋率应符合表 5-22 的要求。约束边缘构件的范围应沿受力方向比构造边缘构件增加 1 孔，水平箍筋应相应加强，也可采用混凝土边框柱加强。

表 5-22 抗震墙边缘构件的配筋要求

抗震等级	每孔竖向钢筋最小配筋量		水平箍筋最小直径 /mm	水平箍筋最大间距 /mm
	底部加强部位	一般部位		
一级	1Φ20	1Φ18	8	200
二级	1Φ18	1Φ16	6	200
三级	1Φ16	1Φ14	6	200
四级	1Φ14	1Φ12	6	200

注：1. 边缘构件水平箍筋宜采用搭接点焊网片形式；
2. 一、二、三级时，边缘构件箍筋应采用不低于 HRB335 级的热轧钢筋；
3. 二级轴压比大于 0.3 时，底部加强部位水平箍筋的最小直径不应小于 8 mm。

5.5.3.4 连梁的构造要求

配筋混凝土小型空心砌块抗震墙中，当采用混凝土连梁时，应符合混凝土强度的有关规定以及《混凝土结构设计规范（2015 年版）》（GB 50010—2010）中有关地震区连梁的构造要求；对于跨高比小于 2.5 的连梁可采用砌体连梁，其构造应符合下列要求：

（1）连梁的上下纵向钢筋锚入墙内的长度，一、二级不应小于 1.15 倍锚固长度，三级不应小于 1.05 倍锚固长度，四级不应小于锚固长度；且均不应小于 600 mm。

（2）连梁的箍筋应沿梁全长布置；箍筋直径，一级不小于 10 mm，二、三、四级不小于 8 mm；箍筋间距，一级不大于 75 mm，二级不大于 100 mm，三级不大于 120 mm。

(3) 顶层连梁在深入墙体的纵向钢筋长度范围内应设置间距不大于200 mm 的构造箍筋，其直径应与该连梁的箍筋直径相同。

(4) 自梁顶面下 200 mm 至梁顶面上 200 mm 范围内应增设腰筋，其间距不大于200 mm；每层腰筋的数量，一级不少于2Φ12，二至四级不少于2Φ10；腰筋伸入墙内的长度不应小于30倍的钢筋直径且不应小于 300 mm。

(5) 连梁内不宜开洞，当需要开洞时，应在跨中梁高 1/3 处预埋外径不大于 200 mm 的钢套管，洞口上下的有效高度不应小于 1/3 梁高和 200 mm，洞口处应配补强钢筋，被洞口削弱的截面应进行受剪承载力验算。

5.5.3.5 钢筋混凝土圈梁的构造要求

配筋混凝土小型空心砌块抗震墙房屋的墙体在基础和各楼层标高处均应设置现浇钢筋混凝土圈梁，圈梁的宽度应同墙厚，其截面高度不宜小于 200 mm；圈梁混凝土抗压强度不应小于相应灌孔小砌块砌体的强度，且不应小于C20；圈梁纵向钢筋直径不应小于墙中横向分布钢筋的直径，且不应小于4Φ12；基础圈梁纵筋不应小于4Φ12；圈梁及基础圈梁箍筋直径不应小于 8 mm，间距不应大于 200 mm；当圈梁高度大于 300 mm 时，应沿圈梁截面高度方向设置腰筋，其间距不应大于 200 mm，直径不应小于 10 mm；圈梁底部嵌入墙顶小砌块孔洞内，深度不宜小于 30 mm，圈梁顶部应是毛面。

本章小结

本章介绍了多层砌体结构的分类，分析了结构发生破坏的原因与破坏特征，提出了进行建筑布置及结构选型应注意的问题，给出了对多层砌体结构房屋进行抗震计算应选取的计算简图，地震作用的计算方法和步骤，楼层地震剪力在各墙体间的分配方法以及墙体抗震承载力验算的方法和步骤，同时着重介绍了各类多层砌体结构房屋的抗震构造措施，具体包括：

(1) 砖房的震害现象：房屋倒塌；墙体开裂、破坏；墙角破坏；纵、横墙连接破坏；楼梯间破坏；楼盖与屋盖破坏；附属构件破坏等。设计时，应避免相应破坏的发生。

(2) 多层砌体结构房屋在强烈地震下易发生倒塌，防止砌体结构房屋的倒塌主要是从总体布置和细部构造措施等抗震措施方面着手，通过搞好结构的抗震概念设计加以解决，内容主要包括：①房屋体形的设计与变形缝的设置；②房屋总高度与最大高宽比的限值；③抗震横墙的最大间距限值；④钢筋混凝土构造柱和芯柱设置；⑤房屋局部尺寸限值；⑥圈梁的设置；⑦楼梯间的布置；⑧连接的要求等。

(3) 多层砌体结构房屋抗震计算一般只考虑水平方向地震作用，确定结构计算简图时，将水平方向地震作用在建筑物两个主轴方向进行抗震验算。地震作用下结构的变形为剪切型，地震作用的确定采用底部剪力法，$\alpha_1 = \alpha_{max}$。

(4) 楼层地震剪力根据楼盖的水平刚度及各墙体的侧移刚度分配。

(5) 对多层砌体结构房屋，可只选择承担地震作用较大的，或竖向压应力较小的，或局部截面较小的墙段进行截面抗剪验算。

(6) 底部框架—抗震墙房屋是上刚下柔的结构体系，为了防止底层变形集中而发生严重震害，应对这类房屋的结构方案和结构布置进行严格的要求。

(7) 配筋混凝土小型空心砌块抗震墙是砌体结构中抗震性能较好的一种新型结构体系，具有强度高、延性好的特点，其受力性能和计算方法与现浇钢筋混凝土抗震墙结构相似。工程实践表明,对中高层房屋,这种结构形式具有足够的承载能力和规范要求的变形能力,而且更能体现配筋砌块砌体结构施工和经济方面的优势。

思考题

5-1 多层砌体结构的类型有哪几种?

5-2 多层砌体结构抗震设计中,除进行抗震能力的验算外,为何更要注意概念设计及抗震构造措施的处理?

5-3 砌体结构房屋的常见震害有哪些?一般会在什么情况下发生?设计应如何避免破坏的发生?

5-4 砌体结构房屋的概念设计包括哪些方面?

5-5 多层砌体结构房屋的计算简图如何选取?地震作用如何确定?层间地震剪力在墙体间如何分配?

5-6 墙体间抗震承载力如何验算?

5-7 多层砌体结构房屋的抗震构造措施包括哪些方面?

5-8 配筋混凝土小型空心砌块抗震墙房屋与传统的多层砌体结构相比,在抗震性能和设计要求、设计方法等方面有哪些不同?与钢筋混凝土多层和高层结构相比有哪些不同?

第 6 章

多层和高层钢结构房屋抗震设计

6.1 概 述

6.1.1 多层和高层钢结构房屋的结构体系

多层和高层钢结构房屋的结构体系主要有框架体系、框架-支撑体系（见图 6-1）、框架—剪力墙板体系（见图 6-2）、筒体体系（框筒、筒中筒、束筒等）（见图 6-3）、巨型框架体系（见图 6-4）等。

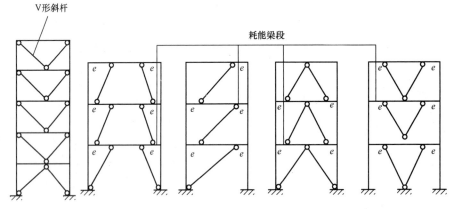

图 6-1 框架—支撑体系

框架体系是沿房屋纵、横方向由多榀平面框架构成的结构。这类结构的抗侧力能力主要决定于梁柱构件节点的强度与延性，故节点常采用刚性连接节点。

框架—支撑体系是在框架体系中沿结构的纵、横两个方向均匀布置一定数量的支撑所形成的结构体系。在框架—支撑体系中，框架是剪切型结构，底部层间位移大；支撑架是弯曲型结构，底部层间位移小，两者并联，可以明显减小建筑物下部的层间位移。因此，在相同的侧移限值标准情况下，框架—支撑体系可以用于比框架体系更高的房屋。

框架—剪力墙板体系是以钢框架为主，并配置一定数量的剪力墙板的结构。剪力墙板可以

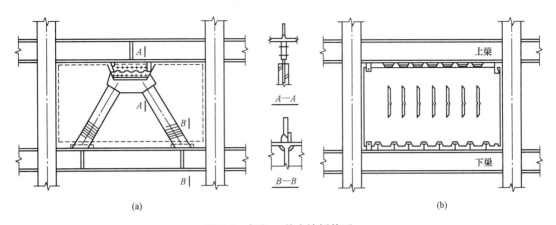

图 6-2 框架—剪力墙板体系
（a）内藏钢板支撑剪力墙板与框架的连接；（b）带竖缝剪力墙板与框架的连接

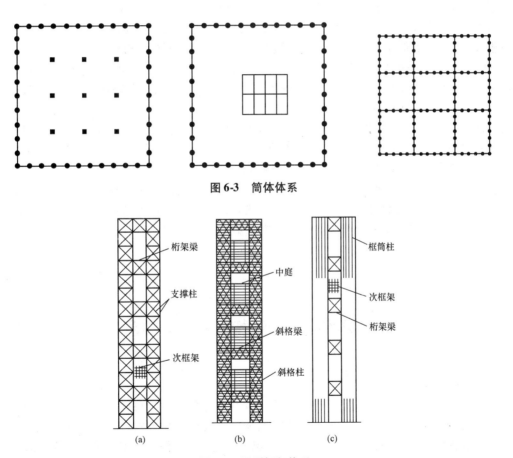

图 6-3 筒体体系

图 6-4 巨型框架体系
（a）桁架型；（b）斜格型；（c）框筒型

根据需要布置在任何位置上，布置灵活。另外，剪力墙板可以分开布置，两片以上剪力墙并联体较宽，从而可减少抗侧力体系等效高宽比，提高结构的抗侧移刚度和抗倾覆能力。

筒体体系因具有较大刚度，有较强的抗侧力能力，能形成较大的使用空间，对于超高层建筑是一种经济、有效的结构形式。根据筒体的布置、组成、数量的不同，筒体体系可分为框架筒、桁架筒、筒中筒及束筒等体系。

巨型框架体系由柱距较大的立体桁架柱及立体桁架梁构成。立体桁架梁应沿纵、横向布置，并形成一个空间桁架层，在两层空间桁架层之间设置次框架结构，以承担空间层之间的各层荷载，并将荷载通过次框架结构的柱子传递给立体梁及立体柱。这种体系能在建筑中提供特大的空间，具有很大的刚度和强度。

6.1.2 多层和高层钢结构房屋的震害及分析

与钢筋混凝土结构相比，钢结构总体上抗震性能好，抗震能力强。但是，钢结构房屋如果设计和制造不当，在地震作用下，可能发生构件的失稳和材料的脆性破坏及连接破坏，从而使其优良的材料性能得不到充分的发挥，结构未必具有较高的承载力和延性。

例如，1985年9月19日，墨西哥城发生8.1级大地震，震后发现，1957年以前采用的钢结构体系（如交叉支撑结构）发生严重破坏，而以后普遍采用的抗弯框架体系和抗弯框架—支撑体系破坏较轻，其中抗弯框架体系的破坏主要发生在梁柱连接处，以及桁架梁的受压斜杆屈曲；抗弯框架—支撑体系除了 Pino Suarez 综合楼发生倒塌外，只有两栋结构有损伤。

1994年，美国诺斯里奇（Northrige）发生6.7级地震，震后未发现倒塌的钢结构建筑。钢结构的破坏形式如下：①框架节点区的梁柱焊接连接破坏；②竖向支撑的整体失稳和局部失稳；③柱脚焊缝破坏及锚栓失效。

1995年1月17日，日本阪神发生了7.2级大地震，钢结构建筑中震害严重和数量较多的主要是年久失修的简易型低层钢结构，但也有建于20世纪70年代后期的钢结构建筑遭受破坏，其主要破坏形式为：①钢柱脆断；②支撑及其连接板的破坏；③梁柱节点的破坏。

这些地震中，由于钢结构具有良好的延性，相对于钢筋混凝土结构的破坏程度要小，同时也表明充分考虑抗震设计的钢结构建筑很少破坏。但是，有些钢结构建筑的倒塌和钢柱的脆性断裂，以及支撑屈曲和数量较多的梁柱节点破坏，已引起工程界的重视，并进行了相应的研究。

6.2 多层和高层钢结构房屋抗震概念设计

6.2.1 结构平面、立面布置

多层和高层钢结构房屋的平面布置宜简单、规则和对称，并具有良好的整体性；立面布置宜规则，结构的抗侧刚度宜均匀变化，竖向抗侧力构件的截面尺寸和材料强度宜逐渐变化，避免抗侧刚度和承载力突变。设计中如果出现平面不规则或竖向不规则，应按《抗震规范》的要求进行水平地震作用计算和内力调整，并对薄弱部位采取有效的抗震构造措施。

钢结构可耐受的结构变形比混凝土大，一般不宜设防震缝。需要设置时，可按实际需要在适当部位设置防震缝，缝宽不应小于相应钢筋混凝土结构房屋的1.5倍。

6.2.2 最大高度和最大高宽比

多层和高层钢结构可选用各种不同的体系，其适用的最大高度宜符合表6-1的规定。

表 6-1 钢结构房屋适用的最大高度

结构类型	6、7 度 (0.1g)	7 度 (0.15g)	8 度		9 度 (0.4g)
			0.20g	0.30g	
框架	110	90	90	70	50
框架—中心支撑	220	200	180	150	120
框架—偏心支撑（延性墙板）	240	220	200	180	160
筒体（框筒、筒中筒、桁架筒、束筒）和巨型框架	300	280	260	240	180

注：1. 房屋高度是指室外地面到主要屋面板板顶的高度（不包括局部突出屋顶部分）；
2. 超过表内高度的房屋，应进行专门的研究论证，采取有效的加强措施；
3. 表内的筒体不包括混凝土筒。

结构的高宽比对结构的整体稳定性和人在建筑中的舒适感等有重要的影响，钢结构民用房屋适用的最大高宽比如表 6-2 所示。

表 6-2 钢结构民用房屋适用的最大高宽比

抗震设防烈度	6、7 度	8 度	9 度
最大高宽比	6.5	6.0	5.5

注：计算高宽比的高度从室外地面算起；当塔形建筑的底部有大底盘时，高宽比可按大底盘以上计算。

6.2.3 钢结构房屋的抗震等级

钢结构房屋应根据设防分类、设防烈度和房屋高度采用不同的抗震等级，并应符合相应的计算和构造措施要求。丙类建筑的抗震等级应按表 6-3 确定。

表 6-3 丙类建筑钢结构的抗震等级

房屋高度/m	设防烈度			
	6 度	7 度	8 度	9 度
≤50	—	四	三	二
>50	四	三	二	一

注：1. 高度接近或等于高度分界时，应允许结合房屋不规则程度和场地、地基条件确定抗震等级；
2. 一般情况，构件的抗震等级应与结构相同；当某个部位各构件的承载力均满足 2 倍地震作用组合下的内力要求时，7~9 度的构件抗震等级应允许按降低 1 度确定。

6.2.4 结构布置的其他要求

多层和高层钢结构布置的其他要求如下：

（1）一、二级的钢结构房屋，宜设置偏心支撑、带竖缝钢筋混凝土抗震墙板、内藏钢板支撑或其他消能支撑及筒体结构；采用框架结构时，甲、乙类建筑和高层的丙类建筑不应采用单跨框架，多层的丙类建筑不宜采用单跨框架。

（2）采用框架—支撑的钢结构，支撑框架在两个方向的布置均宜基本对称，支撑框架之间楼盖的长宽比不宜大于3；三、四级且高度不大于50 m的钢结构宜采用中心支撑，也可采用偏心支撑、屈曲约束支撑等消能支撑。

（3）钢框架—筒体结构，在必要时可设置由筒体外伸臂或外伸臂和周边桁架组成的加强层。

（4）钢结构房屋的楼盖宜采用压型钢板现浇钢筋混凝土组合楼板或钢筋混凝土楼板，并应与钢梁有可靠连接；对设防烈度为6、7度时不超过50 m的钢结构，尚可采用装配整体式钢筋混凝土楼板，也可采用装配式楼板或其他轻型楼盖；但应将楼板预埋件与钢梁焊接，或采取其他保证楼盖整体性的措施；对转换层楼盖或楼板有大洞口等情况，必要时可设置水平支撑。

（5）钢结构房屋设置地下室时，框架—支撑（抗震墙板）结构中竖向连续布置的支撑（抗震墙板）应延伸至基础，框架柱应至少延伸至地下一层，其竖向荷载应直接传至基础。超过50 m的钢结构房屋应设置地下室，其基础埋置深度，当采用天然地基时，不宜小于房屋总高度的1/15；当采用桩基时，桩承台埋深不宜小于房屋总高度的1/20。

6.3 多层和高层钢结构房屋的抗震计算要点

6.3.1 地震作用计算

6.3.1.1 结构自振周期

对于质量及刚度沿高度分布比较均匀的高层钢结构，基本自振周期可按顶点位移法计算。在初步设计时，基本自振周期可按经验公式估算：

$$T_1 = 0.1n \tag{6-1}$$

式中 n——建筑物层数（不包括地下部分及屋顶小塔楼）。

6.3.1.2 设计反应谱

钢结构抗震计算的阻尼比宜符合下列规定：

（1）多遇地震下的计算，高度不大于50 m时可取0.04；高度大于50 m且小于200 m时，可取0.03；高度不小于200 m时，宜取0.02。

（2）当偏心支撑框架部分承担的地震倾覆力矩大于结构总地震倾覆力矩的50%时，其阻尼比可比（1）相应增加0.005。

（3）在罕遇地震下的弹塑性分析，阻尼比可取0.05。

在高层钢结构的设计中，水平地震影响系数曲线中其他相关参数的确定可参考3.3.3小节的内容。

6.3.1.3 地震作用计算方法

结构在第一阶段多遇地震作用下的抗震设计中，地震作用采用弹性方法计算，根据不同情况，也可采用底部剪力法、振型分解反应谱法以及时程分析法等方法。

高层钢结构第二阶段的抗震设计应采用时程分析法对结构进行弹塑性时程分析，其结构计算可以用杆系模型、剪切型层模型、弯曲型层模型或弯剪协同工作模型。

6.3.2 地震作用下内力与位移计算

钢结构在进行内力和位移计算时,对于框架、框架—支撑、框架—剪力墙板及框筒等结构常采用矩阵位移法,但计算时应考虑重力的二阶效应。筒体结构,可按位移相等原则转化为连续的竖向悬臂筒体,采用有限元法对其进行计算。

钢结构在地震作用下的内力和位移计算,应符合下列规定:

(1) 框架梁可按梁端截面的内力设计。对 I 形截面柱,宜计入梁柱节点域剪切变形对结构侧移的影响;对箱形柱框架、中心支撑框架和不超过 50 m 的钢结构,其层间位移计算可不计入梁柱节点域剪切变形的影响,近似按框架轴线分析。

(2) 钢框架—支撑结构的斜杆可按端部铰接杆计算;其框架部分按刚度分配计算得到的地震层剪力应乘以调整系数,达到不小于结构底部总剪力的 25% 和框架部分计算最大层剪力 1.8 倍两者的较小值。

(3) 钢结构转换构件下的钢框架柱,地震内力应乘以增大系数,增大系数可取 1.5。

(4) 钢框架梁的上翼缘采用抗剪连接件与组合楼板连接时,可不验算地震作用下的整体稳定性。

(5) 在多遇地震下,高层钢结构的层间侧移应不超过层高的 1/250。结构平面端部构件的最大侧移不得超过质心侧移的 1.3 倍。在罕遇地震下,高层钢结构的层间侧移不应超过层高的 1/50,同时结构层间侧移的延性比对于纯框架、偏心支撑框架、中心支撑框架、有混凝土剪力墙的钢框架应分别大于 3.5、3.0、2.5 和 2.0。

6.3.3 钢构件的抗震设计和构造措施

6.3.3.1 钢梁和钢柱

钢梁和钢柱的抗震破坏主要表现为整体失稳和局部失稳。强度及变形性能根据其板件宽厚比、侧向支承长度及弯矩梯度、节点的连续构造等的不同而有很大差别。在抗震设计中,为了满足抗震要求,钢梁和钢柱必须具有良好的延性性能,因此必须正确设计截面尺寸、合理布置侧向支撑,注意连接构造,保证其能充分发挥变形能力。

结构构件承载力应满足下式:

$$S \leqslant R/\gamma_{RE} \tag{6-2}$$

式中 S——结构构件地震作用效应的内力组合设计值;
R——构件承载力设计值,按有关结构设计规范计算;
γ_{RE}——承载力抗震调整系数。

在构件设计中,除了考虑承载力和整体稳定问题外,还必须考虑梁、柱的局部稳定问题。梁、柱板件的局部失稳,会降低构件的承载力。防止板件局部失稳的有效方法是限制它的宽厚比。框架梁、柱的板件宽厚比不应超过表 6-4 规定的限值。

表 6-4 框架梁、柱的板件宽厚比限值

	板件名称	一级	二级	三级	四级
柱	I 形截面翼缘外伸部分	10	11	12	13
	I 形截面腹板	43	45	48	52
	箱形截面壁板	33	36	38	40

续表

板件名称		一级	二级	三级	四级
梁	I形截面和箱形截面翼缘外伸部分	9	9	10	11
	箱形截面翼缘在两腹板之间部分	30	30	32	36
	I形截面和箱形截面腹板	$72-120\dfrac{N_b}{Af} \leq 60$	$72-110\dfrac{N_b}{Af} \leq 65$	$80-110\dfrac{N_b}{Af} \leq 70$	$85-120\dfrac{N_b}{Af} \leq 75$

6.3.3.2 强柱弱梁设计

在地震作用下，塑性铰应在梁端形成而不应在柱端形成，使框架具有较大的内力重分布和耗散能量的能力，为此柱端应比梁端有更大的承载力储备。对于抗震设防的框架柱，在框架的任一节点处，柱截面的截面模量和梁截面的截面模量宜满足下列要求：

等截面梁

$$\sum W_{pc}\left(f_{yc} - \dfrac{N}{A_c}\right) \geq \eta \sum W_{pb} f_{yb} \tag{6-3a}$$

端部翼缘变截面梁

$$\sum W_{pc}\left(f_{yc} - \dfrac{N}{A_c}\right) \geq \eta \sum (W_{pb1} f_{yb} + V_{pb} s) \tag{6-3b}$$

式中 W_{pc}、W_{pb}——交汇于节点的柱和梁的塑性截面模量；

W_{pb1}——梁塑性铰所在截面的梁塑性截面模量；

f_{yc}、f_{yb}——柱和梁的钢材屈服强度；

N——地震组合的柱轴力；

A_c——框架柱的截面面积；

η——强柱系数，一级取 1.15，二级取 1.0，三级取 1.05；

V_{pb}——梁塑性铰剪力；

s——塑性铰至柱面的距离，塑性铰可取梁端部变截面翼缘的最小处。

当符合下列情况时，可不按式（6-3）进行计算：

（1）柱所在楼层的受剪承载力比相邻上一层的受剪承载力高出 25%。

（2）柱轴压比不超过 0.4，或 $N_2 \leq \varphi A_c f$（N_2 为 2 倍地震作用下的组合轴力设计值）。

（3）与支撑斜杆相连的节点。

6.3.3.3 节点域设计

（1）节点域的屈服承载力。为了较好地发挥节点域的消能作用，在大地震时使节点首先屈服，其次是梁出现塑性铰，节点域的屈服承载力应符合下式要求：

$$\psi(M_{pb1} + M_{pb2})/V_p \leq \dfrac{4}{3} f_{yv} \tag{6-4}$$

式中 M_{pb1}、M_{pb2}——节点域两侧梁的全塑性受弯承载力；

V_p——节点域的体积，按式（6-7）或式（6-8）或式（6-9）计算；

f_{yv}——钢材的屈服抗剪强度，取钢材屈服强度的 58%；

ψ——受循环荷载时的强度降低系数，三、四级取 0.6，一、二级取 0.7。

(2) 节点域的稳定及受剪承载力验算。在柱与梁连接处,柱应设置与梁上下翼缘位置对应的加劲肋,使之与柱翼缘相包围处形成梁柱节点域。节点域柱腹板的厚度,一方面要满足腹板局部稳定的要求,另一方面还应满足节点域的抗剪要求。为保证I形截面柱和箱形截面柱的节点域的稳定,节点域腹板的厚度应满足下式要求:

$$t_w \geq \frac{h_b + h_c}{90} \tag{6-5}$$

式中 t_w——柱在节点域的腹板厚度;

h_b、h_c——梁翼缘厚度中点间的距离和柱翼缘厚度中点间的距离。

节点域的受剪承载力应满足下式要求:

$$(M_{b1} + M_{b2})/V_p \leq \frac{4}{3}\frac{f_v}{\gamma_{RE}} \tag{6-6}$$

式中 M_{b1}、M_{b2}——节点域两侧梁的弯矩设计值;

f_v——钢材的抗剪强度设计值;

γ_{RE}——节点域抗震承载力调整系数,取 0.75;

V_p——节点域的体积,应按下列规定计算:

I形截面柱

$$V_p = h_b h_c t_w \tag{6-7}$$

箱形截面柱

$$V_p = 1.8 h_b h_c t_w \tag{6-8}$$

圆管截面柱

$$V_p = \frac{\pi}{2} h_b h_c t_w \tag{6-9}$$

6.3.3.4 中心支撑构件

中心支撑体系包括十字交叉支撑、单斜杆支撑、人字形或V形支撑、K形支撑等。支撑构件的性能与杆件的长细比、截面形状、板件宽厚比、端部支承条件、杆件初始缺陷和钢材性能等因素有关。

(1) 支撑杆件长细比。支撑杆件的长细比是影响其性能的重要因素,当长细比较大时,构件只能受拉,不能受压,通常在反复荷载作用下,当支撑杆件受压失稳后,其承载能力降低、刚度退化,消能能力随之降低。长细比小的杆件,消能性能好,工作性能稳定。但支撑杆件的长细比并非越小越好,支撑杆件的长细比越小,支撑框架的刚度就越大,不但承受的地震作用越大,而且在某些情况下动力分析得出的层间位移也越大。

支撑杆件的长细比,按压杆设计时,不应大于$120\sqrt{235/f_{ay}}$;一、二、三级中心支撑不得采用拉杆设计,四级采用拉杆设计时,其长细比不应大于180。

(2) 支撑杆件的板件宽厚比。板件宽厚比是影响局部屈曲的重要因素,直接影响支撑杆件的承载力和消能能力。杆件在反复荷载作用下比单向静载作用下更容易发生失稳,因此,有抗震设防要求时,板件宽厚比的限值应比无抗震设防时要求更严格。同时,板件宽厚比应与支撑杆件长细比相匹配,对于长细比小的支撑杆件,宽厚比应严格一些;对于长细比大的支撑杆件,宽厚比应宽松是合理的。

支撑杆件的板件宽厚比,不应大于表6-5规定的限值。

表 6-5 钢结构中心支撑板件宽厚比限值

板件名称	一级	二级	三级	四级
翼缘外伸部分	8	9	10	13
I 形截面腹板	25	26	27	33
箱形截面壁板	18	20	25	30
圆管直径与壁厚比	38	40	40	42

注：表列数值适用于 Q235 钢，采用其他牌号钢材应乘以 $\sqrt{235/f_{ay}}$，圆管应乘以 $235/f_{ay}$

中心支撑的斜杆可按端部铰接杆件进行分析。中心支撑框架的斜杆轴线偏离梁柱轴线交点不超过支撑杆件的宽度时，仍可按中心支撑框架分析，但应计及由此产生的附加弯矩。在多遇地震作用效应组合下，支撑斜杆受压承载力验算按下式进行：

$$\frac{N}{\varphi A_{br}} \leq \frac{\psi f}{\gamma_{RE}} \tag{6-10}$$

$$\psi = \frac{1}{1+0.35\lambda_n} \tag{6-11}$$

$$\lambda_n = \frac{\lambda}{\pi}\sqrt{\frac{f_{ay}}{E}} \tag{6-12}$$

式中　N——支撑斜杆的轴向力设计值；
　　　A_{br}——支撑斜杆的截面面积；
　　　φ——轴心受压杆件的稳定系数；
　　　ψ——受循环荷载时的强度降低系数；
　　　λ、λ_n——支撑斜杆的长细比和正则化长细比；
　　　E——支撑斜杆钢材的弹性模量；
　　　f、f_{ay}——钢材强度设计值和屈服强度；
　　　γ_{RE}——支撑稳定破坏承载力抗震调整系数。

人字形支撑和 V 形支撑的框架梁在支撑连接处应保持连续，并按不计入支撑支点作用的梁验算重力荷载和支撑屈曲时不平衡力作用下的承载力；不平衡力应按受拉支撑的最小屈服承载力和受压支撑最大屈曲承载力的 30% 计算。必要时，人字形支撑和 V 形支撑可沿竖向交替设置或采用拉链柱。

6.3.3.5 偏心支撑

框架—偏心支撑结构的框架部分，当房屋高度不高于 100 m 且框架部分按计算分配的地震作用不大于结构底部总地震剪力的 25% 时，一、二、三级的抗震构造措施可按框架结构降低一级的相应要求采用。

(1) 消能梁段的设计。偏心支撑框架设计的基本概念，是使消能梁段进入塑性状态，而其他构件仍处于弹性状态。设计良好的偏心支撑框架，除柱脚有可能出现塑性铰外，其他塑性铰均出现在梁段上。

偏心支撑框架的每根支撑应至少一端与梁连接，并在支撑与梁交点和柱之间或同一跨内另一支撑与梁交点之间形成消能梁段。消能梁段的受剪承载力应按下列规定验算：

当 $N \leq 0.15Af$ 时

$$V \leq \frac{\varphi V_l}{\gamma_{RE}} \tag{6-13}$$

其中，$V_l = 0.58A_w f_{ay}$ 或 $V_l = 2M_{lp}/a$，取两者中较小值；$A_w = (h - 2t_f)t_w$；$M_{lp} = fW_p$。

当 $N > 0.15Af$ 时

$$V \leq \frac{\varphi V_{lc}}{\gamma_{RE}} \tag{6-14}$$

其中，$V_{lc} = 0.58A_w f_{ay}\sqrt{1 - [N/(Af)]^2}$ 或 $V_{lc} = \dfrac{2.4M_{lp}[1 - N/(Af)]}{a}$，取两者中较小值。

式中 N、V——消能梁段的轴力设计值和剪力设计值；

$\quad\quad V_l$、V_{lc}——消能梁段受剪承载力和计入轴力影响的受剪承载力；

$\quad\quad M_{lp}$——消能梁段的全塑性受弯承载力；

$\quad\quad A$、A_w——消能梁段的截面面积和腹板截面面积；

$\quad\quad W_p$——消能梁段的塑性截面模量；

$\quad\quad a$、h——消能梁段的净长和截面高度；

$\quad\quad t_w$、t_f——消能梁段的腹板厚度和翼缘厚度；

$\quad\quad f$、f_{ay}——消能梁段钢材的抗压强度设计值和屈服强度；

$\quad\quad \varphi$——系数，可取 0.9；

$\quad\quad \gamma_{RE}$——消能梁段承载力抗震调整系数，取 0.75。

支撑斜杆与消能梁段连接的承载力不得小于支撑的承载力。若支撑需抵抗弯矩，支撑与梁的连接应按抗压弯连接设计。

消能梁段的屈服强度越高，屈服后的延性越差，消能能力越小，因此消能梁段的钢材屈服强度不应大于 345 MPa。

消能梁段板件宽厚比的要求比一般框架梁略严格一些。消能梁段及与消能梁段同一跨内的非消能梁段，其板件的宽厚比不应大于表 6-6 规定的限值。

表 6-6 偏心支撑框架梁板件宽厚比限值

板件名称		宽厚比限值
翼缘外伸部分		8
腹板	当 $N/(Af) \leq 0.14$ 时	$90[1 - 1.65N/(Af)]$
	当 $N/(Af) > 0.14$ 时	$33[2.3 - N/(Af)]$

注：1. N 为偏心支撑框架的轴力设计值，A 为梁截面面积，f 为钢材抗拉强度设计值；
　　2. 表列数值适用于 Q235 钢，当材料为其他牌号钢材时应乘以 $\sqrt{235/f_{ay}}$，$N/(Af)$ 为梁轴压比。

消能梁段尚应符合下列构造要求：

① 当 $N/(Af) > 0.16$ 时，消能梁段的长度 a 应符合下列规定：

当 $\rho A_w/A < 0.3$ 时（$\rho = N/V$），

$$a < \frac{1.6M_{lp}}{V_l} \tag{6-15}$$

当 $\rho A_w/A \geq 0.3$ 时，

$$a < \frac{1.6\left(1.15 - \dfrac{0.5\rho A_w}{A}\right)M_{lp}}{V_l} \tag{6-16}$$

② 消能梁段的腹板不得贴焊补强板，也不得开洞。

③消能梁段与支撑斜杆的连接处，应在梁腹板的两侧配置加劲肋，加劲肋的高度应为梁腹板高度，一侧加劲肋宽度不应小于 $\frac{b_f}{2}-t_w$，厚度不应小于 $0.75t_w$ 和 10 mm 的较大值。

④消能梁段应按下列要求在腹板上配置中间加劲肋：

a. 当 $a \leqslant \frac{1.6M_{lp}}{V_l}$ 时，加劲肋间距不大于 $30t_w - \frac{h}{5}$；

b. 当 $\frac{2.6M_{lp}}{V_l} < a \leqslant \frac{5M_{lp}}{V_l}$ 时，应在距消能梁段端部各 $1.5b_f$ 处配置中间加劲肋，且中间加劲肋间距不应大于 $52t_w - \frac{h}{5}$；

c. $\frac{1.6M_{lp}}{V_l} < a < \frac{2.6M_{lp}}{V_l}$ 时，中间加劲肋的间距宜在上述两者间线性插入；

d. $a > \frac{5M_{lp}}{V_l}$ 时，可不配置中间加劲肋；

e. 中间加劲肋应与消能梁段的腹板等高，当消能梁段截面高度不大于 640 mm 时，可配置单侧加劲肋；消能梁段截面高度大于 640 mm 时，应在两侧配置加劲肋，一侧加劲肋的宽度不应小于 $\frac{b_f}{2}-t_w$，厚度不应小于 t_w 和 10 mm。

（2）支撑斜杆及框架柱设计。偏心支撑框架的设计要求是在足够大的地震效应作用下，消能梁段屈服而其他构件不屈服。为了满足这一要求，与消能梁段相连构件的内力设计值，应按下列要求调整：

①支撑斜杆的轴力设计值，应取与支撑斜杆相连接的消能梁段达到受剪承载力时支撑斜杆轴力与增大系数的乘积；其增大系数，一级不应小于 1.4，二级不应小于 1.3，三级不应小于 1.2。

②位于消能梁段同一跨的框架梁内力设计值，应取消能梁段达到受剪承载力时框架梁内力与增大系数的乘积；其增大系数，一级不应小于 1.3，二级不应小于 1.2，三级不应小于 1.1。

③框架柱的内力设计值，应取消能梁段达到受剪承载力时柱内力与增大系数的乘积；其增大系数，一级不应小于 1.3，二级不应小于 1.2，三级不应小于 1.1。

偏心支撑框架的支撑杆件的长细比不应大于 $120\sqrt{235/f_{ay}}$，支撑杆件的板件宽厚比不应超过《钢结构设计标准》（GB 50017—2017）规定的轴心受压构件在弹性设计时的宽厚比限值。

消能梁段梁端上下翼缘应设置侧向支撑，支撑的轴力设计值不得小于消能梁段翼缘轴向承载力设计值的 6%，即 $0.06b_f t f$；非消能梁段梁端上下翼缘应设置侧向支撑，支撑的轴力设计值不得小于梁翼缘轴向承载力设计值的 2%，即 $0.02b_f t f$。

6.3.3.6 剪力墙板

常用的剪力墙板有钢板剪力墙板、内藏式钢板支撑剪力墙板和带竖缝混凝土剪力墙板等。

非抗震设计及按 6 度抗震设防的建筑，采用的钢板剪力墙可不设置加劲肋。按 7 度及 7 度以上抗震设防的建筑，钢板剪力墙必须设置纵、横两个方向的加劲肋，以减少加劲肋区格的钢板宽厚比，防止局部失稳且宜两面设置加劲肋，以提高板的临界应力。

内藏式钢板支撑剪力墙板在支撑节点处应与钢框架连接，混凝土墙板与框架梁、柱间应有间隙。

内藏式钢支撑钢筋混凝土墙板和带竖缝钢筋混凝土墙板应按有关规定计算,带竖缝钢筋混凝土墙板可仅承受水平荷载产生的剪力,不承受竖向荷载产生的压力。

各种剪力墙板的设计按《高层民用建筑钢结构技术规程》(JGJ 99—2015)进行。

6.3.4 钢结构节点连接的抗震设计和构造措施

6.3.4.1 节点连接设计的原则

钢结构的节点连接,根据具体情况可采用焊接、高强度螺栓连接或栓焊混合连接。根据受力情况,节点的焊接可采用全熔透或部分熔透焊缝,遇下列情况之一时应采用全熔透焊缝:

(1) 要求与母材等强的焊接。
(2) 框架节点塑性区段的焊接。

高层钢结构承重构件的螺栓连接,应采用摩擦型高强度螺栓,以避免在使用荷载下发生滑移,增大节点的变形。高强度螺栓的最大受剪承载力应按下式验算:

$$N_v^b = 0.75 n A_n^b f_u^b \tag{6-17}$$

式中 N_v^b——一个高强度螺栓的最大受剪承载力;

n——连接的剪切面数目;

A_n^b——螺栓螺纹处的净截面面积;

f_u^b——螺栓钢材的极限抗拉强度最小值。

6.3.4.2 节点连接的承载力验算

高层钢结构连接的最大承载力,应符合下列要求:

(1) 高层钢结构节点处(柱贯通型)梁端翼缘连接的极限受弯承载力应不小于梁全塑性受弯承载力的1.2倍;梁腹板连接的极限承载力应不小于梁截面屈服受剪承载力的1.3倍。当梁翼缘用全熔透焊缝与柱连接并用引弧板和引出板时,可不验算连接的受弯承载力。

(2) 支撑与框架的连接以及螺栓连接的支撑拼接处,其连接的极限承载力应不小于支撑净面积屈服承载力的1.2倍。

(3) 梁、柱构件拼接处,翼缘连接的极限受弯承载力应不小于构件全塑性受弯承载力的1.2倍;腹板连接的极限受剪承载力应不小于构件截面屈服受剪承载力的1.3倍。

现分述如下:

(1) 梁与柱连接的承载力。为使梁柱构件能充分发展塑性形成塑性铰,构件的连接应用充分的承载力。在梁柱连接中,梁端部(梁贯通型为柱端部)的最大连接承载力应高于构件本身的屈服承载力,即

$$M_u \geqslant 1.2 M_p \tag{6-18}$$

$$V_u \geqslant 1.3 (2M_p/l_n), \quad 且\ V_u \geqslant 0.58 h_w t_w f_{ay} \tag{6-19}$$

$$M_u = A_r^w (h_w - t_w) f_u^w \tag{6-20}$$

腹板用角钢焊接时

$$V_u = 0.58 A_r^w f_u^w \tag{6-21}$$

腹板用高强度螺栓连接时,取下列两者的较小值:

$$V_u = 0.58 n A_n^b f_u^b \quad (螺栓受剪) \tag{6-22}$$

$$V_u = d \sum t f_{cu}^b \quad (钢板承压) \tag{6-23}$$

式中 M_u——梁上下翼缘全熔透坡口焊缝的极限受弯承载力;

V_u——梁腹板连接时的极限受剪承载力;垂直于角焊缝受剪时,可提高 1.22 倍;

M_p——梁(梁贯通时为柱)的全塑性受弯承载力;

l_n——梁的净跨(梁贯通时取该楼层柱的净高);

h_w——梁腹板的高度;

t_w——梁腹板的厚度;

f_u^w——构件母材的抗拉强度最小值;

f_{ay}——钢材的屈服强度;

f_u^b——螺栓钢材的抗拉强度最小值;

A_r^w——连接角焊缝的有效受剪面积;

A_n^b——螺栓螺纹处的有效截面面积;

n——螺栓连接一侧的螺栓数;

d——螺栓杆直径;

$\sum t$——同一受力方向的钢板厚度之和;

f_{cu}^b——螺栓连接板的极限受压强度,取 $1.5f_u^w$。

在柱贯通型连接中,当梁翼缘用全熔透焊缝与柱连接并用引弧板时,可不验算连接的受弯承载力。

(2)支撑连接的承载力。支撑与框架连接处和支撑拼接,需采用螺栓连接。连接在支撑轴线方向的极限承载力应满足下列要求:

$$N_{ubr} > 1.2 A_n f_{ay} \tag{6-24}$$

$$N_{ubr} = 0.58 n A_n^b f_u^b \text{(螺栓受剪)} \tag{6-25}$$

$$N_{ubr} = d \sum t f_{cu}^b \text{(钢板承压)} \tag{6-26}$$

式中 N_{ubr}——按极限抗拉强度最小值计算的支撑杆件在连接处和拼接处的承载力;

A_n——支撑的净截面面积;

f_{ay}——支撑钢材的屈服强度。

螺栓受剪和钢板承压得出的承载力,应取两者的较小值。

(3)梁、柱构件拼接处的承载力。梁、柱构件拼接处,除少数情况外,在大震时都将进入塑性区,故拼接按承受构件全截面屈服时的内力设计。连接的极限受弯、受剪承载力应符合下列要求:

$$V_u \geq 1.3 V_p \tag{6-27}$$

$$V_p = 0.58 h_w t_w f_{ay} \tag{6-28}$$

无轴向力时

$$M_u > 1.2 M_p \tag{6-29}$$

有轴向力时

$$M_u > 1.2 M_{pc} \tag{6-30}$$

式中 V_u、M_u——按极限抗拉强度最小值计算的腹板拼接受剪、受弯承载力;

M_p——梁(梁贯通时为柱)的全塑性受弯承载力;

V_p——构件截面的屈服受剪承载力;

h_w、t_w——构件腹板的截面高度和厚度;

M_{pc}——构件有轴向力时的全截面受弯承载力,按式(6-31)~式(6-35)计算。

①对I形截面（绕强轴）和箱形截面：

当 $N/N_y \leq 0.13$ 时

$$M_{pc} = M_p \tag{6-31}$$

当 $N/N_y > 0.13$ 时

$$M_{pc} = 1.15(1 - N/N_y)M_p \tag{6-32}$$

$$N_y = A_n f_{ay} \tag{6-33}$$

②对I形截面（绕弱轴）：

当 $N/N_y \leq A_{wn}/A$ 时

$$M_{pc} = M_p \tag{6-34}$$

当 $N/N_y > A_{wn}/A$ 时

$$M_{pc} = \{1 - [(N - A_{wn}f_{ay})/(N_y - A_{wn}f_{ay})]^2\}M_p \tag{6-35}$$

式中 N、N_y——构件的轴向力和轴向屈服承载力；

  A、A_{wn}——构件截面的面积和腹板截面净面积。

6.3.4.3 梁与柱的连接

框架梁与柱的连接宜采用柱贯通型，梁贯通型较少采用。在互相垂直的两个方向都与梁刚性连接的柱，宜采用箱形截面。当仅在一个方向刚性连接时，宜采用I形截面，并将柱腹板置于刚性连接框架平面内。

梁与柱的连接应采用刚性连接，也可根据需要采用半刚性连接。梁与柱的刚性连接，可将梁与柱翼缘在现场直接连接，也可通过预先焊在柱上的梁悬臂段在现场进行梁的拼接。

I形柱翼缘与梁刚性连接时，梁翼缘与柱翼缘间应采用全熔透坡口焊缝，焊缝的冲击功应不低于母材冲击功的规定值，并在梁翼缘对应位置设置横向加劲肋，且加劲肋不应小于梁翼缘厚度。梁腹板宜采用摩擦型高强度螺栓通过连接板与柱连接［见图6-5（a）］，悬臂梁段与柱应采用全焊缝连接［见图6-5（b）］。条件许可时，也可通过T形板件用高强度螺栓将梁翼缘与柱连接。

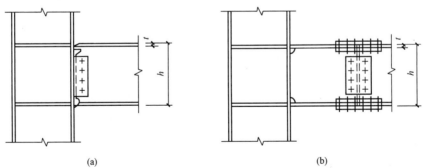

图6-5 框架梁与柱翼缘的刚性连接

(a) 框架梁与柱栓通过连接板连接；(b) 框架梁与柱全焊缝连接

I形柱（绕强轴）和箱形柱与梁刚性连接时，应符合下列要求（见图6-6）：

(1) 梁翼缘与柱翼缘间应采用全熔透坡口焊缝，一、二级时，应检验焊缝V形切口的冲击韧性，其夏比冲击韧性在-20℃时不低于27J。

(2) 柱在梁翼缘对应位置设置横向加劲肋，且加劲肋厚度不应小于梁翼缘厚度，强度与梁翼缘相同。

（3）梁腹板宜采用摩擦型高强度螺栓通过连接板与柱连接，腹板角部应设置焊接孔，孔形应使其端部与梁翼缘和柱翼缘间的全熔透坡口焊缝完全隔开。

（4）腹板连接板与柱的焊接，当板厚不大于16 mm时应采用双面角焊缝，焊缝有效厚度应满足等强度要求且不小于5 mm；板厚大于16 mm时采用K形坡口对接焊缝。该焊缝宜采用气体保护焊且板端应绕焊。

（5）一级和二级时，宜采用能将塑性铰自梁端外移的端部扩大形连接、梁端加盖板或骨形连接。

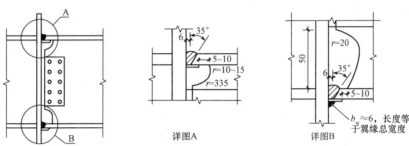

图 6-6　框架梁与柱的现场连接

梁与柱刚性连接时，柱在梁翼缘上下各500 mm的范围内，柱翼缘与柱腹板间或箱形柱壁板间的连接焊缝应采用全熔透坡口焊缝。

6.3.4.4　柱与柱的连接

钢框架宜采用I形柱或箱形柱，箱形柱宜为焊接柱，其角部的组装焊缝应为部分熔透的V形或U形焊缝，抗震设防时，焊缝厚度不小于板厚的1/2，并不应小于14 mm。当梁与柱刚性连接时，在主梁上、下至少600 mm范围内，应采用全熔透焊缝。

抗震设防时，柱的拼接应位于框架节点塑性区以外，并按等强度原则设计。

6.3.4.5　梁与梁的连接

工地上，梁的接头主要用于柱带悬臂梁段与梁的连接，可采用下列接头形式：

（1）翼缘采用全熔透焊缝连接，腹板用摩擦型高强度螺栓连接。

（2）翼缘和腹板采用摩擦型高强度螺栓连接。

（3）翼缘和腹板采用全熔透焊缝连接。

抗震设防时，为了防止框架横梁的侧向屈曲，在节点塑性区段应设置侧向支撑构件。

由于梁上翼缘和楼板连在一起，所以只需在相互垂直的横梁下翼缘设置侧向隅撑，此时隅撑可起到支承两根横梁的作用（见图6-7）。隅撑应设置在距柱轴线1/10～1/8梁跨处，其长细比不得大于 $130\sqrt{235/f_{ay}}$。

侧向隅撑的轴向力应按下式计算：

$$N = \frac{A_f f}{850\sin\alpha}\sqrt{\frac{f_y}{235}} \tag{6-36}$$

式中　A_f——梁受压翼缘的截面面积；

　　　f_y——梁翼缘抗压强度设计值；

　　　α——隅撑与梁轴线的夹角。

6.3.4.6　钢柱脚

高层钢结构的柱脚分埋入式、外包式和外露式三种。一般宜采用埋入式柱脚，也可采用外包

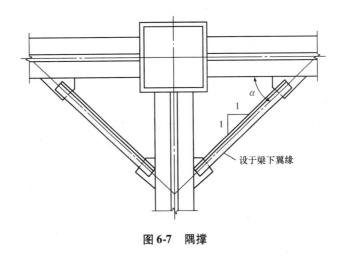

图 6-7 隅撑

式柱脚;设防烈度为 6、7 度且高度不超过 50 m 时,也可采用外露式柱脚。埋入式柱脚和外包式柱脚的设计和构造,应符合有关标准的规定。

6.3.4.7 支撑连接

(1) 中心支撑。中心支撑的轴线应交汇于梁柱构件轴线的交点,当受构造条件的限制有偏心时,偏离中心不得超过支撑杆件的宽度;否则,节点设计应计入偏心造成附加弯矩的影响。中心支撑宜采用轧制 H 型钢制作,两端与框架可采用刚性连接构造,梁柱与支撑连接处应设置加劲肋;一级和二级采用焊接 I 形截面的支撑时,其翼缘与腹板的连接宜采用全熔透连续焊缝。支撑与框架连接处,支撑杆端宜做成圆弧。

梁在其与 V 形支撑或人字形支撑相交处,应设置侧向支撑;该支承点与梁端支承点间的侧向长细比(λ_y)以及支承力,应符合《钢结构设计标准》(GB 50017—2017)的规定。若支撑和框架采用节点板连接,应符合《钢结构设计标准》(GB 50017—2017)的规定;一、二级时,支撑端部至节点板最近嵌固点(节点板与框架构件连接焊缝的端部)在沿支撑杆件轴线方向的距离,不应小于节点板厚度的 2 倍。

(2) 偏心支撑。偏心支撑的轴线与消能梁段轴线的交点宜交于消能梁段的端点 [见图 6-8 (a)],也可交于消能梁段 [见图 6-8 (b)],这样可使支撑的连接设计更灵活些,但不得将交点设置于消能梁段外。支撑与梁的连接应为刚性连接,支撑直接焊于梁段的节点连接特别有效。

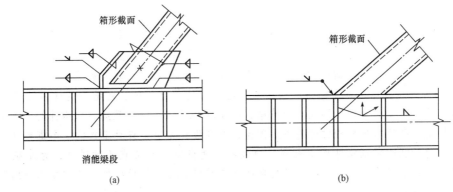

图 6-8 支撑与消能梁段轴线交点的位置

消能梁段与支撑斜杆的连接处,应在梁腹板的两侧设置加劲肋。

消能梁段与框架柱的连接为刚性节点,与一般的框架梁柱连接稍有区别。消能梁段与柱连接时,其长度不得大于 $\frac{1.6 M_{lp}}{V_l}$;消能梁段翼缘与柱翼缘之间应采用坡口全熔透对接焊缝连接,消能梁段腹板与柱之间应采用角焊缝(气体保护焊)连接;角焊缝的承载力不得小于消能梁段腹板的轴力、剪力和弯矩同时作用时的承载力。消能梁段与柱腹板连接时,消能梁段翼缘与横向加劲板间应采用坡口全熔透焊缝,其腹板与柱连接板间应采用角焊缝(气体保护焊)连接;角焊缝的承载力不得小于消能梁段腹板的轴力、剪力和弯矩同时作用时的承载力。

本章小结

(1)钢结构轻质高强,具有良好的延性,在地震作用下,不仅能减弱地震作用反应,而且属于较理想的弹塑性结构,具有抵抗强烈地震的变形能力。钢结构在地震中的破坏主要表现为梁柱节点的破坏、支撑的整体失稳与局部失稳、支撑连接板的破坏、柱脚焊缝破坏等。

(2)高层钢结构的结构体系主要有框架体系、框架—支撑(剪力墙板)体系、筒体体系和巨型框架体系。不同的体系有不同的高度限值和宽高比限值。高层钢结构体系的选择应综合考虑以下因素:①要适应地震区和非地震区建筑的不同要求;②要适应建筑高度和宽高比限值的要求;③要适应建筑使用功能的要求;④抗侧力结构的经济性。

(3)对高层钢结构在多遇地震作用下进行抗震计算时,结构的阻尼比宜符合下列规定:①高度不大于50 m时,可取0.04;高度大于50 m且小于200 m时,可取0.03;高度不小于200 m时,宜取0.02。②当偏心支撑框架部分承担的地震倾覆力矩大于结构总地震倾覆力矩的50%时,其阻尼比可比①相应增加0.005。而在罕遇地震作用下的抗震验算中,采用时程分析法对结构进行弹塑性分析时,结构的阻尼比可取0.05。

(4)高层钢结构的杆件按照其功能和构造特点,可分为一般受力构件,抵抗地震作用的框架梁、柱构件,中心支撑和偏心支撑构件,抗震剪力墙体系及组合楼盖体系等。高层钢结构构件的截面形式、构造特点、设计原理和计算原则,与一般建筑钢结构并没有本质上的区别,主要是构件的截面尺寸大、钢板的厚度大。在地震区为了充分发挥钢结构的延性性能,必须对其梁、柱、支撑构件和节点等进行合理的设计。

(5)钢结构的抗震设计应遵循"强柱弱梁"的设计原则,其内容包括构件的强度验算、构件稳定承载力验算和局部失稳的控制,同时应满足有关的构造要求。限制构件板件的宽厚比是为了防止板件的局部失稳,以保证板件的局部失稳不先于构件的整体失稳。构件的长细比对其抗震性能有较大影响,长细比过大,在反复循环荷载作用下,其承载能力、延性、消能能力会产生严重退化(在弹塑性屈曲后)。对于框架柱,过大的长细比会产生重力二阶效应,并容易发生框架整体失稳。支撑杆件长细比的大小对高层钢结构的动力反应有较大影响。

(6)构件的连接节点是保证高层钢结构安全可靠的关键部位,对结构的受力性能有着重要影响。节点设计得是否合理,不仅会影响结构安全性和可靠性,而且会影响构件的加工制作与工地安装的质量,并直接影响构件的造价。因此,节点设计是整个设计工作的一个重要环节。节点抗震设计的目的在于保证构件产生充分的塑性铰,使得变形时节点不致破坏,为此应验算下列内容:节点连接的最大承载力、构件塑性区的局部稳定、受弯构件塑性区侧向支承点的距离同时满足有关构造要求。

(7)高层钢结构的节点连接,可采用焊接、高强度螺栓连接或混合连接。在抗震设计的节点连接中，常要求计算连接的最大承载力，并满足有关构造要求。

思考题

6-1　钢结构在地震中的破坏有何特点？
6-2　在高层钢结构的抗震设计中，为何宜采用多道抗震防线？
6-3　偏心支撑框架体系有何优缺点？
6-4　高层钢结构抗震设计中所采用的反应谱与一般钢结构相比有何不同？为什么？
6-5　高层钢结构在第一阶段设计和第二阶段设计验算中，阻尼比有何不同？为什么？
6-6　高层钢结构抗震设计中，"强柱弱梁"的设计原则是如何实现的？
6-7　高层钢结构的构件设计为什么要对板件的宽厚比提出更高的要求？
6-8　支撑长细比大小对高层钢结构的动力反应有何影响？
6-9　在多遇地震作用下，支撑斜杆的抗震验算如何进行？
6-10　抗震设防的高层钢结构连接节点最大承载力应满足什么要求？
6-11　梁的侧向隅撑有什么作用？应如何进行设计？
6-12　偏心支撑的消能的腹板加劲肋应如何设置？

第7章

单层钢筋混凝土柱厂房抗震设计

7.1 厂房的震害特征及其原因

历次地震的震害调查表明，厂房受纵向水平地震作用时的破坏程度重于受横向地震作用时的破坏程度。以下分别按厂房横向排架和纵向柱列两个方向的震害来进行分析。

7.1.1 横向地震作用下厂房主体结构的震害

横向地震作用主要由横向排架抵抗。屋盖及吊车产生的惯性力将通过柱子传至基础、地基。在地震作用下，如果构件或节点承载力不足或者变形过大，将会引起相应的破坏，其中比较典型的破坏有以下几种。

7.1.1.1 柱的局部震害

（1）上柱柱身变截面处开裂或折断（见图 7-1）。上柱截面较弱，在屋盖及吊车的横向水平地震作用下承受着较大的剪力，故柱子处于压弯剪复合受力状态，在柱子的变截面处因刚度突变而产生应力集中，一般在吊车梁顶面附近易产生拉裂甚至折断。

（2）柱头及其与屋架连接的破坏。厂房的重量主要集中于屋盖，屋盖地震作用首先通过柱头节点向下传递，因此柱与屋架的连接节点是个重要部位。柱头在强大的横向水平地震作用与竖向重力荷载及竖向地震作用的共同作用下，当屋架与柱头采取焊接，而焊缝强度不足时，则可能引起焊缝切断，或者因预埋锚固筋锚固强度不足而被拔出，使连接破坏，屋架由柱顶塌落；当节点连接强度足够时，柱头在反复水平地震作用下处于剪压复合受力状态，加上屋架与柱顶之间由于角变形引起柱头混凝土受挤压（柱与屋架连接为非理想铰接），因此柱顶与屋面梁的连接处由于受力复杂易发生剪裂、压酥、拉裂或锚筋拔出、钢筋弯折等震害。

（3）柱肩竖向拉裂。在高低跨厂房的中柱，常用柱肩或牛腿支撑低跨屋架，地震时由于高阶振型的影响，高低跨两个屋盖产生相反方向的运动，柱肩或牛腿所受的水平地震作用将增大许多，如果没有配置足够数量的水平钢筋，中柱柱肩或牛腿将产生竖向拉裂（见图 7-2）。

（4）下柱震害。最常见的是水平裂缝，位于地坪以上、窗台以下一段，多发生于厂房的中柱，主要原因是柱截面的抗弯承载力不足。在 9 度以上的高烈度区，曾有柱根折断而使厂房整片倒塌的例子。

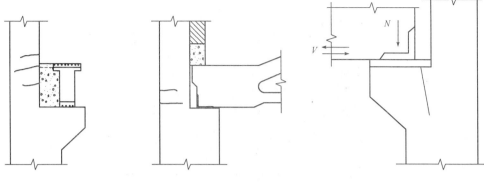

图 7-1　上柱柱身变截面处开裂或折断　　　　图 7-2　柱肩竖向裂缝

7.1.1.2　Ⅱ型天窗架与屋架连接点的破坏

Ⅱ型天窗位于厂房最高的部位，是厂房抗震的薄弱部位，天窗架屋盖重量大，重心高，刚度突变，地震时受高阶振型的影响，使地震作用明显增大，造成天窗架立柱折断，或使天窗架与屋架的连接节点破坏，在地震烈度 6 度区就有震害的实例。其震害主要表现为支撑杆件失稳弯曲，支撑与天窗立柱连接节点被拉脱，天窗立柱根部开裂或折断等（见图 7-3）。

7.1.1.3　围护墙破坏

围护墙开裂外闪、局部或大面积倒塌（见图 7-4）。其中高悬墙、女儿墙受鞭梢效应的影响，破坏最为严重。

图 7-3　天窗立柱断裂　　　　　　　　图 7-4　围护砖墙大部分塌落

7.1.2　纵向地震作用下厂房主体结构的震害

纵向地震作用主要由厂房的纵向抗侧力体系抵抗，在厂房纵向，一般由于支撑不完备或者承载力不足、连接无保证而震害严重。屋盖及吊车的纵向地震作用通过屋盖支撑、柱及柱间支撑传至基础、地基。在抗侧力结构中若某一环节因承载力不足而失效，便引起相应的震害，较为典型的破坏现象有如下几方面。

7.1.2.1　屋面板错动坠落

在大型屋面板屋盖中，如屋面板与屋架或屋面梁焊接不牢（没有保证三点焊或焊接长度不足），或者屋面板大肋上预埋锚固不足而被拔出，都会引起屋面板与屋架的拉脱、错动以致坠落（见图 7-5）。

图 7-5　局部屋面板掉落

7.1.2.2　Ⅱ 型天窗破坏

天窗两侧竖向斜杆拉断，节点破坏，天窗架沿厂房纵向倾斜，甚至倒下砸塌屋盖。

7.1.2.3　屋架破坏

屋盖的纵向地震力是通过屋面板焊缝从屋架中部向屋架的两端传递的，屋架两端的剪力最大。因此，屋架的震害主要是端头混凝土酥裂掉角、支撑大型屋面板的支墩折断、端节间上弦剪断等（见图 7-6）。

7.1.2.4　支撑震害

在设有柱间支撑的跨间，由于其刚度大，屋架端头与屋面板边肋连接点处的剪力最为集中，往往首先被剪坏；这使得纵向地震力的传递转移到内肋，导致屋架上弦受到过大的纵向地震力而破坏。当纵向地震力主要由支撑传递时，若支撑数量不足或布置不当，会造成支撑的失稳，引起屋面的破坏或屋盖的倒塌。另外，柱根处也会发生沿厂房纵向的水平断裂。

7.1.2.5　围护结构震害

纵向地震作用下围护结构的震害有山墙、山尖墙外闪或局部塌落（见图 7-7）。一般山墙面积大，与主体结构连接少，山尖墙部位高，动力反应大，在地震中往往破坏较早、较重；伸缩缝两侧的墙面由于缝宽较小，地震时易发生相互碰撞，造成局部破坏；当纵墙采用嵌砌墙时，会造成柱列刚度的不均，嵌砌墙的柱列刚度大，吸引大量的纵向地震作用，导致屋架与柱头节点的连接沿纵向破坏，例如焊缝或螺栓被切断。

图 7-6　屋架与柱顶连接处严重破坏

图 7-7　山墙倒塌

7.2 单层厂房抗震概念设计

依据概念设计的基本思想，提高厂房的整体抗震性能，首先要充分重视选择良好的结构体系及进行合理的结构布置，使单层厂房具有良好的抗震性能以减轻震害。以下介绍单层钢筋混凝土柱厂房抗震设计的一般规定。

7.2.1 厂房的结构布置

（1）多跨厂房宜等高和等长，高低跨厂房不宜采用一端开口的结构布置。

（2）厂房的贴建房屋和构筑物，不宜布置在厂房角部和紧邻防震缝处。

（3）厂房体型复杂或有贴建的房屋和构筑物时，宜设防震缝。在厂房纵横跨交接处、大柱网厂房或不设柱间支撑的厂房，防震缝宽度可采用 100~150 mm，其他情况可采用 50~90 mm。

（4）两个主厂房之间的过渡跨至少应有一侧采用防震缝与主厂房脱开。

（5）厂房内上起重机的铁梯不应靠近防震缝设置；多跨厂房各跨上起重机的铁梯不宜设置在同一横向轴线附近。

（6）厂房内的工作平台、刚性工作间宜与厂房主体结构脱开。

（7）厂房的同一结构单元内，不应采用不同的结构形式；厂房端部应设屋架，不应采用山墙承重；厂房单元内不应采用横墙和排架混合承重。

（8）厂房柱距宜相等，各柱列的侧移刚度宜均匀，当有抽柱时，应采取抗震加强措施。

7.2.2 厂房天窗架的设置

天窗是薄弱环节，它削弱屋盖的整体刚度。从抗震的角度看，厂房天窗架的设置应符合下列要求：

（1）天窗宜采用突出屋面较小的避风型天窗，有条件或设防烈度为 9 度时宜采用下沉式天窗。

（2）突出屋面的天窗宜采用钢天窗架；设防烈度为 6~8 度时，可采用矩形截面杆件的钢筋混凝土天窗架。

（3）天窗架不宜从厂房结构单元第一开间设置；设防烈度为 8 度和 9 度时，天窗宜从厂房单元端部第三柱间开始设置。

（4）天窗屋盖、端壁板和侧板，宜采用轻型板材，不宜采用端壁板代替端天窗架。

7.2.3 厂房屋架的设置

（1）厂房宜采用钢屋架或重心较低的预应力混凝土、钢筋混凝土屋架。

（2）跨度不大于 15 m 时，可采用钢筋混凝土屋面梁。

（3）跨度大于 24 m，或设防烈度为 8 度 Ⅲ、Ⅳ 类场地和 9 度时，应优先采用钢屋架。

（4）柱距为 12 m 时，可采用预应力混凝土托架（梁）；当采用钢屋架时，亦可采用钢托架（梁）。

（5）有突出屋面天窗架的屋盖不宜采用预应力混凝土或钢筋混凝土空腹屋架。

（6）设防烈度为 8 度（0.30g）和 9 度时，跨度不大于 24 m 的厂房不宜采用大型屋面板。

7.2.4 厂房柱的设置

（1）在设防烈度为 8 度和 9 度时，宜采用矩形、I 形截面柱或斜腹杆双肢柱，不宜采用薄壁 I 形柱、腹板开孔 I 形柱、预制腹板的 I 形柱和管柱。

（2）柱底至室内地坪以上 500 mm 范围内和阶形柱的上柱宜采用矩形截面，以增强这些部位的抗剪能力。

7.2.5 围护墙的布置

（1）围护墙的布置应尽量均匀、对称。

（2）当厂房的一端设缝而不能布置横墙时，则另一端宜采用轻质挂板山墙。

（3）多跨厂房的砌体围护墙宜采用外贴式，不宜采用嵌砌式。否则，边柱列（嵌砌有墙）与中柱列（一般只有柱间支撑）的刚度相差悬殊，导致边跨屋盖因扭转效应过大而发生震害。

（4）厂房内部有砌体隔墙时，也不宜嵌砌于柱间，可采用与柱脱开或与柱柔性连接的构造处理方法，以避免局部刚度过大或形成短柱而引起震害。

（5）厂房端部宜设置屋架，不宜采用山墙承重。

（6）单层钢筋混凝土柱厂房的围护墙宜采用轻质墙板或钢筋混凝土大型墙板，外侧柱距为 12 m 时应采用轻质墙板；不等高厂房的高跨封墙和纵横向厂房交接处的悬墙宜采用轻质墙板；设防烈度为 8、9 度时应采用轻质墙板。

（7）厂房围护墙、女儿墙的布置和构造，应符合有关对非结构构件抗震要求的规定。

7.3 单层钢筋混凝土柱厂房的横向抗震计算

《抗震规范》规定，单层工业厂房按规范的规定采取抗震构造措施并符合下列条件之一时，可不进行横向及纵向的截面抗震验算。

（1）设防烈度为 7 度，I、II 类场地，柱高不超过 10 m 且结构单元两端均有山墙的单跨及等高多跨厂房（锯齿形厂房除外）。

（2）设防烈度为 7 度时和 8 度（0.2g）I、II 类场地的露天吊车栈桥。

厂房抗震计算时，应根据屋盖高差和吊车设置情况，分别采用单质点、双质点或多质点模型计算地震作用。有吊车的厂房，当按平面框（排）架进行抗震计算时，对设置一层吊车的厂房，在每跨可取两台吊车，多跨时不多于四台。当按空间框架进行抗震计算时，吊车取实际台数。

沿厂房横向的主要抗侧力构件是由柱、屋架（屋面梁）组成的排架和刚性横墙；沿厂房纵向的主要抗侧力构件是由柱、柱间支撑、吊车梁、连系梁组成的柱列和刚性纵墙。一般单层厂房需要进行水平地震作用下的横向和纵向抗侧力构件的抗震强度验算。

7.3.1 横向抗震计算方法

厂房的横向地震作用计算可采用以下三种方法：

（1）混凝土无檩和有檩屋盖厂房，一般情况下，宜计及屋盖的横向弹性变形，按多质点空间结构分析（见图 7-8）。

（2）混凝土无檩和有檩屋盖厂房，当符合下列条件时，可采用平面排架计算柱的地震剪力

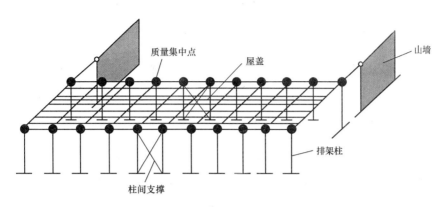

图 7-8　多质点空间结构分析模型

和弯矩，但要进行考虑空间作用和扭转影响的调整。

①设防烈度为 7 度和 8 度。

②厂房单元屋盖长度与总跨度之比小于 8 或厂房总跨度大于 12 m（其中屋盖长度指山墙到山墙的间距，仅一端有山墙时，应取所考虑排架至山墙的距离；高低跨相差较大的不等高厂房，总跨度可不包括低跨）。

③山墙的厚度不小于 240 mm，开洞所占的水平截面面积不超过总面积的 50%，并与屋盖系统有良好的连接。

④柱顶高度不大于 15 m。

对于 9 度区的单层钢筋混凝土柱厂房，由于砌体墙的开裂，空间作用影响明显减弱，可不考虑调整。

（3）轻型屋盖（屋面为压型钢板、瓦楞铁、石棉瓦等有檩屋盖）厂房，柱距相等时，可按平面排架计算。

平面排架计算法是一种简化计算方法，便于手算，下面主要介绍按平面排架计算的内力分析方法。

7.3.2　计算简图和质量集中

单层厂房的横向抗震计算，与静力计算一样，取单榀排架作为计算单元。由于在计算周期和计算地震作用时采取的简化假定各不相同，故其计算简图和质量集中方法要分别考虑。

7.3.2.1　计算简图

进行动力分析时，需要确定厂房的自振周期。此时可根据厂房类型和质量分布的不同，取质量集中在不同标高处的、下端固定于基础顶面的数值弹性杆作为计算简图。如此，单跨和等高多跨厂房均可以简化为单质点体系（见图 7-9）；而对于两跨不等高厂房，由于屋盖位于两个不同高度处，可简化为双质点体系（见图 7-10）；三跨不对称带升高中跨的厂房，如图 7-11 所示，三个屋盖处的高度均不一致，可简化为三质点体系，同时要注意，当 $H_1 = H_2$ 时，仍为三质点体系。

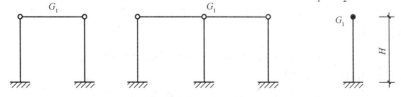

图 7-9　等高排架的计算简图（单质点体系）

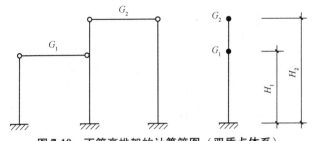

图 7-10 不等高排架的计算简图（双质点体系）

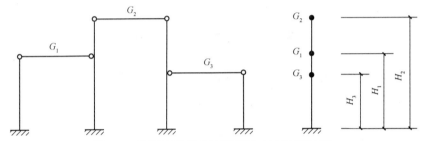

图 7-11 不等高排架的计算简图（三质点体系）

7.3.2.2 单层厂房的质量集中

如前所述，当房屋的质量分布均匀时，通常需把房屋的质量集中到楼盖或屋盖处；此时，当质点数目较少时，特别是取单质点模型时，简单地把质量"就近"向楼盖（屋盖）处堆会引起较大的误差。正确的做法是：将不同处的质量乘以系数进行折算后加入总质量，此系数即该处质量的质量集中系数。集中质量一般位于屋架下弦（柱顶）处。

质量集中系数应根据一定的原则确定。例如，计算结构的动力特性时，应根据"周期等效"的原则；计算结构的地震作用时，对于排架柱应根据柱底"弯矩相等"的原则；对于刚性剪力墙应根据墙底"剪力相等"的原则，经过换算分析后确定。

单层排架厂房墙、柱、吊车梁等质量集中于屋架下弦处时的质量集中系数汇总于表 7-1 中。而高低跨交接柱上高跨一侧的吊车梁靠近低跨屋盖，将其质量集中于低跨屋盖时，质量集中系数取 1.0。

表 7-1 单层排架厂房的质量集中系数

构件类型 计算阶段	弯曲型墙和柱	剪切型墙	柱上吊车梁
计算自振周期时	0.25	0.35	0.50
计算地震作用效应时	0.50	0.70	0.75

(1) 等高厂房。如图 7-9 所示，单质点的重力荷载 G_1 的计算式如下。

① 计算自振周期时的质量集中：

$$G_1 = 1.0 G_{屋盖} + 0.5 G_{吊车梁} + 0.25 G_柱 + 0.25 G_{纵墙} \tag{7-1}$$

② 计算地震作用时的质量集中：

$$G_1 = 1.0 G_{屋盖} + 0.75 G_{吊车梁} + 0.5 G_柱 + 0.5 G_{纵墙} \tag{7-2}$$

(2) 不等高厂房。不等高排架，可按不同高度处屋盖的数量和屋盖之间的连接方式，简化成多质点体系，如图7-10和7-11所示。双质点的重力荷载计算式如下。

①计算自振周期时的质量集中：

$$G_1 = 1.0G_{低跨屋盖} + 0.5G_{低跨吊车梁} + 0.25G_{低跨边柱} + 0.25G_{低跨纵墙} + 1.0G_{高跨吊车梁(中柱)} + 0.25G_{中柱下柱} + 0.5G_{中柱上柱} + 0.5G_{高跨封墙} \tag{7-3}$$

$$G_2 = 1.0G_{高跨屋盖} + 0.5G_{高跨吊车梁(边柱)} + 0.25G_{高跨边柱} + 0.25G_{高跨外纵墙} + 0.5G_{中柱上柱} + 0.5G_{高跨封墙} \tag{7-4}$$

②计算地震作用时的质量集中：

$$G_1 = 1.0G_{低跨屋盖} + 0.75G_{低跨吊车梁} + 0.5G_{低跨边柱} + 0.5G_{低跨纵墙} + 1.0G_{高跨吊车梁(中柱)} + 0.5G_{中柱下柱} + 0.5G_{中柱上柱} + 0.5G_{高跨封墙} \tag{7-5}$$

$$G_2 = 1.0G_{高跨屋盖} + 0.75G_{高跨吊车梁(边跨)} + 0.5G_{高跨边柱} + 0.5G_{高跨外纵墙} + 0.5G_{中柱上柱} + 0.5G_{高跨封墙} \tag{7-6}$$

式中，$G_{屋盖}$等均为重力荷载代表值（屋盖的重力荷载代表值包括作用于屋盖处的活荷载和檐墙的重力荷载代表值）。上面还假定高低跨交接柱上柱的各一半分别集中于低跨和高跨屋盖处。

高低跨交接柱的高跨吊车梁的质量可集中到低跨屋盖，也可集中到高跨屋盖，应以就近集中为原则。当集中到低跨屋盖时，如前所述，质量集中系数为1.0；当集中到高跨屋盖时，质量集中系数为0.5。

吊车桥架对排架的自振周期影响很小。因此，在计算自振周期时可不考虑其对质点质量的贡献。这样做一般是安全的。

确定厂房的地震作用时，对设有桥式吊车的厂房，除将厂房重力荷载按前述弯矩等效原则集中于屋盖标高处外，还应考虑吊车桥架的重力荷载（软钩吊车不考虑吊重，硬钩吊车尚应考虑最大吊重的30%）。一般是把某跨吊车桥架的重力荷载集中于该跨任一柱吊车梁的顶面标高处。如两跨不等高厂房均设有吊车，则在确定厂房地震作用时，按对厂房不利的影响，低跨可取G_3或(G_3)；高跨可取G_4或(G_4)，按四个集中质点考虑（见图7-12）。应注意的是，这种模型仅在计算地震作用时才采用，在计算结构的动力特性（如周期等）时，是不能采用这种模型的。这是因为吊车桥架是局部质量，此局部质量不能有效地对整体结构的动力特性产生明显的影响。

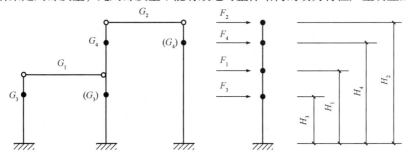

图7-12 考虑吊车桥架重力荷载的排架地震作用计算简图

7.3.3 自振周期的计算

计算简图确定后，就可用前面讲过的方法计算基本自振周期。对单自由度体系，自振周期T_1的计算公式为

$$T_1 = 2\pi\sqrt{\frac{m}{K}} \tag{7-7}$$

式中　m——质量；

K——刚度。

对多自由度体系，可用能量法计算基本自振周期 T_1，公式为

$$T_1 = 2\pi \sqrt{\frac{\sum_{i=1}^{n} m_i u_i^2}{\sum_{i=1}^{n} G_i u_i}} \tag{7-8}$$

式中 m_i、G_i——第 i 质点的质量和重力荷载；

u_i——在全部 G_i（$i=1,\cdots,n$）沿水平方向的作用下第 i 质点的侧移；

n——自由度数目。

上述横向自振周期的计算是按铰接排架简图进行的。而实际中，屋架与柱的连接因加焊而或多或少存在某些刚接作用，厂房纵墙对增大排架横向刚度也有明显的影响。这些均表明，实际自振周期比计算值小。所以《抗震规范》规定，按平面排架计算厂房的横向地震作用时，排架的基本自振周期应考虑纵墙及屋架与柱连接的固接作用，可按下列规定进行调整：

（1）由钢筋混凝土屋架或钢屋架与钢筋混凝土柱组成的排架，有纵墙时取周期计算值的 80%，无纵墙时取 90%。

（2）由钢筋混凝土屋架或钢屋架与砖柱组成的排架，取周期计算值的 90%。

7.3.4 排架地震作用的计算

7.3.4.1 底部剪力法

单层厂房可以采用底部剪力法计算地震作用，作用于排架的底部剪力即总水平地震作用，可按下式计算：

$$F_{Ek} = \alpha_1 G_{eq} \tag{7-9}$$

式中 α_1——相应于基本周期 T_1 的地震影响系数；

G_{eq}——等效重力荷载代表值，单质点体系取全部重力荷载代表值，多质点体系取全部重力荷载代表值的 85%；当为双质点体系时，由于较为接近单质点体系，G_{eq} 可取全部重力荷载代表值的 95%。

当为多质点体系时，沿高度作用于质点 i 的水平地震作用，可按下式进行计算：

$$F_i = \frac{G_i H_i}{\sum_{j=1}^{n} G_j H_j} F_{Ek} \tag{7-10}$$

式中 G_i、H_i——第 i 质点的重力荷载代表值和至柱底的距离；

n——体系的自由度数目。

求出各质点的水平地震作用后，就可用结构力学方法求出相应的排架内力。底部剪力法的缺点是很难反映高阶振型的影响。

7.3.4.2 振型分解法

对较为复杂的厂房，例如高低跨高度相差较大的厂房，采用底部剪力法计算时，由于不能反映高阶振型的影响，误差较大。高低跨相交处柱牛腿的水平拉力主要由高阶振型引起，此拉力的计算是底部剪力法无法实现的。在这些情况下，就需要采用振型分解法。

采用振型分解法的计算简图与底部剪力法相同，每个质点有一个水平自由度。用前面介绍过的振型分解法的标准过程，就可求出各阶振型各质点处的水平地震作用，从而求出各阶振型的地震内力。总的地震内力则为各阶振型地震内力按"平方和开方法"组合。

对双质点的高低跨排架，用柔度法计算较方便，相应的振型分解法的计算步骤如下：

(1) 计算平面排架各振型的自振周期、振型幅值和振型参与系数。记双质点的水平位移坐标分别为 x_1 和 x_2，其质量分别为 m_1 和 m_2，第一、二阶振型的固有频率分别为 ω_1、ω_2，则有

$$\frac{1}{\omega_{1,2}^2} = \frac{1}{2}\left[(m_1\delta_{11} + m_2\delta_{22}) \pm \sqrt{(m_1\delta_{11} - m_2\delta_{22})^2 + 4m_1m_2\delta_{12}\delta_{21}}\right] \tag{7-11}$$

取 $\omega_1 < \omega_2$，则第一、二阶自振周期分别为

$$T_1 = \frac{2\pi}{\omega_1}, \quad T_2 = \frac{2\pi}{\omega_2} \tag{7-12}$$

记第 j 阶振型第 i 质点的幅值为 X_{ji} ($i, j = 1, 2$)，则有

$$X_{11} = 1, \quad X_{12} = \frac{1 - m_1\delta_{11}\omega_1^2}{m_2\delta_{12}\omega_1^2} \tag{7-13}$$

$$X_{21} = 1, \quad X_{22} = \frac{1 - m_1\delta_{11}\omega_2^2}{m_2\delta_{12}\omega_2^2} \tag{7-14}$$

第一、二阶振型参与系数

$$\gamma_1 = \frac{m_1 X_{11} + m_2 X_{12}}{m_1 X_{11}^2 + m_2 X_{12}^2}, \quad \gamma_2 = \frac{m_1 X_{21} + m_2 X_{22}}{m_1 X_{21}^2 + m_2 X_{22}^2} \tag{7-15}$$

(2) 计算各阶振型的地震作用和地震作用效应。记第 j 振型第 i 质点的地震作用为 F_{ji}，则有

$$F_{ij} = \alpha_i \gamma_i X_{ij} G_j, \quad i, j = 1, 2 \tag{7-16}$$

即

$$\begin{aligned} F_{11} &= \alpha_1 \gamma_1 X_{11} G_1 \\ F_{12} &= \alpha_1 \gamma_1 X_{12} G_2 \\ F_{21} &= \alpha_2 \gamma_2 X_{21} G_1 \\ F_{22} &= \alpha_2 \gamma_2 X_{22} G_2 \end{aligned} \tag{7-17}$$

然后按结构力学方法求出各阶振型的地震作用效应。

(3) 计算最终的地震作用效应。设某一地震作用效应 S 在第一阶振型的地震作用下的值为 S_1，在第二阶振型的地震作用下的值为 S_2，则该地震作用效应的最终值为

$$S_{最终} = \sqrt{S_1^2 + S_2^2} \tag{7-18}$$

7.3.5 排架地震作用效应的计算及调整

在求得地震作用后，便可将作用于排架上的 F_i 视为静力荷载，作用于排架相应的 i 点，如图 7-13 所示。然后按结构力学方法对此平面排架进行内力分析，求出各柱控制截面的地震作用效应，并将此简化结果做如下修正：

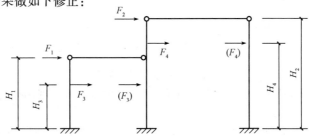

图 7-13 排架地震作用效应计算简图

（1）考虑空间工作及扭转影响对柱地震作用效应的调整。采用钢筋混凝土屋盖的单层厂房，屋面板与屋架有一定的焊接要求，屋盖还要设置足够的支撑，因此整个厂房具有一定的空间作用，在地震作用下将产生整体振动。显然，只有厂房两端均无山墙（中间也无横墙）时，厂房的整体振动（第一阶振型）才接近单片排架的平面振动。如图 7-14（a）所示，若将钢筋混凝土屋盖视为具有很大水平刚度、支承在若干弹性支承上的连续梁，在横向水平地震作用下，只要各弹性支承（即排架）的刚度相同，屋盖沿纵向质量分布也比较均匀，各排架有相等的柱顶侧移 u_0，则可视为无空间作用影响。当厂房两端有山墙[见图 7-14（b）]，且山墙在其平面内刚度很大时，作用于屋盖平面内的地震作用将部分通过屋盖传至山墙，而排架所受的地震作用将有所减少，山墙的侧移 u_m 可近似为零，厂房各排架的侧移将不等，中间排架处的柱顶侧移 u_1 最大，但 $u_1 < u_0$。山墙的间距越小，u_1 比 u_0 就小得越多，即厂房存在空间作用。此时各排架实际承受的地震作用将比按平面排架计算的小。如果厂房仅一端有山墙，或虽然两端有山墙，但两山墙的抗侧刚度相差很大，厂房屋盖的整体振动将复杂化，除了有空间作用影响外，还会出现较大的平面扭转效应，使得排架各柱的柱顶侧移均不相同[见图 7-14（c）]，无墙一端的柱顶侧移 u_2 将大于 u_0，而有墙一端的柱顶侧移 u_3 将小于 u_0，同样，各柱实际承受的地震作用将不同于按单榀平面排架分析的结果。在弹性阶段排架承受的地震作用正比于柱顶侧移，既然在有空间作用时排架的柱顶侧移 u_1 小于无空间作用时的柱顶侧移 u_0，在有扭转作用时有的排架柱顶侧移 u_2 又大于 u_0，因此，对按平面排架简图求得的排架地震作用必须进行调整。

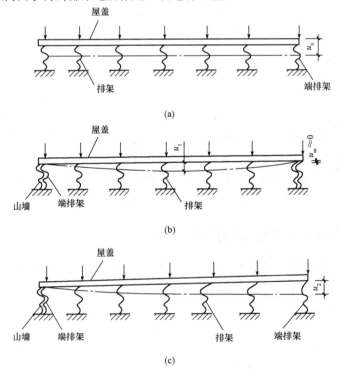

图 7-14 厂房屋盖的变形
(a) 两端均无山墙；(b) 两端均有山墙；(c) 一端有山墙或两端山墙的抗侧刚度相差很大

为了简化计算，《抗震规范》规定，厂房按平面铰接排架进行横向地震作用分析时，对钢筋混凝土屋盖的等高厂房排架柱和不等高厂房除高低跨交接处的上柱外的全部排架柱各截面

第 7 章 单层钢筋混凝土柱厂房抗震设计

的地震作用效应（弯矩、剪力），均应考虑空间作用和扭转的影响而加以调整，调整系数的值可按表 7-2 采用。

表 7-2 钢筋混凝土柱（除高低跨交接处上柱外）考虑空间作用和扭转影响的效应调整系数

屋盖	山墙		屋盖长度/m										
			≤30	36	42	48	54	60	66	72	78	84	90	96
钢筋混凝土无檩屋盖	两端山墙	等高厂房	—	0.75	0.75	0.75	0.8	0.8	0.8	0.85	0.85	0.85	0.9
		不等高厂房	—	0.85	0.85	0.85	0.9	0.9	0.9	0.95	0.95	0.95	1.0
	一端山墙		1.05	1.15	1.2	1.25	1.3	1.3	1.3	1.3	1.35	1.35	1.35	1.35
钢筋混凝土有檩屋盖	两端山墙	等高厂房	—	0.8	0.85	0.9	0.95	0.95	1.0	1.0	1.05	1.05	1.1
		不等高厂房	—	0.85	0.9	0.95	1.0	1.0	1.05	1.05	1.1	1.1	1.15
	一端山墙		1.0	1.05	1.1	1.1	1.15	1.15	1.2	1.2	1.2	1.25	1.25

按照表 7-2 考虑空间作用和扭转影响调整柱的地震作用效应时，尚应符合下列条件：

①设防烈度为 7 度和 8 度。根据震害调查资料，8 度区的单层厂房，山墙一般完好，此时山墙承受横向地震作用是可靠的。在 9 度区，厂房山墙破坏较重，有的还出现倒塌，说明地震作用已不能传给山墙。故在高于 8 度的地震区，不能考虑厂房的空间作用。

②山墙（横墙）的间距 L_t 与厂房总跨度 B 之比 $L_t/B ≤ 8$ 或 $B > 12$ m。当厂房仅一端有山墙或横墙时，L_t 取所考虑排架至山墙或横墙的距离，对高低跨相差较大的不等高厂房，总跨度 B 不包括低跨。这一条是由实测研究结果所提供的。当 $B > 12$ m 或 $B < 12$ m、但 $L_t/B ≤ 8$ 时，屋盖的横向刚度较大，能保证屋盖横向变形以剪切变形为主，因为考虑空间作用影响的调整是在假定厂房横向以剪切变形为主的基础上确定的。这一限制是为了保证厂房空间作用而对钢筋混凝土屋盖刚度所提出的最低要求。

③山墙或承重（抗震）横墙的厚度不小于 240 mm，开洞所占的水平截面面积不超过总面积的 50%，并与屋盖系统有良好的连接。对山墙厚度和孔洞削弱的限制，主要是为了保证地震作用由屋盖传到山墙，而山墙又有足够的强度不致破坏。

④单元屋盖长度与总跨度之比小于 8 或厂房总跨度大于 12 m（其中屋盖长度指山墙到山墙或承重横墙的间距，仅一端有山墙时，应取所考虑排架至山墙的距离；高低跨相差较大的不等高厂房，总跨度可不包括低跨）。

（2）不等高厂房高低跨交接处柱，在支撑低跨屋盖的牛腿以上各截面按底部剪力法求得的地震弯矩和剪力应乘以增大系数 η。

增大系数 η 是个综合影响系数，主要考虑以下两方面的影响：

①高低跨厂房高阶振型的影响。当排架按第二阶振型振动时，高跨横梁和低跨横梁的运动方向相反，使高低跨交接处上柱的两端之间产生了较大的相对位移 Δ（见图 7-15）。由于上柱的长度一般较短，侧移刚度较大，故此处产生的地震内力也较大。按底部剪力法计算时，由于主要反映了第一阶主振型的情况，计算得到的高低跨交接处上柱的地震内力偏小较多。

②空间作用的影响。研究引入了空间作用影响系数 ζ，考虑具有不同刚度和不同间距的山墙

对不同屋盖形式的空间作用。需要注意的是，当山墙间距超过一定范围时，考虑空间作用的排架地震作用效应是放大而不是折减。

因此，《抗震规范》规定，高低跨交接处的钢筋混凝土柱的支撑低跨屋盖牛腿以上各截面，按底部剪力法求得的地震弯矩和剪力应乘以增大系数 η，其值可按下式计算：

$$\eta = \zeta \left(1 + 1.7 \frac{n_h}{n_0} \cdot \frac{G_{EL}}{G_{Eh}}\right) \quad (7-19)$$

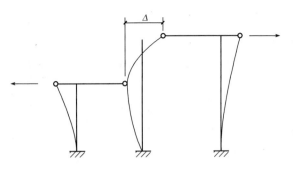

图 7-15 不等高排架的第二阶振型

式中 ζ——不等高厂房低跨交接处的空间作用影响系数，可按表 7-3 采用；
n_h——高跨的跨数；
n_0——计算跨数，仅一侧有低跨时应取总跨数，两侧均有低跨时应取总跨数与高跨跨数之和；
G_{EL}——集中于交接处一侧各低跨屋盖标高处的总重力荷载代表值；
G_{Eh}——集中于高跨柱顶标高处的总重力荷载代表值。

表 7-3 高低跨交接处钢筋混凝土上柱空间作用影响系数 ζ

屋盖	山墙	屋盖长度/m									
		≤36	42	48	54	60	66	72	78	84	90	96
钢筋混凝土无檩屋盖	两端山墙	—	0.7	0.76	0.82	0.88	0.94	1.0	1.06	1.06	1.06	1.06
	一端山墙	1.25										
钢筋混凝土有檩屋盖	两端山墙	—	0.9	1.0	1.05	1.1	1.1	1.15	1.15	1.15	1.2	1.2
	一端山墙	1.05										

(3) 对有吊车的厂房，应将吊车梁顶面标高处的上柱截面内力乘以吊车桥架引起的地震剪力和弯矩增大系数，如表 7-4 所示。因为在单层厂房中，吊车是一个较大的移动质量，地震时它将引起厂房的强烈局部振动，从而使吊车桥架所在的排架的地震作用效应突出地增大，造成局部严重破坏。为了防止这种震害的发生，特将吊车桥架引起的地震作用效应予以放大。

表 7-4 吊车桥架引起的地震剪力和弯矩增大系数

屋盖类型	山墙	边柱	高低跨柱	其他中柱
钢筋混凝土无檩屋架	两端山墙	2.0	2.5	3.0
	一端山墙	1.5	2.0	2.5
钢筋混凝土有檩屋架	两端山墙	1.5	2.0	2.5
	一端山墙	1.5	2.0	2.0

7.3.6 排架内力组合和构件强度验算

(1) 内力组合。它是指地震作用引起的内力（即作用效应，考虑到地震作用是往复作用，故内力符号可正可负）和与其相应的竖向荷载（即结构自重、雪荷载和积灰荷载，有吊车时还应考虑吊车的竖向荷载）引起的内力，根据可能出现的最不利荷载组合情况进行组合。

第7章 单层钢筋混凝土柱厂房抗震设计

进行单层厂房排架的地震作用效应组合和与其相应的其他荷载效应组合时，一般不考虑风荷载效应，不考虑吊车横向水平制动力引起的内力，也不考虑竖向地震作用，因此，单层厂房的地震作用效应组合的表达式为

$$S = \gamma_G C_G G_E + \gamma_{Eh} C_{Eh} G_{hk} \tag{7-20}$$

式中 γ_G、γ_{Eh}——重力荷载代表值和水平地震作用的分项系数；

C_G、C_{Eh}——雪荷载代表值和水平地震作用的效应系数；

G_E、G_{hk}——积灰荷载代表值和水平地震作用标准值。

当重力荷载效应对构件的承载能力有利时（例如柱为大偏心受压时，轴力 N 可提高构件的承载力），其分项系数 γ_G 应取 1.0。

（2）柱的截面抗震验算。排架柱一般按偏心受压构件验算其截面承载力。验算的一般表达式为

$$S \leqslant \frac{R}{\gamma_{RE}} \tag{7-21}$$

式中 S——截面的作用效应；

R——相应的承载力设计值；

γ_{RE}——承载力抗震调整系数，对钢筋混凝土偏心受压柱，当轴压比小于 0.15 时，取 0.75；当轴压比大于 0.15 时，取 0.80，具体可参考《抗震规范》。

7.3.7 突出屋面的天窗架的横向抗震计算

实际震害表明，突出屋面的钢筋混凝土天窗架，其横向的损坏并不明显。计算分析表明，常用的钢筋混凝土带斜撑杆的三铰拱式天窗架的横向刚度很大，其位移与屋盖基本相同，故可把天窗架和屋盖作为一个质点（其重力为 $G_{屋盖}$，其中包括天窗架质点的重力 $G_{天窗}$）按底部剪力法计算。设计算得到的作用在 $G_{屋盖}$ 上的地震作用为 $F_{屋盖}$，则天窗架所受的地震作用 $F_{天窗}$ 为

$$F_{天窗} = \frac{G_{天窗}}{G_{屋盖}} F_{屋盖} \tag{7-22}$$

然而，当设防烈度为 9 度或天窗架跨度大于 9 m 时，天窗架部分的惯性力将有所增大。这时若仍把天窗架和屋盖作为一个质点按底部剪力法计算，则天窗架的横向地震作用效应宜乘以增大系数 1.5，以考虑高阶振型的影响。

对钢天窗架的横向抗震计算也可采用底部剪力法。

对其他情况下的天窗架，可采用振型分解反应谱法计算其横向水平地震作用。

7.3.8 支撑低跨屋盖牛腿的水平受拉钢筋抗震验算

为防止高低跨交接处支撑低跨屋盖的牛腿在地震中竖向拉裂（见图 7-16），应按下式确定牛腿的水平受拉钢筋截面面积 A_s：

$$A_s \geqslant \left(\frac{N_G a}{0.85 h_0 f_y} + 1.2 \frac{N_E}{f_y} \right) \gamma_{RE} \tag{7-23}$$

式中 N_G——柱牛腿面上重力荷载代表值产生的压力设计值；

A_s——纵向水平受拉钢筋的截面面积；

a——重力作用点至下柱近侧边缘的距离，当小于 $0.3h_0$ 时采用 $0.3h_0$；

h_0——牛腿根部截面（最大竖向截面）的有效高度；

N_E——柱牛腿面上地震组合的水平拉力设计值；

γ_{RE}——承载力抗震调整系数，其值可采用 1.0；
f_y——钢筋抗拉强度设计值。

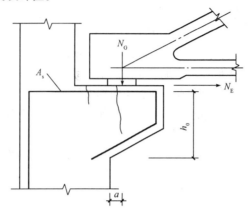

图 7-16 支撑低跨屋盖的牛腿

7.3.9 厂房其他部位的横向抗震验算

（1）两个主轴方向柱距均不小于 12 m、无桥式吊车且无柱间支撑的大柱网厂房，柱截面验算时应同时考虑两个主轴方向的水平地震作用，并应考虑位移引起的附加弯矩。

（2）高大山墙的抗风柱，在设防烈度为 8 度和 9 度时应进行平面外的截面抗震验算。

（3）当抗风柱与屋架下弦相连接时，连接点应设在下弦横向支撑的节点处，并且应对下弦横向支撑杆件的截面和连接节点进行抗震承载力验算。

（4）当工作平台和刚性内隔墙与厂房主体结构连接时，应采用与厂房实际受力相适应的计算简图，以考虑工作平台和刚性内隔墙对厂房的附加地震作用影响。

（5）设防烈度为 8 度 Ⅲ、Ⅳ 类场地和 9 度时，带有小立柱的拱形和折线形屋架或上弦节点间较长且矢高较大的屋架，其上弦宜进行抗扭验算。

7.4 单层钢筋混凝土柱厂房的纵向抗震计算

单层厂房的纵向振动十分复杂。对于质量和刚度分布均匀的等高厂房，在纵向地震作用下，可以认为其上部结构仅产生纵向平移振动，扭转作用可略去不计；而对于质心和刚心不重合的不等高厂房，在纵向地震作用下，厂房将产生平移振动和扭转振动的耦联作用。大量震害表明，地震时，厂房除产生侧移、扭转振动外，屋盖还产生纵、横向平面内的弯、剪变形；纵向围护墙参与工作，致使纵向各柱列的破坏程度不等，空间作用显著。所以，选择合理的力学模型和计算简图进行厂房纵向抗震分析是十分必要的。因此，进行纵向抗震计算的目的在于确定厂房纵向的动力特性和地震作用，验算厂房纵向抗侧力构件如柱间支撑、天窗架纵向支撑等在纵向水平地震力作用下的承载能力。

7.4.1 计算方法的选择

（1）《抗震规范》规定，钢筋混凝土无檩和有檩屋盖及有较完整支撑系统的轻型屋盖厂房，其纵向抗震验算可采用下列方法：

①一般情况下，宜考虑屋盖的纵向弹性变形、围护墙与隔墙的有效刚度以及扭转的影响，按多质点进行空间结构分析。

②柱顶标高不大于 15 m 且平均跨度不大于 30 m 的单跨或等高多跨的钢筋混凝土柱厂房，宜采用修正刚度法计算。

③纵向质量和刚度基本对称的钢筋混凝土屋盖等高厂房，可不考虑扭转的影响，采用振型分解反应谱法计算。

（2）纵墙对称布置的单跨厂房和轻型屋盖的多跨厂房，可按柱列分片独立计算。

下面分别介绍空间分析法、修正刚度法和柱列法。

7.4.2 空间分析法

空间分析法适用于任何类型的厂房。屋盖模型化为有限刚度的水平剪切梁，各质量均堆聚成质点，堆聚的程度视结构的复杂程度以及需要计算的内容而定。一般需用计算机进行数值计算。

同一柱列的柱顶纵向水平位移相同，且仅关心纵向水平位移时，则可对每一纵向柱列只取一个自由度，把厂房连续分布的质量分别按周期等效原则（计算自振周期时）和内力等效原则（计算地震作用时）集中至各柱列柱顶处，并考虑柱、柱间支撑、纵墙等抗侧力构件的纵向刚度和屋盖的弹性变形，形成"并联多质点体系"的简化的空间结构计算模型，如图 7-17 所示。

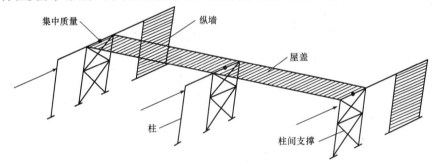

图 7-17 简化的空间结构计算模型

一般的空间结构模型，其结构特性由质量矩阵 $[M]$、代表各自由度处位移的位移列向量 $\{x\}$ 和相应的刚度矩阵 $[K]$ 完全表示。可用前面讲过的振型分解法求解其地震作用。

下面对图 7-17 所示的简化的空间结构计算模型，给出其用振型分解法求解的步骤。

7.4.2.1 柱列的侧移刚度和屋盖的剪切刚度

由图 7-17 所示的计算简图，可得柱列的侧移刚度为

$$K_i = \sum_{j=1}^{m} K_{cij} + \sum_{j=1}^{n} K_{bij} + \psi_k \sum_{j=1}^{q} K_{wij} \tag{7-24}$$

式中 K_i——第 i 柱列的柱顶纵向侧移刚度；

K_{cij}——第 i 柱列第 j 柱的纵向侧移刚度；

K_{bij}——第 i 柱列第 j 片柱间支撑的侧移刚度；

K_{wij}——第 i 柱列第 j 柱间纵墙的纵向侧移刚度；

ψ_k——贴砌砖墙的刚度降低系数，对地震烈度为 7 度、8 度和 9 度时，ψ_k 可分别取 0.6、0.4 和 0.2；

m、n、q——第 i 柱列中柱、柱间支撑、柱间纵墙的数目。

(1) 柱的侧移刚度。等截面柱的侧移刚度 K_c 为

$$K_c = \mu \frac{3E_c I_c}{H^3} \tag{7-25}$$

式中　E_c——柱混凝土的弹性模量；

　　　I_c——柱在所考虑方向的截面惯性矩；

　　　H——柱的高度；

　　　μ——屋盖、吊车梁等纵向构件对柱侧移刚度的影响系数，无吊车梁时，$\mu = 1.1$；有吊车梁时，$\mu = 1.5$。

变截面柱侧移刚度的计算公式参见有关设计手册，但需注意考虑 μ 的影响。

(2) 纵墙的侧移刚度。对于砌体墙，若弹性模量为 E，厚度为 t，墙的高度为 H，墙的宽度为 B，并有 $\rho = H/B$，同时考虑弯曲和剪切变形，则对其顶部作用水平力的情况，相应的刚度为

$$K_w = \frac{Et}{\rho^3 + 3\rho} \tag{7-26}$$

根据式 (7-26)，可对如图 7-18 所示的受两个水平力作用的开洞砖墙计算其刚度矩阵。在这种情况下，洞口把砖墙分为侧移刚度不同的若干层。在计算各层墙体的侧移刚度时，对无窗洞的层可只考虑剪切变形（也可同时考虑弯曲变形）。只考虑剪切变形时，式 (7-26) 变为

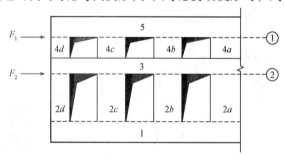

图 7-18　开洞砖墙的刚度计算

$$K_w = \frac{Et}{3\rho} \tag{7-27}$$

对有窗洞的层，各窗间墙的侧移刚度可按下式计算，即第 i 层第 j 段窗间墙的侧移刚度为

$$K_{wij} = \frac{Et_{ij}}{\rho_{ij}^3 + 3\rho_{ij}} \tag{7-28}$$

式中　t_{ij}、ρ_{ij}——相应墙的厚度和高宽比。

第 i 层墙的刚度为 $K_{wi} = \sum_j K_{wij}$，该层在单位水平力作用下的相对侧移为 $\delta_i = 1/K_{wi}$。因此，墙体在单位水平力作用下的侧移等于有关各层砖墙的侧移之和，从而可得（以图 7-18 为例）。

$$\delta_{11} = \sum_{i=1}^{4} \delta_i \tag{7-29}$$

$$\delta_{22} = \delta_{21} = \delta_{12} = \sum_{i=1}^{2} \delta_i \tag{7-30}$$

对此柔度矩阵求逆，即可得到相应的刚度矩阵。

(3) 柱间支撑的侧移刚度。柱间支撑桁架系统是由型钢斜杆、钢筋混凝土柱和吊车梁等组成，是超静定结构。为了简化计算，通常假定各杆相交处均为铰接，从而得到静定铰接桁架的计算简图，同时略去截面应力较小的竖杆和水平杆的变形，只考虑型钢斜杆的轴向变形。

在同一高度的两根交叉斜杆中一根受拉，另一根受压，受压斜杆与受拉斜杆的应力比值因斜杆的长细比不同而不同。当斜杆的长细比 $\lambda > 200$ 时，压杆将较早地受压失稳而退出工作，所以此时可仅考虑拉杆的作用。当 $\lambda < 200$ 时，压杆与拉杆的应力比值将是 λ 的函数；显然，λ 越小，压杆参加工作的程度就越大。

因此，在计算上可认为：$\lambda > 150$ 时为柔性支撑，此时不计压杆的作用；$40 \leqslant \lambda \leqslant 150$ 时为半刚性支撑，此时可以认为压杆的作用是使拉杆的面积增大为原来的 $(1+\varphi)$ 倍，并且除此之外不再计及压杆的其他影响，其中 φ 为压杆的稳定系数；$\lambda < 40$ 时为刚性支撑，此时压杆与拉杆的应力相同。据此，考虑柱间支撑有 n 层（图7-19示出了三层的情况），设柱间支撑所在柱间的净距为 L，从上面数起第 i 层的斜杆长度为 L_i，斜杆面积为 A_i，斜杆的弹性模量为 E，斜压杆的稳定系数为 φ，则可得出如下柱间支撑系统的柔度和刚度的计算公式。

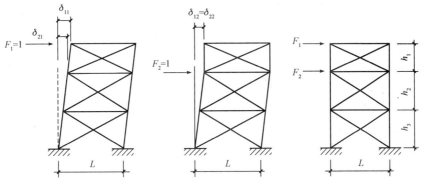

图 7-19　柱间支撑的柔度和刚度

① 柔性支撑的柔度和刚度（$\lambda > 150$）。如图 7-19 所示，此时斜压杆不起作用。相应于力 F_1 和 F_2 作用处的坐标（F_1 和 F_2 分别作用在顶层和第二层的顶面），第 i 层拉杆的力为 $P_{il} = L_i/L$，从而可得支撑系统的柔度矩阵的各元素为

$$\delta_{11} = \frac{1}{EL^2} \sum_{i=1}^{n} \frac{L_i^3}{A_i} \tag{7-31}$$

$$\delta_{22} = \delta_{12} = \delta_{21} = \frac{1}{EL^2} \sum_{i=2}^{n} \frac{L_i^3}{A_i} \tag{7-32}$$

相应的刚度矩阵可由此柔度矩阵求逆而得。

② 半刚性支撑（$40 \leqslant \lambda \leqslant 150$）。此时斜拉杆等效面积为 $(1+\varphi_i)A_i$，除此之外，表观上不再计算斜压杆的影响。在顶部单位水平力作用下，显然有

$$\delta_{11} = \frac{1}{EL^2} \sum_{i=1}^{n} \frac{L_i^3}{(1+\varphi_i)A_i} \tag{7-33}$$

$$\delta_{22} = \delta_{12} = \delta_{21} = \frac{1}{EL^2} \sum_{i=2}^{n} \frac{L_i^3}{(1+\varphi_i)A_i} \tag{7-34}$$

③ 刚性支撑（$\lambda < 40$）。此时有 $\varphi = 1$，故一个柱间支撑系统的柔度矩阵的元素为

$$\delta_{11} = \frac{1}{2EL^2} \sum_{i=1}^{n} \frac{L_i^3}{A_i} \tag{7-35}$$

$$\delta_{22} = \delta_{12} = \delta_{21} = \frac{1}{2EL^2} \sum_{i=2}^{n} \frac{L_i^3}{A_i} \tag{7-36}$$

④屋盖的纵向水平剪切刚度。屋盖的纵向水平剪切刚度为

$$k_i = k_{i0} \frac{L_i}{l_i} \tag{7-37}$$

式中 k_i——第 i 跨屋盖的纵向水平剪切刚度；

k_{i0}——单位面积（1 m²）屋盖沿厂房纵向的水平等效剪切刚度基本值，当无可靠数据时，对钢筋混凝土无檩屋盖可取 2×10^4 kN/m，对钢筋混凝土有檩屋盖可取 6×10^3 kN/m；

L_i——厂房第 i 跨部分的纵向长度或防震缝区段长度；

l_i——第 i 跨屋盖的跨度。

7.4.2.2 结构的自振周期与振型

结构按某一振型振动时，其振动方程为

$$-\omega^2 [M]\{X\} + [K]\{X\} = 0 \tag{7-38}$$

或写成下列形式：

$$[K]^{-1}[M]\{X\} = \lambda\{X\} \tag{7-39}$$

式中 $\{X\}$——质点纵向相对位移幅值列向量，$\{X\} = (X_1, X_2, \cdots, X_n)^T$；

n——质点数；

$[M]$——质量矩阵，$[M] = \mathrm{diag}(m_1, m_2, \cdots, m_n)$；

ω——自由振动圆频率；

λ——矩阵 $[K]^{-1}[M]$ 的特征值，$\lambda = 1/\omega^2$；

$[K]$——刚度矩阵。

刚度矩阵 $[K]$ 可表示为

$$[K] = [\bar{K}] + [k] \tag{7-40}$$

$$[\bar{K}] = \mathrm{diag}[K_1, K_2, \cdots, K_n] \tag{7-41}$$

$$[k] = \begin{bmatrix} k_1 & -k_1 & & & & 0 \\ -k_1 & k_1+k_2 & -k_2 & & & \\ & \cdots & \cdots & \cdots & & \\ & & & -k_{n-2} & k_{n-2}+k_{n-1} & -k_{n-1} \\ 0 & & & & -k_{n-1} & k_{n-1} \end{bmatrix} \tag{7-42}$$

式中 K_i——第 i 柱列（与第 j 质点相应的）所有柱的纵向侧移刚度之和；

$[\bar{K}]$——由柱列侧移刚度 K_i 组成的刚度矩阵；

$[k]$——由屋盖纵向水平剪切刚度 k_i 组成的刚度矩阵。

求解式（7-39）即可得自振周期列向量 $\{T\}$ 和振型矩阵 $[X]$：

$$\{T\} = 2\pi(\sqrt{\lambda_1}, \sqrt{\lambda_2}, \cdots, \sqrt{\lambda_n})^T \tag{7-43}$$

$$[X] = [\{X_1\}, \{X_2\}, \cdots, \{X_n\}] = \begin{bmatrix} X_{11} & X_{21} & \cdots & X_{n1} \\ X_{12} & X_{22} & \cdots & X_{n2} \\ \vdots & \vdots & \vdots & \vdots \\ X_{1n} & X_{2n} & \cdots & X_{nn} \end{bmatrix} \tag{7-44}$$

7.4.2.3 各阶振型的质点水平地震作用

各阶振型的质点水平地震作用可用一个矩阵 $[F]$ 表示：

$$[F] = g[M][X][\alpha][\gamma] \tag{7-45}$$

式中 g——重力加速度；

α_i——相应于自振周期 T_i 的地震影响系数，$[\alpha] = \mathrm{diag}(\alpha_1, \alpha_2, \cdots, \alpha_s)$；

s——需要组合的振型数目；

γ_j——各阶振型的振型参与系数，$[\gamma] = \mathrm{diag}(\gamma_1, \gamma_2, \cdots, \gamma_s)$，对 γ_j 的计算方法为

$$\gamma_j = \frac{\sum_{i=1}^{n} m_i X_{ji}}{\sum_{i=1}^{n} m_i X_{ji}^2} \tag{7-46}$$

在式（7-45）中，$[X]$ 的表达式为

$$[X] = [\{X_1\}, \{X_2\}, \cdots, \{X_s\}] = \begin{bmatrix} X_{11} & X_{21} & \cdots & X_{s1} \\ X_{12} & X_{22} & \cdots & X_{s2} \\ \vdots & \vdots & & \vdots \\ X_{1n} & X_{2n} & \cdots & X_{sn} \end{bmatrix} \tag{7-47}$$

所以，$[F]$ 的第 i 个列向量为第 i 阶振型各质点的水平地震作用，$i = 1, 2, \cdots, s$。

7.4.2.4 各阶振型的质点侧移

各阶振型的质点侧移显然可表示为

$$[\Delta] = [K]^{-1}[F] \tag{7-48}$$

$[\Delta]$ 的第 i 个列向量为第 i 阶振型各质点的水平侧移，$i = 1, 2, \cdots, s$。

7.4.2.5 柱列各阶振型的柱顶地震作用

各阶振型的质点侧移求出后，由各构件或各部分构件的刚度，就可求出该构件或该部分构件所受的地震作用。例如，各柱列中由柱所承受的地震作用 $[\bar{F}]$ 为

$$[\bar{F}] = [\bar{K}][\Delta] \tag{7-49}$$

式中 $[\bar{F}]$——其第 i 行第 j 列的元素为第 j 阶振型第 i 质点柱列中所有柱承受的水平地震作用。

7.4.2.6 各柱列柱顶处的水平地震作用

把所考虑的各阶振型的地震作用进行组合（用"平方和开方法"），即得最后所求的柱列柱顶处的纵向水平地震作用。

对于常见的两跨或三跨对称厂房，可以利用结构的对称性把自由度的数目减至为 2（见图 7-20），从而可用手算进行纵向抗震分析。

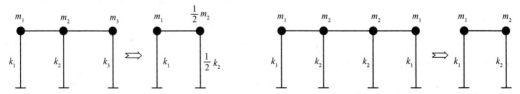

图 7-20 利用对称性减少结构的自由度

其他基于振型分解法的计算方法，与上述基本相似。

7.4.3 修正刚度法

修正刚度法是把厂房纵向视为一个单自由度体系，求出总地震作用后，再按各柱列的修正刚度，把总地震作用分配到各柱列。此法适用于单跨或等高多跨钢筋混凝土无檩和有檩屋盖厂房。

7.4.3.1 厂房纵向的基本自振周期

（1）按单质点体系确定。把所有的重力荷载代表值按周期等效原则集中到柱顶得到结构的总质量。把所有的纵向抗侧力构件的刚度加在一起得到厂房纵向的总侧向刚度。再考虑屋盖的变形，引入修正系数ψ_T，得到计算纵向基本自振周期T_1的公式为

$$T_1 = 2\pi\psi_T\sqrt{\frac{\sum G_i}{g\sum K_i}} \approx 2\psi_T\sqrt{\frac{\sum G_i}{\sum K_i}} \quad (7-50)$$

式中 i——柱列序号；

G_i——第i柱列集中到柱顶标高处的等效重力荷载代表值；

K_i——第i柱列的侧移刚度，可按式（7-24）计算；

ψ_T——厂房的自振周期修正系数，按表7-5采用。

表7-5 钢筋混凝土屋盖厂房的纵向自振周期修正系数ψ_T

屋盖 纵向围护墙	无檩屋盖		有檩屋盖	
	边跨无天窗	边跨有天窗	边跨无天窗	边跨有天窗
砖墙	1.3	1.35	1.4	1.45
无墙、石棉瓦、挂板	1.1	1.1	1.2	1.2

G_i的表达式为

$$G_i = 1.0G_{屋盖} + 0.25(G_{柱} + G_{山墙}) + 0.35G_{纵墙} + 0.5(G_{吊车梁} + G_{吊车桥}) \quad (7-51)$$

（2）按《抗震规范》方法确定。《抗震规范》规定，在计算单跨或等高多跨的钢筋混凝土柱厂房纵向地震作用时，在柱顶标高不大于15 m且平均跨度不大于30 m时，纵向基本周期T_1可按下列公式确定。

① 砖围护墙厂房，可按下式计算：

$$T_1 = 0.23 + 0.00025\psi_1 l\sqrt{H^3} \quad (7-52)$$

式中 ψ_1——屋盖类型系数，对大型屋面板钢筋混凝土屋架可取1.0，对钢屋架可取0.85；

l——厂房跨度（m），多跨厂房可取各跨的平均值；

H——基础顶面到柱顶的高度（m）。

② 敞开、半敞开或墙板与柱子柔性连接的厂房，可按式（7-52）进行计算并乘以下列围护墙影响系数：

$$\psi_2 = 2.6 - 0.002l\sqrt{H^3} \quad (7-53)$$

式中 ψ_2——围护墙影响系数，当小于1.0时应采用1.0。

7.4.3.2 柱列地震作用的计算

自振周期算出后，即可按底部剪力法求出总地震作用F_{Ek}：

第7章 单层钢筋混凝土柱厂房抗震设计

$$F_{Ek} = \alpha_1 G_{eq} \tag{7-54}$$

式中 G_{eq}——厂房单元柱列总等效重力荷载代表值。

然后把 F_{Ek} 按各柱列的刚度分配给各柱列。这时，为考虑屋盖变形的影响，需将侧移大的中柱列的刚度乘以大于 1 的调整系数，将侧移较小的边柱列的刚度乘以小于 1 的调整系数。

这些调整系数是根据对多种屋盖、跨度、跨数、有无砖墙等大量工况的对比计算结果确定的；并且在大致保持原结构总刚度不变的前提下，对中柱列偏于安全地加大了刚度调整系数，对边柱列则考虑到砖围护墙的潜力较大，适当减小了刚度调整系数。因此，对等高多跨钢筋混凝土屋盖的厂房，各纵向柱列的柱顶标高处的地震作用标准值为

$$F_i = F_{Ek} \frac{K_{ai}}{\sum K_{ai}} \tag{7-55}$$

$$K_{ai} = \psi_3 \psi_4 K_i \tag{7-56}$$

式中 F_i——第 i 柱列柱顶标高处的纵向地震作用标准值；

K_i——第 i 柱列柱顶的总侧移刚度，应包括 i 柱列内柱子和上、下柱间支撑的侧移刚度及纵墙的折减侧移刚度的总和，贴砌的砖围护墙侧移刚度的折减系数，可根据柱列侧移值的大小，采用 0.2~0.6；

K_{ai}——第 i 柱列柱顶的调整侧移刚度；

ψ_3——柱列侧移刚度的围护墙影响系数，可按表 7-6 采用，有纵向砖围护墙的四跨或五跨厂房，由边柱列数起的第三柱列，可按表内相应数值的 1.15 倍采用；

ψ_4——柱列侧移刚度的柱间支撑影响系数，纵向为砖围护墙时，边柱列可采用 1.0，中柱列可按表 7-7 采用。

表 7-6 柱列侧移刚度的围护墙影响系数 ψ_3

围护墙类别和设防烈度		柱列和屋盖类别				
			中列柱			
240 砖墙	370 砖墙	边列柱	无檩屋盖		有檩屋盖	
			边跨无天窗	边跨有天窗	边跨无天窗	边跨有天窗
—	7 度	0.85	1.7	1.8	1.8	1.9
7 度	8 度	0.85	1.5	1.6	1.6	1.7
8 度	9 度	0.85	1.3	1.4	1.4	1.5
9 度	—	0.85	1.2	1.3	1.3	1.4
无墙、石棉瓦或板		0.90	1.1	1.1	1.1	1.2

表 7-7 纵向采用砖围护墙的中柱列柱间支撑影响系数 ψ_4

厂房单元内设置下柱支撑的柱间数	中柱列下柱支撑斜杆的长细比					中柱列无支撑
	≤40	41~80	81~120	121~150	>150	
一柱间	0.9	0.95	1.0	1.1	1.25	1.4
二柱间	—	—	0.9	0.95	1.0	—

厂房单元柱列总等效重力荷载代表值 G_{eq}，应包括屋盖的重力荷载代表值、70%纵墙自重、50%横墙与山墙自重及折算的柱自重（有吊车时采用10%柱自重，无吊车时采用50%柱自重）。用公式表示时，即

对无吊车厂房

$$G_{eq} = 1.0 G_{屋盖} + 0.5 G_{柱} + 0.7 G_{纵墙} + 0.5 (G_{山墙} + G_{横墙}) \tag{7-57}$$

对有吊车厂房

$$G_{eq} = 1.0 G_{屋盖} + 0.1 G_{柱} + 0.7 G_{纵墙} + 0.5 (G_{山墙} + G_{横墙}) \tag{7-58}$$

有吊车的等高多跨钢筋混凝土屋盖厂房，根据地震作用沿厂房高度呈倒三角分布的假定，柱列各吊车梁顶标高处的纵向地震作用标准值，可按下式确定：

$$F_{ci} = \alpha_1 G_{ci} \frac{H_{ci}}{H_i} \tag{7-59}$$

式中 F_{ci}——第 i 柱列吊车梁顶标高处的纵向地震作用标准值；

H_{ci}——第 i 柱列柱顶高度；

H_i——第 i 柱列吊车梁顶高度；

G_{ci}——集中于第 i 柱列吊车梁顶标高处的等效重力荷载代表值，其计算式为

$$G_{ci} = 0.4 G_{柱} + (G_{吊车梁} + G_{吊车桥}) \tag{7-60}$$

7.4.3.3 构件地震作用的计算

柱列的地震作用算出后，就可将此地震作用按刚度比例分配给柱列中的各个构件。

（1）作用在柱列柱顶高度处水平地震作用的分配。按式（7-55）算出的第 i 柱列柱顶高度处的水平地震作用 F_i，可按刚度分配给该柱列中的各柱、支撑和砖墙。前面已算出柱列 i 的总刚度为 K_i，则可得如下公式。

在第 i 柱列中，刚度为 K_{cij} 的柱 j 所受的地震作用 F_{cij} 为

$$F_{cij} = \frac{K_{cij}}{K_i} F_i \tag{7-61}$$

刚度为 K_{bij} 的第 j 柱间支撑所受的地震作用 F_{bij} 为

$$F_{bij} = \frac{K_{bij}}{K_i} F_i \tag{7-62}$$

刚度为 K_{wij} 的第 j 纵墙所受的地震作用 F_{wij} 为

$$F_{wij} = \frac{\psi_k K_{wij}}{K_i} F_i \tag{7-63}$$

式中 ψ_k——贴砌砖墙的刚度降低系数。

（2）柱列吊车梁顶标高处的纵向水平地震作用的分配。第 i 柱列作用于吊车梁顶标高处的纵向水平地震作用 F_{ci}，因偏离砖墙较远，故不计砖墙的贡献，并认为主要由柱间支撑承担。为简化计算，对中小型厂房，可近似取相应的柱刚度之和等于0.1倍柱间支撑刚度之和，由此可得如下公式。

对于第 i 柱列，一根柱子所分担的吊车梁顶标高处的纵向水平地震作用 F_{cil} 为（n 为柱子的根数，并且认为各柱所得的值相同）

$$F_{cil} = \frac{1}{11n} F_{ci} \tag{7-64}$$

刚度为 K_{bj} 的一片柱间支撑所分担的吊车梁顶标高处的纵向水平地震作用 F_{bil} 为

$$F_{bil} = \frac{K_{bj}}{1.1\sum K_{bj}F_{ci}} \tag{7-65}$$

式中 $\sum K_{bj}$ ——第 i 柱列所有柱间支撑的刚度之和。

7.4.4 柱列法

对纵墙对称布置的单跨厂房和采用轻型屋盖的多跨厂房，可用柱列法计算。此法以跨度中线划界，取各柱列独立进行分析，使计算得到简化。

第 i 柱列沿厂房纵向的基本自振周期为

$$T_{i1} = 2\psi_T\sqrt{\frac{G_i}{K_i}} \tag{7-66}$$

式中 ψ_T ——考虑厂房空间作用的周期修正系数，对单跨厂房，取 $\psi_T = 1.0$，对多跨厂房按表7-8采用；

G_i、K_i ——定义与前述相同，即 G_i 可按式（7-51）计算，K_i 可按式（7-24）计算。

表 7-8 柱列法自振周期修正系数 ψ_T

	天窗或支撑		边柱列	中柱列
石棉瓦、挂板或无墙	有支撑	边跨无天窗	1.3	0.9
		边跨有天窗	1.4	0.9
	无柱间支撑		1.15	0.85
砖墙	有支撑	边跨无天窗	1.6	0.9
		边跨有天窗	1.65	0.9
	无柱间支撑		2	0.85

作用于第 i 柱列柱顶的纵向水平地震作用标准值 F_i，可按底部剪力法计算：

$$F_i = \alpha_1 \bar{G}_i \tag{7-67}$$

式中 α_1 ——相应于 T_{i1} 的地震影响系数；

$\bar{G}_i$ ——按内力等效原则而集中于第 i 柱列柱顶的重力荷载代表值，其计算式为

$$\bar{G}_i = 1.0G_{屋盖} + 0.5(G_{柱} + G_{山墙}) + 0.7G_{纵墙} + 0.75(G_{吊车梁} + G_{吊车桥}) \tag{7-68}$$

F_i 算出后，即可按该柱列各抗侧力构件的刚度比例，把 F_i 分配到各构件，相应的计算方法参见前面修正刚度法的相应内容。

7.4.5 柱间支撑的抗震验算及设计

柱间支撑的截面验算是单层厂房纵向抗震计算的主要目的。《抗震规范》规定，斜杆长细比不大于200的柱间支撑在单位侧向力作用下的水平位移，可按下式确定：

$$\mu = \sum \frac{1}{1+\varphi_i}\mu_{ti} \tag{7-69}$$

式中 μ ——单位侧向力作用下的侧向位移；

φ_i ——第 i 节间斜杆的轴心受压稳定系数 [按《钢结构设计标准》（GB 50017—2017）采用]；

μ_{ti} ——在单位侧向力作用下第 i 节间仅考虑拉杆受力的相对位移。

对于长细比小于200的斜杆截面，可仅按抗拉要求验算，但应考虑压杆的卸载影响。验算公式为

$$N_{bi} \leqslant A_i f / \gamma_{RE} \qquad (7\text{-}70)$$

$$N_{bi} = \frac{l_i}{(1+\varphi_i \psi_c) L} V_{bi} \qquad (7\text{-}71)$$

式中 N_{bi}——第 i 节间支撑斜杆抗拉验算时的轴向拉力设计值；

l_i——第 i 节间斜杆的全长；

ψ_c——压杆卸载系数（压杆长细比为60、100和200时，可分别采用0.7、0.6和0.5）；

V_{bi}——第 i 节间支撑承受的地震剪力设计值；

L——支撑所在柱间的净距。

其余参数含义同前。

无贴砌墙的纵向柱列、上柱支撑与同列下柱支撑宜等强设计。

柱间支撑端节点预埋板的锚件宜采用角钢加端板（见图7-21）。此时，其截面抗震承载力宜按下列公式验算：

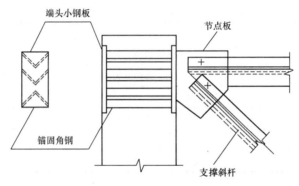

图 7-21 支撑与柱的连接

$$N \leqslant \frac{0.7}{\gamma_{RE} \left(\dfrac{\sin\theta}{V_{u0}} + \dfrac{\cos\theta}{\psi N_{u0}} \right)} \qquad (7\text{-}72)$$

$$V_{u0} = 3n\zeta_r \sqrt{W_{min} b f_a f_c} \qquad (7\text{-}73)$$

$$N_{u0} = 0.8 n f_a A_s \qquad (7\text{-}74)$$

式中 N——预埋板的斜向拉力，可采用按全截面屈服强度计算的支撑斜杆轴向力的1.05倍；

γ_{RE}——承载力抗震调整系数，可采用1.0；

θ——斜向拉力与其水平投影的夹角；

n——角钢根数；

b——角钢肢宽；

W_{min}——与剪力方向垂直的角钢最小截面模量；

A_s——一根角钢的截面面积；

f_a——角钢抗拉强度设计值；

f_c——混凝土轴心抗压强度设计值；

ζ_r——验算方向锚筋排数的影响参数，2、3和4排可分别采用1.0、0.9和0.85；

V_{u0}——名义剪力；

N_{u0}——名义轴力。

柱间支撑端节点预埋板的锚件也可采用锚筋。此时,其截面抗震承载力宜按下列公式验算:

$$N \leq \frac{0.8 f_y A_s}{\gamma_{RE} \left(\frac{\cos\theta}{0.8 \zeta_m \psi} + \frac{\sin\theta}{\zeta_r \zeta_v} \right)} \tag{7-75}$$

$$\psi = \frac{1}{1 + \frac{0.6 e_0}{\zeta_r s}} \tag{7-76}$$

$$\zeta_m = 0.6 + 0.25 \frac{t}{d} \tag{7-77}$$

$$\zeta_v = (4 - 0.08 d) \sqrt{\frac{f_c}{f_y}} \tag{7-78}$$

式中　A_s——锚筋总截面面积;
　　　f_y——锚筋抗拉强度设计值。
　　　e_0——斜向拉力对锚筋合力作用线的偏心距(mm),应小于外排锚筋之间距离的 20%;
　　　ψ——偏心影响系数;
　　　s——外排锚筋之间的距离(mm);
　　　ζ_m——预埋板弯曲变形影响系数;
　　　t——预埋板厚度(mm);
　　　d——锚筋直径(mm);
　　　ζ_r——验算方向锚筋排数的影响系数,2、3 和 4 排可分别采用 1.0、0.9 和 0.85;
　　　ζ_v——锚筋的受剪影响系数,大于 0.7 时应采用 0.7。
其余参数含义同前。

7.4.6　突出屋面天窗架的纵向抗震计算

突出屋面的天窗架的纵向抗震计算,一般情况下可采用空间结构分析法,并考虑屋盖平面弹性变形和纵墙的有效刚度。

对柱高不超过 15 m 的单跨和等高多跨钢筋混凝土无檩屋盖厂房的突出屋面的天窗架,可采用底部剪力法计算其地震作用,但此地震作用效应应乘以效应增大系数。效应增大系数 η 的取值如下:

(1) 对单跨、边跨屋盖或有纵向内隔墙的中跨屋盖,取

$$\eta = 1 + 0.5 n \tag{7-79}$$

式中　n——厂房跨数,超过四跨时取四跨。

(2) 对其他中跨屋盖,取

$$\eta = 0.5 n \tag{7-80}$$

7.4.7　厂房设计实例

三跨不等高钢筋混凝土厂房位于 8 度设防区,场地土 II 类,其尺寸如图 7-22 所示。低跨柱上柱的高度为 $H_1 = 3$ m,低跨柱的全高为 $H_2 = 8.5$ m;高跨柱上柱的高度为 $H_3 = 3.7$ m,高跨柱的全高为 $H_4 = 12.5$ m,$\Delta H = H_4 - H_2 = 4$ m。图中各惯性矩的值为 $I_1 = 2.13 \times 10^9$ mm^4,$I_2 = 5.73 \times 10^9$ mm^4,$I_3 = 4.16 \times 10^9$ mm^4,$I_4 = 15.8 \times 10^9$ mm^4。混凝土弹性模量 $E = 2.55 \times 10^4$ N/mm^2。柱距

为 6 m，两端有山墙（墙厚 240 mm），山墙间距为 60 m，屋盖为钢筋混凝土无檩屋盖。高跨各跨均设有一台 15 t 吊车，中级工作制。每台吊车总重为 350 kN，吊车轮距为 4.4 m。低跨设有一台 5 t 吊车，该吊车总重为 127.1 kN，吊车轮距为 3.5 m。

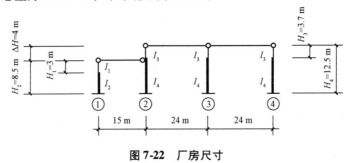

图 7-22 厂房尺寸

各项荷载如下：

屋盖自重：低跨 2.5 kN/m²；高跨 3.0 kN/m²

雪荷载：0.3 kN/m²

积灰荷载：0.3 kN/m²

①轴纵墙：每 6 m 柱距 101.1 kN；　　①轴柱：23.4 kN/根

②轴封墙：每 6 m 柱距 46.6 kN；　　②轴上柱：11.5 kN/根

④轴纵墙：每 6 m 柱距 147.7 kN；　　②轴下柱：37.4 kN/根

③~④轴柱：48.9 kN/根

吊车梁：高跨（梁高 1 m）：53.3 kN/根

　　　　低跨（梁高 0.8 m）：38.6 kN/根

厂房位于一区，设防烈度为 8 度，场地类别为 Ⅱ 类。试按底部剪力法求横向地震内力。

7.4.7.1 柱顶质点处重力荷载

（1）计算周期时：

G_1 = 0.25（柱①+柱②下柱）+0.25 纵墙①+0.5 低跨吊车梁+1.0 柱②高跨一侧吊车梁+1.0（低跨屋盖+0.5 雪+0.5 积灰）+0.5（柱②上柱+封墙）

= 0.25×（23.4+37.4）+0.25×101.1+0.5×38.6×2+1.0×53.3+1.0×（2.5+0.5×0.3 +0.5×0.3）×6×15+0.5×（11.5+46.6）= 413.43（kN）

G_2 = 0.25（柱③+柱④）+0.25 纵墙④+0.5 柱③④吊车梁+1.0（高跨屋盖+0.5 雪+0.5 积灰）+0.5（柱②上柱+封墙）

= 0.25×（48.9+48.9）+0.25×147.7+0.5×（53.3+53.3+53.3）+1.0×（3.0+ 0.5×0.3+0.5×0.3）×6×48+0.5×（11.5+46.6）

= 1 120.78（kN）

（2）计算地震作用时：

$\bar{G}_1$ = 0.5×（23.4+37.4）+0.5×101.1+0.75×38.6×2+1.0×53.3+1.0×（2.5+0.5× 0.3+0.5×0.3）×6×15+0.5×（11.5+46.6）=473.2（kN）

$\bar{G}_2$ = 0.5×（48.9+48.9）+0.5×147.7+0.75×（53.3+53.3+53.3）+1.0×（3.0+0.5× 0.3+0.5×0.3）×6×48+0.5×（11.5+46.6）

= 1 222.13（kN）

7.4.7.2 排架侧移柔度系数

如图 7-23 所示，为求柔度矩阵，把单位水平力分别作用在低跨柱顶（坐标编号为 1）和高跨柱顶（坐标编号为 2）处。柱③和柱④此时可合并为一个柱。把低跨横杆在坐标 1 和坐标 2 处作用单位水平力时的内力分别记为 X_{11} 和 X_{12}，把高跨横杆在坐标 1 和坐标 2 处作用单位水平力时的内力分别记为 X_{21} 和 X_{22}。

对图 7-23（a）、（b）可列出方程组：

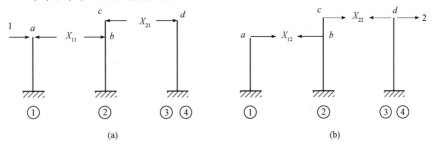

图 7-23 排架单位水平力分解
（a）坐标 1 处作用单位水平力；（b）坐标 2 处作用单位水平力

$$\begin{cases} \delta_a(1-X_{11}) = \delta_b X_{11} - \delta_{bc} X_{21} \\ \delta_{cb} X_{11} - \delta_c X_{21} = \delta_d X_{21} \end{cases}$$

$$\begin{cases} \delta_a X_{12} = -\delta_b X_{12} + \delta_{bc} X_{22} \\ -\delta_{cb} X_{12} + \delta_c X_{22} = \delta_d(1-X_{22}) \end{cases}$$

其中，δ_a 为在 a 点作用单位水平力时相应的位移，δ_{bc} 为在 c 点作用单位水平力时 b 点的水平位移，余类推。

此处这些单柱的柔度均取正值，其值可如下算出：

$$\delta_a = \frac{H_1^3}{3EI_1} + \frac{H_2^3 - H_1^3}{3EI_2} = \frac{3\,000^3}{3 \times 2.55 \times 10^4 \times 2.13 \times 10^9} + \frac{8\,500^3 - 3\,000^3}{3 \times 2.55 \times 10^4 \times 5.73 \times 10^9}$$
$$= 0.001\,505\ (\text{m/kN})$$

$$\delta_b = \frac{H_2^3}{3EI_4} = \frac{8\,500^3}{3 \times 2.55 \times 10^4 \times 15.8 \times 10^9} = 0.000\,508\,1\ (\text{m/kN})$$

$$\delta_{cb} = \delta_{bc} = \frac{H_2^3}{3EI_4} + \frac{H_2^2 \cdot \Delta H}{2EI_4} = \frac{1}{2.55 \times 10^4 \times 15.8 \times 10^9} \times \left(\frac{8\,500^3}{3} + \frac{8\,500^2 \times 4\,000}{2} \right)$$
$$= 0.000\,866\,7\ (\text{m/kN})$$

$$\delta_c = \frac{H_3^3}{3EI_3} + \frac{H_4^3 - H_3^3}{3EI_4} = \frac{3\,700^3}{3 \times 2.55 \times 10^4 \times 4.16 \times 10^9} + \frac{12\,500^3 - 3\,700^3}{3 \times 2.55 \times 10^4 \times 15.8 \times 10^9}$$
$$= 0.001\,733\ (\text{m/kN})$$

$$\delta_d = \frac{1}{2} \left(\frac{H_3^3}{3EI_3} + \frac{H_4^3 - H_3^3}{3EI_4} \right) = \frac{1}{2} \delta_c = 0.000\,866\,6\ \text{m/kN}$$

把上面求出的单柱的柔度系数代入方程组：

$$\begin{cases} \delta_a(1-X_{11}) = \delta_b X_{11} - \delta_{bc} X_{21} \\ \delta_{cb} X_{11} - \delta_c X_{21} = \delta_d X_{21} \end{cases} \quad \begin{cases} \delta_a X_{12} = -\delta_b X_{12} + \delta_{bc} X_{22} \\ -\delta_{cb} X_{12} + \delta_c X_{22} = \delta_d(1-X_{22}) \end{cases}$$

可解得

$$X_{11} = \frac{\delta_a}{\delta_a + \delta_b - \delta_{bc}\delta_{cb}/(\delta_c + \delta_d)} = 0.8729 \quad X_{21} = \frac{\delta_{cb}}{\delta_c + \delta_d}X_{11} = 0.2910$$

$$X_{22} = \frac{\delta_d}{\delta_c + \delta_d - \delta_{bc}\delta_{cb}/(\delta_a + \delta_b)} = 0.3892 \quad X_{12} = \frac{\delta_{bc}}{\delta_a + \delta_b}X_{22} = 0.1676$$

可得出排架对应于坐标 1 和坐标 2 的柔度系数为

$$\delta_{11} = \delta_a(1 - X_{11}) = 0.001505 \times (1 - 0.8729) = 0.0001913 \text{ (m/kN)}$$
$$\delta_{21} = \delta_d X_{21} = 0.0008666 \times 0.2910 = 0.0002522 \text{ (m/kN)}$$
$$\delta_{12} = \delta_a X_{12} = 0.001505 \times 0.1676 = 0.0002522 \text{ (m/kN)}$$
$$\delta_{22} = \delta_d(1 - X_{22}) = 0.0008666 \times (1 - 0.3892) = 0.0005293 \text{ (m/kN)}$$

7.4.7.3 按底部剪力法计算排架地震内力

（1）基本周期（周期折减系数 $\psi_y = 0.8$）。

由于 $T_1 = 2\pi\sqrt{\dfrac{\sum_{i=1}^{n} m_i u_i^2}{\sum_{i=1}^{n} G_i u_i}}$ 并考虑周期折减系数，可得基本周期 T_1 的计算式为

$$T_1 = 2\pi\varphi_\gamma \sqrt{\frac{\sum_{i=1}^{2} G_i u_i^2}{g\sum_{i=1}^{2} G_i u_i}}$$

可算出：

$$u_1 = \delta_{11}G_1 + \delta_{12}G_2 = 0.0001913 \times 413.43 + 0.0002522 \times 1120.78 = 0.3617 \text{ (m)}$$
$$u_2 = \delta_{21}G_1 + \delta_{22}G_2 = 0.0002522 \times 413.43 + 0.0005293 \times 1120.78 = 0.6975 \text{ (m)}$$

从而

$$T_1 = 2\pi \times 0.8 \times \sqrt{\frac{413.43 \times 0.3617^2 + 1120.78 \times 0.6975^2}{9.81 \times (413.43 \times 0.3617 + 1120.78 \times 0.6975)}} = 1.2875 \text{ (s)}$$

（2）一般重力荷载引起的水平地震作用和内力。

①底部总地震剪力。

Ⅱ类场地，可查得场地的特征周期为 $T_g = 0.35$ s。
$T/T_g = 1.2875/0.35 = 3.6786$。设防烈度为 8 度，可查得水平地震影响系数的最大值为 $\alpha_{max} = 0.16$。
从而可得：

$$\alpha_1 = \left(\frac{T_g}{T_1}\right)^{0.9} \alpha_{max} = \left(\frac{0.35}{1.2875}\right)^{0.9} \times 0.16 = 0.04955$$

底部总地震剪力 F_{Ek} 为

$$F_{Ek} = 0.85\alpha_1 \sum \bar{G}_i = 0.85 \times 0.04955 \times (473.2 + 1222.13) = 71.403 \text{ (kN)}$$

各质点处的地震作用：

$$\sum \bar{G}_i H_i = 473.2 \times 8.5 + 1222.13 \times 12.5 = 19298.83 \text{ (kN·m)}$$

$$F_1 = \frac{\bar{G}_1 H_1}{\sum \bar{G}_i H_i} F_{Ek} = \frac{4022.2}{19298.83} \times 71.403 = 14.882 \text{ (kN)}$$

$$F_2 = \frac{\bar{G}_2 H_2}{\sum \bar{G}_i H_i} F_{Ek} = \frac{15\ 276.63}{19\ 298.83} \times 71.403 = 56.521 \text{ (kN)}$$

②横杆内力(以拉为正)。

低跨横杆的内力 X_1 为

$$X_1 = -X_{11} F_1 + X_{12} F_2 = -0.872\ 9 \times 14.882 + 0.167\ 6 \times 56.521 = -3.517\ 6 \text{ (kN)}$$

高跨横杆的内力 X_2 为

$$X_2 = -X_{21} F_1 + X_{22} F_2 = -0.291\ 0 \times 14.882 + 0.389\ 2 \times 56.521 = 17.667\ 3 \text{ (kN)}$$

③排架柱内力。本例厂房符合空间作用的条件,故按底部剪力法计算的平面排架地震内力应乘以相应的调整系数。除高低跨交接处上柱以外的钢筋混凝土柱,其截面地震内力调整系数为 $\eta' = 0.9$。高低跨交接处上柱的内力调整系数 η 为

$$\eta = 0.88 \times \left(1 + 1.7 \times \frac{2}{3} \times \frac{473.2}{1\ 222.13}\right) = 1.266\ 2$$

④排架柱内力(见表7-9)。

表 7-9 各柱控制截面的内力

编号	内力	上柱底	下柱底
柱①	剪力	$V'_1 = (F_1 + X_1) \eta' = 10.228 \text{ kN}$	$V_1 = 10.228 \text{ kN}$
柱①	弯矩	$M'_1 = 10.228 \times 3 = 30.684 \text{ (kN·m)}$	$M_1 = 10.228 \times 8.5 = 86.938 \text{ (kN·m)}$
柱②	剪力	$V'_2 = X_2 \eta = 22.370\ 3 \text{ kN}$	$V_2 = (X_2 - X_1) \eta' = 19.066\ 4 \text{ kN}$
柱②	弯矩	$M'_2 = 22.370\ 3 \times 3.7 = 82.770\ 1 \text{ (kN·m)}$	$M_2 = (17.667\ 3 \times 12.5 + 3.517\ 6 \times 8.5) \times 0.9$ $= 225.666\ 8 \text{ (kN·m)}$
柱③、柱④	剪力	$V'_{3,4} = 0.5 (F_2 - X_2) \eta' = 17.484\ 2 \text{ kN}$	$V_{3,4} = 17.484\ 2 \text{ kN}$
柱③、柱④	弯矩	$M'_{3,4} = 17.484\ 2 \times 3.7 = 64.691\ 5 \text{ (kN·m)}$	$M_{3,4} = 17.484\ 2 \times 12.5 = 218.552\ 5 \text{ (kN·m)}$

柱弯矩如图7-24所示。

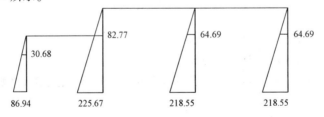

图 7-24 柱弯矩图

(3)吊车桥自重引起的水平地震作用与内力。

①一台吊车对一根柱产生的最大重力荷载。

低跨:

$$G_{c1} = \frac{127.1}{4} \times \left(1 + \frac{6 - 3.5}{6}\right) = 45.015 \text{ (kN)}$$

高跨:

$$G_{c2} = \frac{350}{4} \times \left(1 + \frac{6 - 4.4}{6}\right) = 110.833 \text{ (kN)}$$

② 一台吊车对一根柱产生的水平地震作用。

低跨：
$$F_{c1} = \alpha_1 G_{c1} \frac{h_2}{H_2} = 0.049\,55 \times 45.015 \times \frac{8.5-3+0.8}{8.5} = 1.653\,2 \text{ (kN)}$$

高跨：
$$F_{c2} = \alpha_1 G_{c2} \frac{h_4}{H_4} = 0.049\,55 \times 110.833 \times \frac{12.5-3.7+1.0}{12.5} = 4.305\,6 \text{ (kN)}$$

③ 吊车水平地震作用产生的地震内力。吊车水平地震作用是局部荷载，故可近似地假定屋盖为柱的不动铰支座，并且算出的上柱截面内力还应乘以相应的增大系数。

柱①的计算简图如图 7-25 所示。

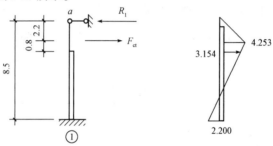

图 7-25　柱①的计算简图

图 7-25 中支座反力 $R_1 = C_5 F_{c1}$。

计算 C_5：

柱①的有关参数为
$$n = I_{上柱}/I_{下柱} = I_1/I_2 = 2.13/5.73 = 0.371\,7;\quad \lambda = H_1/H_2 = 3/8.5 = 0.352\,9$$

水平地震作用力至柱顶的距离记为 y，则
$$\frac{y}{H_1} = \frac{3-0.8}{3} = 0.733\,3$$

由排架计算手册可算出相应的 $C_5 = 0.584\,6$。

从而可得 $R_1 = 0.584\,6 \times 1.653\,2 = 0.966\,5$ (kN)。

由表可查得，对柱①，相应的效应增大系数为 $\eta_c = 2.0$。乘以此增大系数后，柱①由吊车桥引起的各控制截面的弯矩如下：

集中水平力作用处弯矩为
$$M'_{1F} = -R_1 y \eta_c = -0.966\,5 \times 2.2 \times 2 = -4.252\,6 \text{ (kN·m)}$$

上柱底部的弯矩为
$$M'_{1c} = [-R_1 H_1 + F_{c1}(H_1 - y)]\eta_c = [-0.966\,5 \times 3 + 1.653\,2 \times (3-2.2)] \times 2$$
$$= -3.153\,9 \text{ (kN·m)}$$

柱底部的弯矩为
$$M_{1c} = -R_1 H_2 + F_{c1}(H_2 - y) = -0.966\,5 \times 8.5 + 1.653\,2 \times (8.5-2.2) = 2.199\,9 \text{ (kN·m)}$$

柱②的计算简图如图 7-26 所示。这是一个连续梁模型。取上杆截面的惯性矩为 I_3，下杆截面的惯性矩为 I_4，则可解得其弯矩如图 7-26（b）所示。对柱②，相应的效应增大系数为 $\eta_c = 2.5$，上柱截面乘以此增大系数后的弯矩图如图 7-26（c）所示。

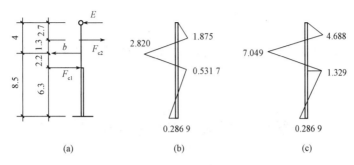

图 7-26 柱②的计算简图
(a) 受力图;(b) 弯矩图;(c) 乘增大系数后的弯矩图

柱③的计算方法与柱①相同。
此柱有两台吊车施加水平地震作用,上端铰支座的反力为
$$R_3 = 2C_5 F_{c2}$$
柱③的有关参数为
$$n = I_{上柱}/I_{下柱} = I_3/I_4 = 4.16/15.8 = 0.263;\ \lambda = H_3/H_4 = 3.7/12.5 = 0.296$$
水平地震作用力至柱顶的距离记为 y,则
$$\frac{y}{H_3} = \frac{3.7-1}{3.7} = 0.729\ 7$$
由排架计算手册,可算出相应的 $C_5 = 0.641\ 9$。
从而可得 $R_3 = 2 \times 0.641\ 9 \times 4.305\ 6 = 5.527\ 5\ (kN)$。
对柱③,相应的效应增大系数为 $\eta_c = 3.0$。乘以此增大系数后,柱③由吊车桥引起的各控制截面的弯矩如下:
集中水平力作用处弯矩为
$$M'_{3F} = -R_3 y \eta_c = -5.527\ 5 \times 2.7 \times 3 = -44.772\ 8\ (kN \cdot m)$$
上柱底部的弯矩为
$$M'_{3c} = [-R_3 H_3 + 2F_{c2}(H_3 - y)]\eta_c$$
$$= [-5.527\ 5 \times 3.7 + 2 \times 4.305\ 6 \times (3.7-2.7)] \times 3 = -35.521\ 7\ (kN \cdot m)$$
柱底部的弯矩为
$$M_{3c} = -R_3 H_4 + 2F_{c2}(H_4 - y) = -5.527\ 5 \times 12.5 + 2 \times 4.305\ 6 \times (12.5-2.7)$$
$$= 15.296\ (kN \cdot m)$$
柱④只有一台吊车作用其上,柱顶不动铰反力系数同柱③,且柱④是边柱,故增大系数为 $\eta_c = 2.0$。
可得柱顶不动铰反力
$$R_4 = C_5 F_{c2} = 0.641\ 9 \times 4.305\ 6 = 2.763\ 8\ (kN)$$
集中水平力作用处弯矩为
$$M'_{4F} = -R_4 y \eta_c = -2.763\ 8 \times 2.7 \times 2 = -14.924\ 5\ (kN \cdot m)$$
上柱底部的弯矩为
$$M'_{4c} = [-R_4 H_3 + F_{c2}(H_3 - y)]\eta_c = [-2.763\ 8 \times 3.7 + 4.305\ 6 \times (3.7-2.7)] \times 2$$
$$= -11.840\ 9\ (kN \cdot m)$$
柱底部的弯矩为

$$M_{4c} = -R_4 H_4 + F_{c2}(H_4 - y) = -2.7638 \times 12.5 + 4.3056 \times (12.5 - 2.7)$$
$$= 7.6474 \text{ (kN·m)}$$

在地震作用下的全部内力已求出。按规定的方式进行内力组合后即可进行截面设计。

7.5 单层钢筋混凝土柱厂房的抗震构造措施

7.5.1 屋盖构件的连接及支撑布置

(1) 有檩屋盖构件的连接及支撑布置，应符合下列要求：
①檩条应与混凝土屋架（屋面梁）焊牢，并应有足够的支承长度。
②双脊檩应在跨度1/3处相互拉结。
③压型钢板应与檩条可靠连接，瓦楞铁、石棉瓦等应与檩条拉结。
④支撑布置宜符合表7-10的要求。

表7-10 有檩屋盖的支撑布置

支撑名称		设防烈度		
		6、7度	8度	9度
屋架支撑	上弦横向支撑	厂房单元端天窗开间各设一道	厂房单元端开间及厂房单元长度大于66 m的柱间支撑开间各设一道；天窗开洞范围的两端各增设局部的上弦横向支撑一道	厂房单元端开间及厂房单元长度大于42 m的柱间支撑开间各设一道；天窗开洞范围的两端各增设局部的上弦横向支撑一道
	下弦横向支撑	同非抗震设计		
	跨中竖向支撑			
	端部横向支撑	屋架端部高度大于900 mm时，厂房单元端开间及柱间支撑开间各设一道		
天窗架支撑	上弦横向支撑	厂房单元天窗端开间各设一道	厂房单元天窗端开间及每隔30 m各设一道	厂房单元天窗端开间及每隔18 m各设一道
	两侧横向支撑	厂房单元天窗端开间及每隔36 m各设一道		

(2) 无檩屋盖构件的连接及支撑布置，应符合下列要求：
①大型屋面板应与混凝土屋架（屋面梁）焊牢，靠柱列的屋面板与屋架（屋面梁）的连接焊缝长度不宜小于80 mm。
②设防烈度为6度和7度时有天窗厂房单元的端开间，或8度和9度时各开间，宜将垂直屋架方向两侧相邻的大型屋面板的顶面彼此焊牢。
③设防烈度为8度和9度时，大型屋面板端头底面的预埋件宜采用带槽口的角钢并与主筋焊牢（见图7-27）。
④非标准屋面板宜采用装配整体式接头，或将板四角切掉后与混凝土屋架（屋面梁）焊牢。
⑤屋架（屋面梁）端部顶面预埋件的锚筋，设防烈度为8度时不宜少于4φ10，9度时不宜少于4φ12。

第7章 单层钢筋混凝土柱厂房抗震设计

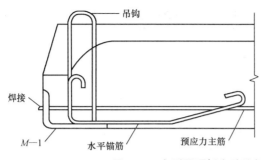

图 7-27 大型屋面板主肋端部构造

⑥支撑的布置宜符合表 7-11 的要求，有中间井式天窗时宜符合表 7-12 的要求；设防烈度为 8 度和 9 度跨度不大于 15 m 的厂房屋盖采用屋面梁时，可仅在厂房单元两端各设竖向支撑一道；单坡屋面梁的屋盖支撑布置，宜按屋架端部高度大于 900 mm 的屋盖支撑布置执行。

表 7-11 无檩屋盖的支撑布置

支撑名称			设防烈度		
			6、7 度	8 度	9 度
屋架支撑	上弦横向支撑		屋架跨度小于 18 m 时同非抗震设计，跨度不小于 18 m 时在厂房单元端开间各设一道	厂房单元端开间及柱间支撑开间各设一道；天窗开洞范围的两端各增设局部的支撑一道	
	上弦通长水平系杆		同非抗震设计	沿跨度不大于 15 m 时设一道，但装配整体式屋面可不设；围护墙在屋架上弦高度有现浇圈梁时，其端部处可不另设	沿跨度不大于 12 m 时设一道，但装配整体式屋面可不设；围护墙在屋架上弦高度有现浇圈梁时，其端部处可不另设
	下弦横向支撑			同非抗震设计	同上弦横向支撑
	跨中竖向支撑				
	两端竖向支撑	屋架端部高度 ≤900 mm		厂房单元端开间各设一道	厂房单元端开间及每隔 48 m 各设一道
		屋架端部高度 >900 mm	厂房单元端开间各设一道	厂房单元端开间及柱间支撑开间各设一道	厂房单元端开间、柱间支撑开间及每隔 30 m 各设一道
天窗架支撑	天窗两侧竖向支撑		厂房单元天窗端开间及每隔 30 m 各设一道	厂房单元天窗端开间及每隔 24 m 各设一道	厂房单元天窗端开间及每隔 18 m 各设一道
	上弦横向支撑		同非抗震设计	天窗跨度 ≥9 m 时，厂房单元天窗端开间及柱间支撑开间各设一道	厂房单元天窗端开间及柱间支撑开间各设一道

表 7-12 中间井式天窗无檩屋盖支撑布置

支撑名称		设防烈度		
		6、7 度	8 度	9 度
上弦横向支撑、下弦横向支撑		厂房单元端开间各设一道	厂房单元端开间及柱间支撑开间各设一道	
上弦通长水平系杆		天窗范围内屋架跨中上弦节点处设置		
下弦通长水平系杆		天窗两侧及天窗范围内屋架下弦节点处设置		
跨中竖向支撑		有上弦横向支撑开间设置，位置与下弦通长系杆相对应		
两端竖向支撑	屋架端部高度≤900 mm	同非抗震设计		有上弦横向支撑开间，且间距不大于 48 m
	屋架端部高度>900 mm	厂房单元端开间各设一道	有上弦横向支撑开间，且间距不大于 48 m	有上弦横向支撑开间，且间距不大于 30 m

（3）屋盖支撑还应符合下列要求。
①天窗开洞范围内，在屋架脊点处应设上弦通长水平压杆。
②屋架跨中竖向支撑在跨度方向的间距，设防烈度为 6~8 度时不大于 15 m，9 度时不大于 12 m；当仅在跨中设一道时，应设在跨中屋架屋脊处；当设两道时，应在跨度方向均匀布置。
③屋架上、下弦通长水平系杆与竖向支撑宜配合设置。
④柱距不小于 12 m 且屋架间距 6 m 的厂房，托架（梁）区段及其相邻开间应设下弦纵向水平支撑。
⑤屋盖支撑杆件宜用型钢。

突出屋面的钢筋混凝土天窗架，其两侧墙板与天窗立柱宜采用螺栓连接（见图 7-28）。采用焊接等刚性连接方式时，由于缺乏延性，会造成应力集中而加重震害。

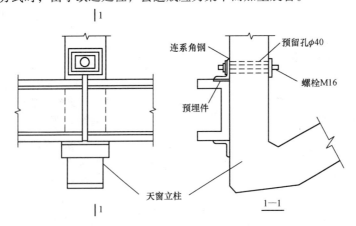

图 7-28 侧板与天窗立柱的螺栓柔性连接

7.5.2 构件截面及配筋

（1）钢筋混凝土屋架的截面和配筋，应符合下列要求：
①屋架上弦第一节间和梯形屋架端竖杆的配筋，设防烈度为 6 度和 7 度时不宜少于 4φ12，8

第7章 单层钢筋混凝土柱厂房抗震设计

度和9度时不宜少于4ϕ14。

②梯形屋架的端竖杆截面宽度宜与上弦宽度相同。

③拱形和折线形屋架上弦端部支撑屋面板的小立柱，截面不宜小于200 mm×200 mm，高度不宜大于500 mm，主筋宜采用Ⅱ形，设防烈度为6度和7度时不宜少于4ϕ12，8度和9度时不宜少于4ϕ14；箍筋可采用ϕ6，间距宜为100 mm。

（2）厂房柱子的箍筋，应符合下列要求：

①下列范围内柱的箍筋应加密。

a. 柱头，到柱顶以下500 mm并不小于柱截面长边尺寸。

b. 上柱，取阶形柱自牛腿面至吊车梁顶面以上300 mm高度范围内。

c. 牛腿（柱肩），取全高。

d. 柱根，取下柱底至室内地坪以上500 mm。

e. 柱间支撑与柱连接节点，到节点上、下各300 mm。

②加密区箍筋间距不应大于100 mm，箍筋肢距和最小直径应符合表7-13的规定。

表7-13 柱加密区箍筋最大肢距和最小箍筋直径

设防烈度和场地类别		6度和7度 Ⅰ、Ⅱ类场地	7度Ⅲ、Ⅳ类场地 和8度Ⅰ、Ⅱ类场地	8度Ⅲ、Ⅳ类 场地和9度
箍筋最大肢距/mm		300	250	200
箍筋最小直径	一般柱头和柱根	ϕ6	ϕ8	ϕ8（ϕ10）
	角柱柱头	ϕ8	ϕ10	ϕ10
	上柱、牛腿和 有支撑的柱根	ϕ8	ϕ8	ϕ10
	有支撑的柱头和 柱变位受约束的部位	ϕ8	ϕ10	ϕ12

注：括号内数值用于柱根。

（3）厂房柱侧向受约束且剪跨比不大于2的排架柱，柱顶预埋钢板和柱顶箍筋加密区的构造尚应符合下列要求：

①柱顶预埋钢板沿排架平面方向的长度，宜取柱顶的截面高度，且在任何情况下不得小于截面高度的1/2及300 mm。

②屋架的安装位置，宜减小在柱顶的偏心，其柱顶轴向力的偏心距不应大于截面高度的1/4。

③柱顶轴向力在排架平面内的偏心距在截面高度的1/6～1/4范围内时，柱顶箍筋加密区的箍筋体积配筋率：设防烈度为9度时不宜小于1.2%；8度时不宜小于1.0%；6、7度时不宜小于0.8%。

（4）大柱网厂房柱的截面和配筋构造，应符合下列要求：

①柱截面宜采用正方形或接近正方形的矩形，边长不宜小于柱全高的1/18。

②重屋盖厂房考虑地震组合的柱轴压比，设防烈度为6、7度时不宜大于0.8，8度时不宜大于0.7，9度时不宜大于0.6。

③纵向钢筋宜沿柱截面周边对称配置，间距不宜大于200 mm，角部宜配置直径较大的钢筋。

④柱头和柱根的箍筋应加密，并应符合下列要求：

a. 加密范围，柱根取基础顶面至室内地坪以上1 m，且不小于柱全高的1/6；柱头取柱顶以下 500 mm，且不小于柱截面长边尺寸。

b. 箍筋直径、间距和肢距，应符合上述关于厂房柱子的箍筋要求。

（5）山墙抗风柱的配筋，应符合下列要求：

①抗风柱柱顶以下 300 mm 和牛腿（柱肩）面以上 300 mm 范围内的箍筋，直径不宜小于 6 mm，间距不应大于 100 mm，肢距不宜大于 250 mm。

②抗风柱的变截面牛腿（柱肩）处，宜设置纵向受拉钢筋。

7.5.3 柱间支撑的设置及构造

（1）厂房柱间支撑的布置，应符合下列要求：

①一般情况下，应在厂房单元中部设置上、下柱间支撑，且下柱支撑应与上柱支撑配套设置。

②有起重机或设防烈度为 8 度和 9 度时，宜在厂房单元两端增设上柱支撑。

③厂房单元较长或设防烈度为 8 度Ⅲ、Ⅳ类场地和 9 度时，可在厂房单元中部 1/3 区段内设置两道柱间支撑。

（2）柱间支撑应采用型钢，支撑形式宜采用交叉式，其斜杆与水平面的交角不宜大于 55°。

（3）支撑杆件的长细比，不宜超过表 7-14 的规定。

表 7-14 交叉支撑斜杆的最大长细比

位置	设防烈度和场地类别			
	6 度和 7 度 Ⅰ、Ⅱ类场地	7 度Ⅲ、Ⅳ类场地和 8 度Ⅰ、Ⅱ类场地	8 度Ⅲ、Ⅳ类场地和 9 度Ⅰ、Ⅱ类场地	9 度Ⅲ、Ⅳ类场地
上柱支撑	250	250	200	150
下柱支撑	200	150	120	120

（4）下柱支撑的下节点位置和构造措施，应保证将地震作用直接传给基础（见图 7-29）；当设防烈度为 6 度和 7 度（0.1g）不能直接传给基础时，应计及支撑对柱和基础的不利影响采取构造措施。

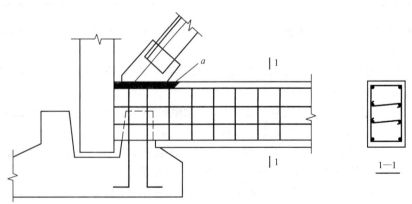

图 7-29 支撑下节点设在基础顶系梁上

（5）交叉支撑在交叉点应设置节点板，其厚度不应小于 10 mm，斜杆与交叉节点板应焊接，与端节点板宜焊接。

7.5.4 构件连接节点

（1）屋架（屋面梁）与柱顶的连接有焊接、螺栓连接和钢板铰连接三种形式。焊接［见图 7-30（a）］构造接近刚性，变形能力差。故设防烈度为 8 度时宜采用螺栓连接［见图 7-30（b）］，9 度时宜采用钢板铰连接［见图 7-30（c）］，也可采用螺栓连接；屋架（屋面梁）端部支撑垫板的厚度不宜小于 16 mm。

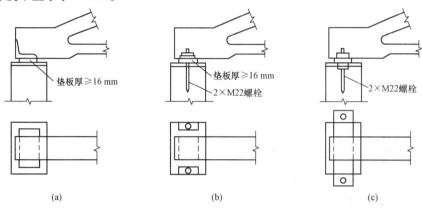

图 7-30　屋架与柱的连接构造
（a）焊接；（b）螺栓连接；（c）钢板铰连接

（2）柱顶预埋件的锚筋，设防烈度为 8 度时不宜少于 4ϕ14，9 度时不宜少于 4ϕ16，有柱间支撑的柱子，柱顶预埋件尚应增设抗剪钢板（见图 7-31）。

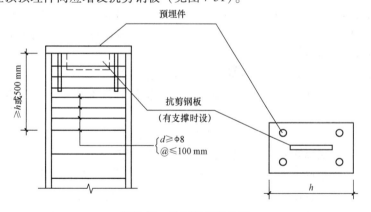

图 7-31　柱顶预埋件构造

（3）山墙抗风柱的柱顶，应设置预埋板，使柱顶与端屋架上弦（屋面梁上翼缘）可靠连接。连接部位应在上弦横向支撑与屋架的连接点处，不符合时可在支撑中增设次腹杆或设置型钢横梁，将水平地震作用传至节点部位。

（4）支承低跨屋盖的中柱牛腿（柱肩）的预埋件，应与牛腿（柱肩）中按计算承受水平拉力部分的纵向钢筋焊接，且焊接的钢筋，设防烈度为 6 度和 7 度时不应少于 2ϕ12，8 度时不应少于 2ϕ14，9 度时不应少于 2ϕ16（见图 7-32）。

（5）柱间支撑与柱连接节点预埋件的锚接，设防烈度为 8 度Ⅲ、Ⅳ类场地和 9 度时，宜采用角钢加端板，其他情况可采用 HRB335 级钢筋，但锚固长度不应小于 30 倍锚筋直径或增设端板。

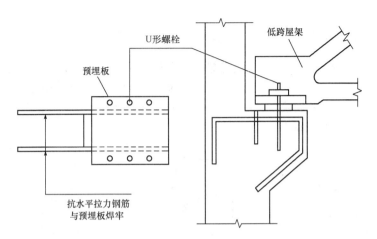

图 7-32 低跨屋盖与柱牛腿的连接

（6）厂房中的起重机走道板、端屋架与山墙间的填充小屋面板、天沟板、天窗端壁板和天窗侧板下的填充砌体等构件应与支承构件有可靠的连接。

7.5.5 围护墙体

单层钢筋混凝土柱厂房的砌体隔墙和围护墙应符合下列要求。

（1）内嵌式砌体隔墙与柱宜脱开或柔性连接，并应采取措施使墙体稳定，隔墙顶部应设现浇钢筋混凝土压顶梁。

（2）厂房的砌体围护墙宜采用外贴式并与柱（包括抗风柱）可靠拉结，一般墙体应沿墙高每隔 500 mm 与柱内伸出的 2Φ6 水平钢筋拉结，柱顶以上墙体应与屋架端部、屋面板和天沟板等可靠拉结，厂房角部的砖墙应沿纵横两个方向与柱拉结；不等高厂房的高跨封墙和纵横向厂房交接处的悬墙采用砌体时，不应直接砌在低跨屋盖上。

（3）砌体围护墙在下列部位应设置现浇钢筋混凝土圈梁：

①梯形屋架端部上弦和柱顶标高处应各设一道，但屋架端部高度不大于 900 mm 时可合并设置。

②设防烈度为 8 度和 9 度时，应按上密下稀的原则每隔 4 m 左右在窗顶增设一道圈梁，不等高厂房的高低跨封墙和纵横跨交接处的悬墙，圈梁的竖向间距不应大于 3 m。

③山墙沿屋面应设钢筋混凝土卧梁，并应与屋架端部上弦标高处的圈梁连接。圈梁宜闭合，其截面宽度宜与墙厚相同，截面高度不应小于 180 mm；圈梁的纵筋，设防烈度为 6~8 度时不应少于 4Φ12，9 度时不应少于 4Φ14。特殊部位的圈梁的构造详见《抗震规范》。

④围护砖墙上的墙梁应尽可能采用现浇。当采用预制墙梁时，除墙梁应与柱可靠锚拉外，梁底还应与砖墙顶牢固拉结，以避免梁下墙体由于处于悬臂状态而在地震时倾倒。厂房转角处相邻的墙梁应相互可靠连接。

7.5.6 其他构造要求

（1）突出屋面的混凝土天窗架，其两侧墙板与天窗立柱宜采用螺栓连接。

（2）柱间支撑端部的连接，对单角钢支撑应考虑强度折减，设防烈度为 8、9 度时不得采用单面偏心连接；交叉支撑有一杆中断时，交叉节点板应予以加强，使其承载力不小于 1.1 倍杆件承载力。

（3）基础梁的稳定性较好，一般不需采用连接措施。但在设防烈度为 8 度Ⅲ、Ⅳ类场地和 9

度时，相邻基础梁之间应采用现浇接头，以提高基础梁的整体稳定性。

（4）设防烈度为 8 度时跨度不小于 18 m 的多跨厂房中柱和 9 度时多跨厂房各柱，柱顶宜设置通长水平压杆，此压杆可与梯形屋架支座处通长水平系杆合并设置，钢筋混凝土系杆端头与屋架间的空隙应采用混凝土填实。

本章小结

单层工业厂房属于工业建筑。震害表明，不等高多跨厂房有高阶振型反应，不等长多跨厂房有扭转效应，两者都会使破坏加重，均对抗震不利，因此单层多跨厂房宜采用等高和等长。防震缝附近不宜布置比邻建筑，厂房的一个结构单元内，不宜采用不同的结构形式。

一般情况下，厂房纵横向抗震分析采用多质点空间结构分析方法。在一定条件下可以采用平面排架简化方法，但计算的地震内力应考虑各种效应的调整。《抗震规范》在计算分析和震害总结的基础上提出了厂房纵向抗震计算的原则和简化方法。钢筋混凝土屋盖厂房的纵向抗震计算，要考虑围护墙有效刚度、强度和屋盖的变形，采用空间分析模型。

对于单层钢筋混凝土柱厂房，有檩屋盖（波形瓦、石棉瓦及槽瓦屋盖）和无檩屋盖的各构件相互间连接成整体是厂房抗震的重要保证。大型屋面板与屋架（梁）之间、各屋面板之间都应保证其焊接强度。设置屋盖支撑系统是保证屋盖整体性的重要抗震措施。

思考题

7-1 单层厂房主要有哪些地震破坏现象？
7-2 在什么情况下考虑吊车桥架的质量？为什么？
7-3 什么情况下可不进行厂房横向和纵向的截面抗震验算？
7-4 单层厂房横向抗震计算应考虑哪些因素进行内力调整？
7-5 柱列的刚度如何计算？其中用到哪些假定？
7-6 简述厂房柱间支撑的抗震设置要求。
7-7 为什么要控制柱间支撑交叉斜杆的最大长细比？
7-8 屋架（屋面梁）与柱顶的连接有哪些形式？各有何特点？
7-9 墙与柱如何连接？其中考虑了哪些因素？

第8章

隔震和消能减震

8.1 工程结构减震控制概述

工程结构减震控制是指在工程结构的特定部位安装某种装置、某种机构、某种子结构或施加外力,以改变或调整结构的动力特性或动力作用,这种使工程结构在地震或风作用下的动力反应得到合理的控制,确保结构本身及结构中的人、设备等的安全和处于正常使用环境的结构体系,称为"工程结构减震控制体系",其相关的理论、技术和方法,统称为"工程结构减震控制"。

8.1.1 工程结构减震控制与传统抗震技术的比较

工程结构减震控制与传统抗震技术的比较如下:

(1) 不同的抗震途径和方法。传统抗震技术是沿用"硬抗"的途径,即通过加强结构、加大构件断面、增加构件配件、提高结构刚度等方法来抵抗地震,因而很不经济,并且结构刚度越大,地震作用越大,恶性循环,既不经济,也不一定安全。而结构减震控制技术则是采用隔震、消能、调整结构动力特性等方法,达到隔离地震或削减地震反应的目的,能够有效控震,提高结构的可靠性。

(2) 不同的设计依据。传统抗震设计方法是按照预定的"烈度"限定结构的抗震能力,当实际地震超过预定"烈度"时,结构就处于不安全状态。而结构减震控制设计是根据结构物所在场地的特性和结构物的特性,采用不同的隔震、消能、减震控制技术,考虑在该地区可能发生的超烈度大地震的情况下,结构的地震反应仍被控制在安全的范围内,确保结构物以及结构中的人、设备等的安全和正常使用。所以,结构减震控制技术比传统抗震技术更安全。

(3) 不同的防护对象。传统的抗震技术只考虑结构本身的抗震能力,而未考虑结构中的设备、仪器等的防护要求。结构减震控制技术则可根据结构物本身安全要求及内部设备、仪器等的不同要求进行隔震、消能或减震控制,既保护结构本身的安全,也保护结构内部的设备、仪器等的安全和正常使用。因此,结构减震控制技术更符合现代社会对地震防御越来越高的要求。

8.1.2 工程结构减震控制的优越性

由于工程结构减震控制有上述特点，对比传统抗震技术，它具有很多优越性：
（1）采用减震控制后，结构的可靠性进一步提高。
（2）减震控制的引入，使得结构本身所受地震作用大大减少，突破传统结构设计的某些严格限制。
（3）由于减震控制是通过外设装置来提高结构抗震能力，当结构发生震损后，发生破坏的往往是减震装置，因此通常情况下只需对装置进行更换或修复。

8.1.3 工程结构减震控制的发展阶段

工程结构减震控制的发展经历了五个发展阶段：
（1）新概念建立阶段：减震控制概念的建立，包括隔震、消能减震、被动与主动控制等，这是准备阶段，始于20世纪70年代。
（2）研究阶段：理论研究和试验研究，始于20世纪70年代。
（3）试点工程阶段：建造第一栋采用某种控制技术的建筑物或结构物，并成功经受地震考验，形成该项技术发展过程中的"突破点"和"里程碑"，这个阶段既是工程技术从理论研究到工程应用的突破点，也是人们从现实应用的角度接受该项技术的起始点，更是该项技术成熟程度的基本标志，该阶段始于20世纪80年代。
（4）试点推广阶段：在试点工程之后，开始在某些工程项目上应用，并完善相应的理论和方法，总结相应的技术经济指标和社会、经济效益，把该项技术推向成熟阶段，最后编制相应的设计、施工指导书，技术规程，技术规范等，为该项技术的推广应用创造条件。
（5）推广应用阶段：是该项技术的"飞跃"阶段，标志着该项技术已真正达到造福人类的阶段。

通常来讲，工程结构减震控制包括隔震技术、消能减震技术、质量调谐减震技术、主动控制技术和混合控制技术等，其中，隔震技术和消能减震技术由于减震概念明确、减震效果明显、安全可靠、理论和试验研究成果丰富，已大量应用于工程实践。

8.2 隔震结构

8.2.1 隔震技术的特点

建筑物在地震、强风、机械振动等外力作用下产生振动，采用隔震技术的目的就是将外界激振源的影响隔离或降低，从而减小作用在建筑物上的地震作用和其他振动水平力。就基础隔震而言，可以将建筑物与地基用隔震装置隔开，使地震地面运动的能量直接由基础的隔震支座和耗能装置吸收，建筑物所受的影响相对减少，从而达到抗御地震的目的。基础隔震装置一般划分为滑动式和弹性支承式两种（见图8-1）。由图8-1可见，滑动隔震方式比较简单，但强烈地震时建筑物会产生大位移，适用性较差，因此隔震装置多以弹性支承式为主。为了防止建筑物过大的垂直振动，隔震装置应以上下方向刚度极大而水平方向相对较柔的材料最合适。目前世界各国采用的材料中,以钢板与橡胶交互叠加的叠层橡胶支座最为普遍。

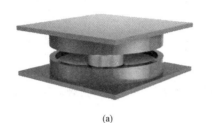 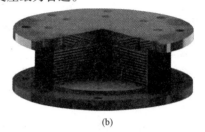

图 8-1 隔震支座
(a) 滑动式隔震支座;(b) 弹性支承式隔震支座

由于在地震过程中常含有长周期成分,所以单靠橡胶控制振动有时效果不佳。为此,隔震结构中常常将橡胶支座和阻尼器并用来控制振幅。多层橡胶支座与各种形式的阻尼器相组合,一方面能使结构物的周期变长,从而降低了地震作用;另一方面通过阻尼器吸收地震能量,减少基底可能产生的位移。

由于采用隔震装置使建筑物的地震作用大大降低,结构的层间变形变小,故隔震结构的设计重点不再是增加上部结构材料强度和改善变形能力,而是通过隔震装置的设计从整体上控制结构的变形大小和结构所承受的总地震作用。在进行隔震装置的设计时,把上部结构作为一个刚体,这就要求上部结构在振动时具备足够的刚度而保持良好的整体性。在进行上部结构的设计时,由于地震作用大大降低,对结构的强度和变形要求也就相对降低,一般可以按常规的方法进行设计。对于体型复杂和重要的建筑物,也可以将隔震装置和上部结构作为一个系统,按多自由度体系进行动力反应分析和抗震设计。

试验研究和实际地震均证明,有隔震装置的建筑物与无隔震装置的建筑物相比,地震作用和层间变形都有明显的减小,这就给非结构构件、室内外装饰、设备管道的设计带来了很大的方便,这也是隔震建筑物的又一明显优点。

隔震技术在实际工程中的应用已有很多,在美国、日本和中国等国家,已经形成了较为完整的设计标准。

8.2.2 隔震装置

常用的隔震装置包括叠层橡胶隔震支座和阻尼器两类。

8.2.2.1 叠层橡胶隔震支座

叠层橡胶隔震支座安装在建筑物与基础之间,支承着建筑物的全部重量,故要求垂直方向的刚度很大,即压缩量很小。为了使建筑物的周期变长,就必须使叠层橡胶垫的水平刚度变小,这样建筑物的加速度反应随之减小,而隔震装置以上部分的整体变形随之变大。因此,叠层橡胶垫必须有足够的变形能力,即在大变形的情况下也能支承上部建筑物的重量。由于橡胶在卸荷后具有恢复原状的性质,故在经历变形后,仍可借自身的恢复力使建筑物恢复到原来的位置。

叠层橡胶隔震支座由橡胶与钢板逐层叠合而成。由于加入了钢板,它可有效地束缚垂直方向的体积变化而不影响剪切变形,也就是增加垂直方向的刚度,而对水平刚度没有影响。多层橡胶垫一般为圆柱形,直径 300~1 000 mm,每个可支承 7 000 kN 以上。在技术上比较成熟的橡胶支座有三种:

(1) 标准叠层橡胶支座（见图 8-2）。它由薄橡胶片与薄钢板隔层重叠、加热加压而成。与单体橡胶相比，多层橡胶具有很强的垂直支承力，而在水平方向又保持了橡胶的柔性，在支承上部建筑物重量的同时，能起到良好的减震与缓冲作用。

(2) 高阻尼叠层橡胶支座（见图 8-3）。即把具有高阻尼性能的橡胶使用在多层橡胶中，这样的橡胶支座，既可以保持垂直方向刚度大、变形小的特点，又具有吸收地震能量、减小结构整体变形的作用。

图 8-2　标准叠层橡胶支座

(3) 铅芯叠层橡胶支座（见图 8-4）。即把铅芯注入多层橡胶中心，形成组合装置。它除了具有标准多层橡胶支座的优点之外，铅芯在地震时既可以吸收地震能量，又可以约束建筑物的变形，使建筑物返回原来的位置。对这种支座的试验研究较多，在工程中的应用较普遍。

图 8-3　高阻尼叠层橡胶支座

图 8-4　铅芯叠层橡胶支座

8.2.2.2　阻尼器

阻尼器的主要作用是吸收地震能量和限制结构的整体变形，一般不要求用来承受垂直荷载。国际上广泛应用于工程中的阻尼器有金属阻尼器、黏滞阻尼器和摩擦阻尼器等。这几种阻尼器的主要特点如下：

(1) 金属阻尼器：由各种不同金属材料（软钢、铅等）元件或构件制成，利用金属元件或构件屈服时产生的弹塑性滞回变形耗散能量的减震装置。该类型阻尼器构造简单，具有较强的耗能功能、稳定的力学性能和良好的耐久性，并且在日常使用过程中无须过多维护和保养，施工安装方便，可广泛应用于各类新建及既有建筑的减震控制（见图 8-5）。

(2) 黏滞阻尼器：由缸体、活塞和黏滞材料等部分组成，利用黏滞材料运动时产生黏滞阻尼耗能能量的减震装置。该类阻尼器结构合理，受力机理明确，性能稳定，对于小震和中震非常有效。

(3) 摩擦阻尼器：由钢元件或构件、摩擦片和预压螺栓等组成，利用两个以上元件或构件间的相对位移，通过摩擦做功而耗散能量的减震装置。它既可以安装在建筑物的基底，也可以安装在建筑物的某一层（见图 8-6）。

8.2.3　隔震设计

隔震设计是指在房屋基础、底部或下部结构与上部结构之间设置由隔震支座和阻尼装置等部件组成具有整体复位功能的隔震层，以延长整个结构体系的自振周期，减少输入上部结构的水平地震作用，达到预期减震要求。

图 8-5 金属阻尼器

图 8-6 摩擦阻尼器

8.2.3.1 隔震设计基本要求

建筑结构采用隔震设计时应符合下列各项要求：

（1）结构高宽比宜小于 3，且不应大于相关规程对非隔震结构的具体规定，其变形特征接近剪切变形，最大高度应满足非隔震结构的要求；高宽比大于 3 或大于非隔震结构相关规定的结构采用隔震设计时，应进行专门研究。

（2）建筑场地应选用稳定性较好的基础类型。当在 IV 类场地土上建造隔震建筑时，需明确建筑场地水平运动的卓越周期，保证隔震建筑在罕遇地震作用下的基本周期远离建筑场地水平运动的卓越周期，并保证罕遇地震作用下隔震层的等效黏滞阻尼比大于 10%。

（3）风荷载和其他非地震作用的水平荷载标准值产生的总水平力不宜超过结构总重力的 10%。

（4）橡胶隔震支座在水平使用荷载和结构自重及竖向使用荷载的长期作用下不应发生不可恢复的永久水平剪切变形。

（5）隔震层应提供必要的竖向承载力、侧向刚度和阻尼，侧向刚度应能保证隔震层在罕遇地震作用下的弹性复位能力；穿过隔震层的设备配管、配线，应采用柔性连接或其他有效措施以适应隔震层的罕遇地震水平位移。

8.2.3.2 隔震设计计算

隔震设计应根据预期的竖向承载力、水平向减震系数和位移控制要求，选择适当的隔震装置及抗风装置组成结构的隔震层。隔震装置应进行竖向承载力的验算和罕遇地震下水平位移的验算。隔震层以上结构的水平地震作用应根据水平向减震系数确定；其竖向地震作用标准值，设防烈度为 8 度时不应小于隔震层以上结构总重力荷载代表值的 20%。

（1）建筑结构隔震设计的计算分析，应符合下列规定：

①隔震体系的计算简图，应增加由隔震支座及其顶部梁板组成的质点；对变形特征为剪切型的结构可采用剪切模型；在设防烈度地震作用下，隔震层以上结构的质心与隔震层刚度中心的偏心率大于 3% 时，应计入扭转效应的影响。隔震层顶部的梁板结构，应作为其上部结构的一部分进行计算和设计。

②一般情况下，宜采用时程分析法进行计算；输入地震波应为已消除基线漂移的地震波，且

其反应谱特性和数量应符合《抗震规范》规定，计算结果宜取其包络值；当处于发震断层10 km以内时，输入地震波应考虑近场影响系数，5 km以内宜取1.5，5 km以外可取不小于1.25。

（2）隔震层的橡胶隔震支座应符合下列要求：

①隔震支座在表8-1所列的压应力下的极限水平变位，应大于其有效直径的55%和支座内部橡胶层总厚度的3倍两者中的较大值。

表8-1　橡胶隔震支座竖向平均压应力限值

建筑类别	甲类建筑	乙类建筑	丙类建筑
压应力限值/MPa	8	10	12

注：1. 压应力设计值应按永久荷载和可变荷载的组合计算，其中，楼面活荷载应按《建筑结构荷载规范》（GB 50009—2012）的规定乘以折减系数；
2. 结构倾覆验算时应包括水平地震作用效应组合；对需进行竖向地震作用计算的结构，尚应包括竖向地震作用效应组合；
3. 当橡胶支座的第二形状系数（有效直径与橡胶层总厚度之比）小于5时应降低压应力限值；小于5不小于4时降低20%，小于4不小于3时降低40%；
4. 外径小于300 mm的橡胶支座，丙类建筑的压应力限值为8 MPa；
5. 使用过程中始终承受水平荷载的橡胶隔震支座的竖向平均压应力限值应按高于自身一个建筑类别的要求选用，甲类建筑的橡胶支座竖向平均压应力限值为6 MPa

②在经历相应设计基准期的耐久性试验后，隔震支座刚度、阻尼特性变化不超过初期值的20%；徐变量不超过支座内部橡胶总厚的5%。

③橡胶隔震支座在重力荷载代表值作用下的竖向压应力不应超过表8-1的规定。

④隔震支座的水平剪力应根据隔震层在罕遇地震下的水平剪力按各隔震支座的水平等效刚度分配；当按扭转耦联计算时，尚应计及隔震层的扭转刚度。隔震支座对应于罕遇地震水平剪力的水平位移，应符合下列要求：

$$u_i \leqslant [u_i] \tag{8-1}$$

$$u_i = \eta_i u_e \tag{8-2}$$

式中　u_i——罕遇地震作用下，第i个隔震支座考虑扭转的水平位移；

　　　$[u_i]$——第i个隔震支座的水平位移限值；对于橡胶隔震支座，不应超过该支座有效直径的50%和支座内部橡胶层总厚度的2.0倍两者中的较小值；

　　　η_i——第i个隔震支座的扭转影响系数，应取考虑扭转和不考虑扭转时第i个隔震支座计算位移的比值；当隔震层以上结构的质心与隔震层刚度中心在两个主轴方向均无偏心时，边支座的扭转影响系数不应小于1.15。

　　　u_e——罕遇地震下隔震层质心处或不考虑扭转的水平位移。

（3）隔震装置及隔震层的布置、竖向承载力、侧向刚度和阻尼应符合下列规定：

①隔震层宜设置在结构的底部或下部；橡胶隔震支座的规格、数量和分布应根据竖向承载力、侧向刚度、阻尼以及设防烈度地震作用下隔震层偏心率不大于3%的要求通过计算确定。隔震层在罕遇地震下应保持稳定，不宜出现不可恢复的永久变形；其橡胶支座在罕遇地震的水平和竖向地震同时作用下，拉应力不应大于0.5 MPa。

②隔震层的水平等效刚度和等效黏滞阻尼比可按下列公式计算：

$$K_{\mathrm{h}}(\gamma) = \sum K_{j}(\gamma) \tag{8-3}$$

$$\zeta_{\mathrm{eq}}(\gamma) = \sum K_{j}(\gamma)\zeta_{j}(\gamma)/K_{\mathrm{h}}(\gamma) \tag{8-4}$$

式中 $\zeta_{\mathrm{eq}}(\gamma)$ ——隔震层等效黏滞阻尼比；

$K_{\mathrm{h}}(\gamma)$ ——隔震层水平等效刚度；

$\zeta_{j}(\gamma)$ ——第 j 个隔震支座由试验确定的水平剪应变为 r 时的等效黏滞阻尼比，设置阻尼装置时，应包括相应的阻尼比；

$K_{j}(\gamma)$ ——第 j 个隔震支座（含消能器）由试验确定的水平剪应变为 r 时的水平等效刚度。

③隔震支座由试验确定设计参数时，竖向荷载应保持《抗震规范》表 12.2.3 的压应力限值；当隔震层选用的各个橡胶隔震支座内部橡胶层总厚度一致时，对水平向减震系数计算，应采用剪切变形 100% 时的水平等效刚度和等效黏滞阻尼比；对罕遇地震验算，宜采用剪切变形 250% 时的等效刚度和等效黏滞阻尼比，当隔震支座直径较大时可采用剪切变形 100% 时的等效刚度和等效黏滞阻尼比；当隔震层选用的各个橡胶隔震支座内部橡胶层总厚度不一致时，对水平向减震系数计算，应注意保证隔震支座的水平剪切变形的一致性。当采用时程分析法时，应以试验所得滞回曲线作为计算依据。

④当在隔震结构上部结构加设消能器时，消能器的极限位移应不小于罕遇地震下消能器最大位移的 12 倍；对速度相关型消能器，消能器的极限速度不小于罕遇地震作用下消能器最大速度的 12 倍，且消能器应满足在此极限速度下的承载力要求。当在隔震结构的隔震层加设消能器时，消能器的极限位移应不小于罕遇地震下橡胶隔震支座最大位移的 15 倍；对速度相关型消能器，消能器的极限速度不小于罕遇地震作用下橡胶隔震支座最大速度的 15 倍，且消能器应满足在此极限速度下的承载力要求。

（4）隔震层以上结构的地震作用计算，应符合下列规定：

①对多层结构，水平地震作用沿高度可按重力荷载代表值分布。

②隔震后水平地震作用计算的水平地震影响系数可按《抗震规范》确定。其中，水平地震影响系数最大值可按下式计算：

$$\alpha_{\mathrm{max1}} = \beta\alpha_{\mathrm{max}}/\varphi \tag{8-5}$$

式中 α_{max1} ——隔震后的水平地震影响系数最大值；

α_{max} ——非隔震的水平地震影响系数最大值，按《抗震规范》选用；

β ——水平向减震系数；对于多层建筑，为按弹性计算所得的隔震与非隔震各层层间剪力的最大比值；对于高层建筑结构，尚应计算隔震与非隔震各层倾覆力矩的最大比值，并与层间剪力的最大比值相比较，取两者的较大值；弹性计算时，简化计算和反应谱分析宜按隔震层中橡胶层总厚度最小的橡胶隔震支座发生 100% 水平剪切应变时所对应的水平变形量计算隔震层的水平等效刚度和等效黏滞阻尼比；当采用时程分析法时，按设计基本地震加速度输入进行计算；

φ ——调整系数，一般橡胶支座取 0.80；支座剪切性能偏差为 S-A 类时，取 0.85；隔震装置带有阻尼器时，相应减少 0.05。支座剪切性能偏差按《橡胶支座 第 3 部分：建筑隔震橡胶支座》（GB 20688.3—2006）确定。

③隔震层以上结构的总水平地震作用不得低于非隔震结构在 6 度设防时的总水平地震作用，并应进行抗震验算；各楼层的水平地震剪力尚应符合《抗震规范》对本地区设防烈度的最小地震剪力系数的规定，见下式：

$$V_{Eki} > \lambda \sum_{j=i}^{n} G_j \tag{8-6}$$

式中 V_{Eki}——第 i 层对应于水平地震作用标准值的楼层剪力；

λ——剪力系数，具体要求可查《抗震规范》；

G_j——第 j 层的重力荷载代表值。

④设防烈度为 9 度和 8 度且水平向减震系数不大于 0.3 时，隔震层以上的结构应进行竖向地震作用的计算。隔震层以上结构竖向地震作用标准值计算时，各楼层可视为质点，并按《抗震规范》计算竖向地震作用标准值沿高度的分布，即

$$F_{Vi} = \frac{G_i H_i}{\sum G_j H_j} F_{Evk} \tag{8-7}$$

（5）隔震层以下的结构和基础应符合下列要求：

①隔震层支墩、支柱及相连构件，应采用隔震结构罕遇地震下隔震支座底部的竖向力、水平力和力矩进行承载力验算。

②隔震层以下的结构（包括地下室和隔震塔楼下的底盘）中直接支承隔震层以上结构的相关构件，应满足嵌固的刚度比和隔震后设防地震的抗震承载力要求，并按罕遇地震进行抗剪承载力验算。隔震层以下地面以上的结构在罕遇地震下的层间位移角限值应满足表 8-2 的要求。

表 8-2　隔震层以下地面以上结构罕遇地震作用下层间弹塑性位移角限值

下部结构类型	$[\theta_p]$
钢筋混凝土框架结构和钢结构	1/100
钢筋混凝土框架—抗震墙	1/200
钢筋混凝土抗震墙	1/250

③隔震建筑地基基础的抗震验算和地基处理仍应按本地区抗震设防烈度进行，甲、乙类建筑的抗液化措施应按提高一个液化等级确定，直至全部消除液化沉陷。

8.2.3.3　隔震措施

隔震结构的隔震措施应符合下列规定。

（1）隔震结构应采取不阻碍隔震层在罕遇地震下发生大变形的下列措施：

①上部结构的周边应设置竖向隔离缝，缝宽不宜小于各隔震支座在罕遇地震下的最大水平位移值的 1.2 倍且不小于 200 mm。对两相邻隔震结构，其缝宽取最大水平位移值之和，且不小于 400 mm。

②上部结构与下部结构之间，应设置完全贯通的水平隔离缝，缝高可取 20 mm，并用柔性材料填充；当设置水平隔离缝确有困难时，应设置可靠的水平滑移垫层。

③穿越隔震层的门廊、楼梯、电梯、车道等部位，应防止可能的碰撞。

（2）隔震层以上结构的抗震措施，当水平向减震系数大于 0.40（设置阻尼器时为 0.38）时不应降低非隔震时的有关要求；水平向减震系数不大于 0.40（设置阻尼器时为 0.38）时，可适当降低规范中对非隔震建筑的要求，但烈度降低不得超过 1 度，与抵抗竖向地震作用有关的抗震构造措施不应降低。此时，对砌体结构，可按《抗震规范》的附录部分采取抗震构造措施。

注意：与抵抗竖向地震作用有关的抗震措施，对钢筋混凝土结构，指墙、柱的轴压比规定；对砌体结构，指外墙尽端墙体的最小尺寸和圈梁的有关规定。

隔震层与上部结构的连接应符合下列规定：

①隔震层顶部应设置梁板式楼盖，且应符合下列要求：

a. 隔震支座的相关部位应采用现浇混凝土梁板结构，现浇板厚度不应小于160 mm。

b. 隔震层顶部梁、板的刚度和承载力，宜大于一般楼盖梁板的刚度和承载力。

c. 隔震支座附近的梁、柱应计算冲切和局部承压，加密箍筋并根据需要配置网状钢筋。

②隔震支座和阻尼装置的连接构造，应符合下列要求：

a. 隔震支座和阻尼装置应安装在便于维护人员接近的部位。

b. 隔震支座与上部结构、下部结构之间的连接件，应能传递罕遇地震下支座的最大水平剪力和弯矩。

c. 外露的预埋件应有可靠的防锈措施。预埋件的锚固钢筋应与钢板牢固连接，锚固钢筋的锚固长度宜大于20倍锚固钢筋直径，且不应小于250 mm。

d. 隔震装置设置在有耐火要求的使用空间中时，隔震支座和其他部件应根据使用空间的耐火等级采取相应的防火措施。

8.2.4 隔震结构设计实例简介

本实例为某人民医院内科住院楼，该楼为钢筋混凝土框架结构，建筑抗震类别为乙类，建筑高度为22.2 m，总建筑面积为4 008.65 m²，地上5层，地下室1层，第1层至第5层层高均为3.5 m。该建筑的建筑施工图如图8-7所示。

8.2.4.1 抗震设计参数

(1) 设防烈度。该建筑场地的抗震设防烈度为8度（基本地震加速度为$0.20g$）。

(2) 场地类型及地震分组。建筑场地为Ⅱ类三组，场地特征周期$T_g = 0.45$ s。

(3) 地震波加速度峰值。多遇地震时加速度峰值为70.0 cm/s²，设防烈度下加速度峰值为200.0 cm/s²，罕遇地震时加速度峰值为400.0 cm/s²。

(4) 减震目标。采用隔震技术使上部结构的水平地震响应降低1度，即为7度（$0.10g$），以改善结构的抗震性能，增大结构的安全储备，同时保证在风荷载和微小地震下上部建筑不产生微小振动，提高建筑的安全性能和舒适性。

8.2.4.2 隔震支座布置

通过对所提供的建筑施工图的分析研究，将隔震层设置在地下室顶板以上，在隔震层柱底面安装一个或多个隔震支座，将上部结构与地下室隔开，以达到隔离地震能量、减小上部结构地震作用的目的。隔震支座位置按以下原则确定：

(1) 隔震支座放置在地下室顶板以上，其形心宜与上、下部柱截面形心重合。

(2) 隔震支座顶面标高的确定原则：不同规格的隔震支座其顶面宜设计在同一标高上。具体确定方法为：由1层地面结构标高减去隔震层梁板中最大一根梁的高度（若1层地面的结构标高是-0.050 m，假设隔震层梁板中最大一根梁的高度为0.700 m，那么支座的顶面标高即-0.750 m）。

(3) 隔震支座底面标高的确定原则：由隔震支座顶面标高减去两块连接钢板的厚度，再减去支座的高度即支座底面标高。

(4) 隔震层宜留有便于观测和更换隔震支座的空间。

(5) 隔震层设置在有耐火要求的使用空间中时，隔震支座和其他部件应根据使用空间的耐火等级采取相应的防火措施。

第8章 隔震和消能减震

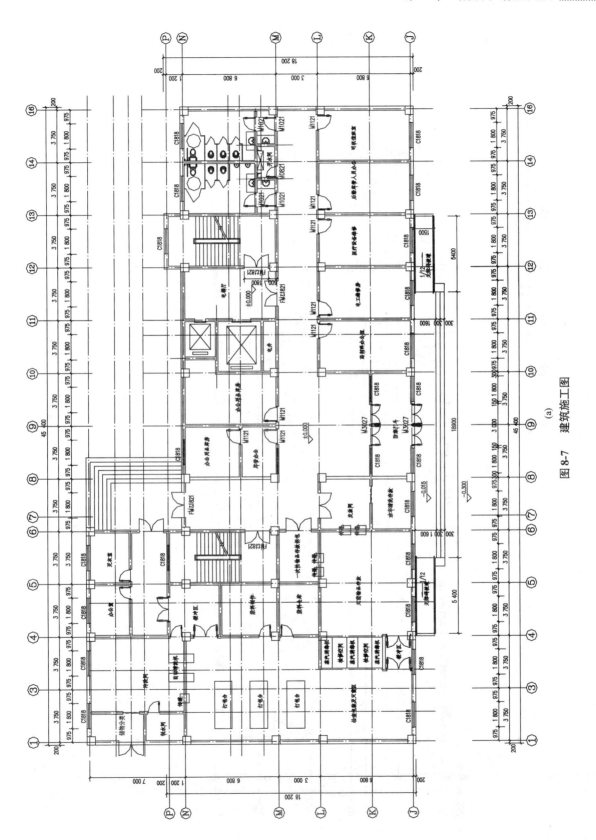

图 8-7 建筑施工图 (a)

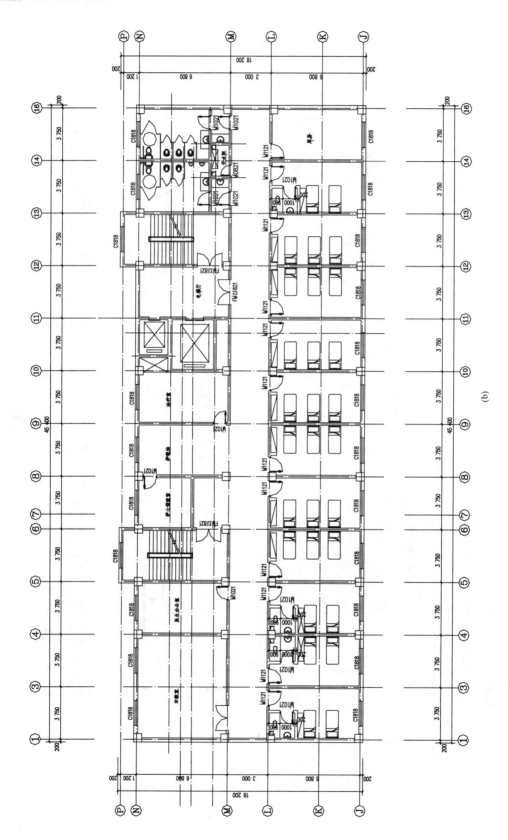

图 8-7 建筑施工图（续）
(a) 1层平面图；(b) 2~5层平面图

8.2.4.3 隔震支座布置

本工程采用橡胶隔震支座,在选择支座型号、个数和平面布置时,主要考虑了如下因素:

(1)《抗震规范》规定乙类建筑中隔震支座平均压应力限值应小于等于 12.0 MPa,并要求同一隔震层内各个橡胶隔震支座的竖向压应力均匀。

(2) 隔震支座的极限水平变位应大于其有效直径的 55% 和支座内部橡胶总厚度的 3 倍两者中的较大值。

(3) 隔震层在罕遇地震作用下应保持稳定,不宜出现不可恢复的变形;在罕遇地震作用下,隔震支座不宜出现拉应力,当少数隔震支座出现拉应力时,其拉应力不应大于 1 MPa。

本工程采用的隔震支座有 CSRY6 型、CSRY7 型两种型号。支座外形尺寸及其连接钢板尺寸由生产厂家提供,如图 8-8、图 8-9 所示,隔震支座平面布置如图 8-10 所示。

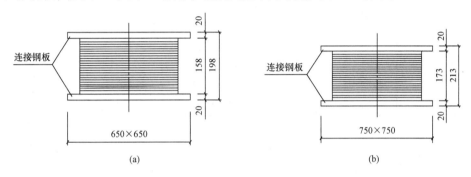

图 8-8 支座尺寸

(a) CSRY6 型;(b) CSRY7 型

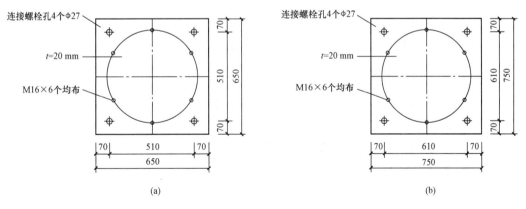

图 8-9 支座连接钢板平面尺寸

(a) CSRY6 型;(b) CSRY7 型

8.2.4.4 计算模型的建立

本工程采用 ETABS 计算非隔震结构的自振特性和内力。结构计算分析时,梁、柱采用空间梁柱单元,混凝土楼板采用膜体单元,并按照刚性楼板假定进行建模。

本结构模型依据 PKPM 建模得到,采用 ETABS 建立非隔震结构的三维空间计算模型,如图 8-11 所示。

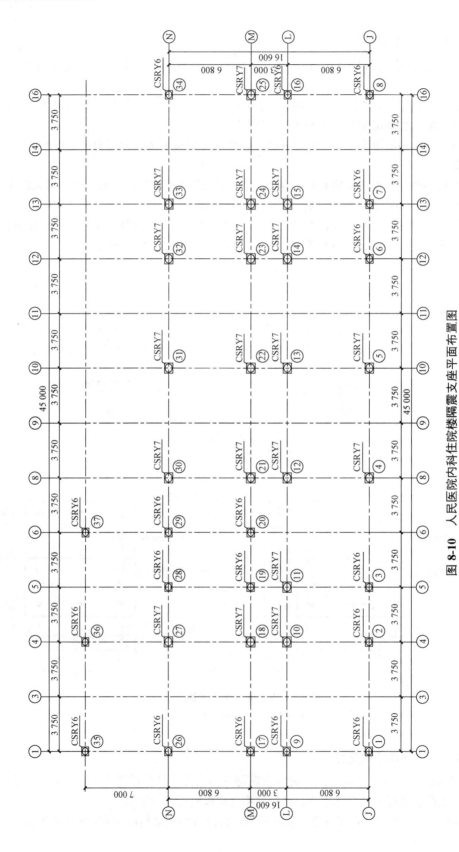

图 8-10 人民医院内科住院楼隔震支座平面布置图

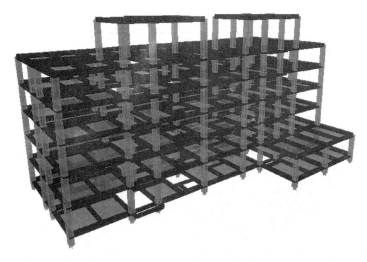

图 8-11　内科住院楼模型图

隔震层由无铅芯橡胶隔震支座和铅芯橡胶隔震支座组成。对于无铅芯橡胶隔震支座其本构关系为线性模型；对于铅芯橡胶隔震支座，通过试验，可得其本构关系如图 8-12 所示。有限元分析时，常用双线性模型来描述铅芯橡胶隔震支座的本构关系。

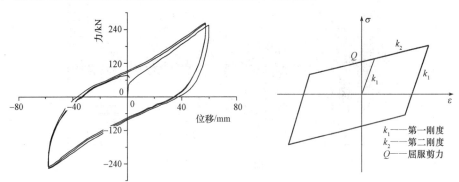

图 8-12　铅芯橡胶隔震支座滞回曲线及双线性模型图

8.2.4.5　时程地震波选取

地震波的选取根据《抗震规范》要求，采用时程分析法时，应按建筑场地类别和设计地震分组选用不少于两组的实际强震记录和一组人工模拟的加速度时程曲线来模拟地震加速度时程曲线。对该建筑，采用了两组实际强震记录和一组人工模拟的加速度时程曲线，结果更加安全、合理。

（1）地震波的特性包括三要素：振幅—地震波峰值；频谱特性—谱形状、峰值、卓越周期等因素；持时—地震波能量。

振幅、加速度峰值与设防烈度对应；频谱特性，考虑场地"卓越周期"和"震中距"；持时，包含峰值、弹性、弹塑性，一般为 T 的 5~10 倍。

选取 Taft 波、El Centro 波作为天然波，地震动详细信息如表 8-3 所示，各时程曲线如图 8-13、图 8-14 所示。

表 8-3 地震动详细信息

名称	地震动来源	PGA/（cm·s^{-2}）
ACC1	Taft 波	397.47
ACC2	El Centro 波	310.70
ACC3	人工模拟地震加速度记录	429.19

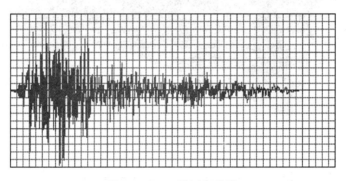

图 8-13 Taft 波时程曲线

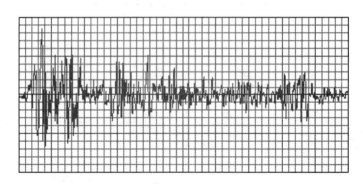

图 8-14 El Centro 波时程曲线

（2）人工波的模拟。常用的方法有三角级数法和迭代拟合法。

①三角级数法的基本思想：用一组三角级数和来构造一个近似的具有给定功率谱密度的平稳高斯过程，然后乘以强度包络函数，以得到幅值非平稳的地震动加速度时程。

②迭代拟合法的基本思想：选择实际地震波记录，取其相位角作为初始相位角，用迭代法合成与规范设计反应谱一致的地震波。其合成的人工波如图 8-15 所示。

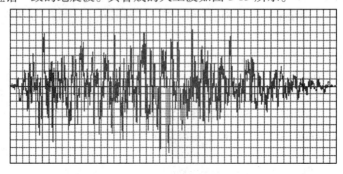

图 8-15 人工地震波时程曲线

8.2.4.6 隔震结构的地震响应分析

本例采用大型结构有限元计算程序 ETABS 计算隔震结构的地震反应，计算模型是在 ETABS 三维非隔震结构空间模型的基础上建立的。

根据《抗震规范》，隔震支座由试验确定设计参数；对水平向减震系数计算，应取剪切变形为 100% 的等效刚度和等效黏滞阻尼比；对罕遇地震验算，宜采用剪切变形 250% 时的等效刚度和等效黏滞阻尼比，当隔震支座直径较大时可采用剪切变形 100% 时的等效刚度和等效黏滞阻尼比。

该建筑场地的抗震设防烈度为 8 度（0.20g），根据《抗震规范》的要求，用 ETABS 进行隔震计算时，竖向地震作用标准值按隔震层以上结构总重力荷载代表值的 20% 取值。

（1）隔震结构自振特性。采用 ETABS 对隔震模型和不隔震模型进行地震作用下的时程分析，并进行比较。计算所得结构自振周期如表 8-4 所示。

表 8-4　隔震前后结构自振周期比较

振型阶数	隔震前结构自振周期/s	隔震后结构自振周期/s
1	0.994 768	2.078 083
2	0.901 298	2.008 192
3	0.839 978	1.826 960

（2）水平向减震系数。根据《抗震规范》，水平向减震系数定义为：对于多层建筑，设防地震（中震）时按弹性计算所得的隔震与非隔震各层层间剪力的最大比值（见表 8-5、表 8-6）。

表 8-5　隔震前后 X 向层间剪力比较

楼层	隔震后 X 向层间剪力/隔震前 X 向层间剪力			
	El Centro 波	人工波	Taft 波	最大值
5	0.240	0.309	0.194	0.309
4	0.232	0.321	0.215	0.321
3	0.225	0.342	0.244	0.342
2	0.216	0.335	0.264	0.335
1	0.205	0.320	0.271	0.320

表 8-6　隔震前后 Y 向层间剪力比较

楼层	隔震后 Y 向层间剪力/隔震前 Y 向层间剪力			
	El Centro 波	人工波	Taft 波	最大值
5	0.307	0.307	0.232	0.307
4	0.278	0.315	0.284	0.315
3	0.268	0.355	0.364	0.364
2	0.237	0.365	0.378	0.378
1	0.219	0.320	0.378	0.378

由以上计算结果知,安装隔震支座后,结构层间剪力大大降低,最大层间减震系数为 0.378(大于 0.27,小于 0.4),因此采用隔震技术可以将上部结构地震响应降低 1 度。

(3) 多遇和罕遇地震作用下隔震模型的层间位移角验算。进行多遇及罕遇地震作用下的层间位移角验算,按三向输入($X:Y:Z=1:0.85:0.65$)计算,最终取三条波计算的最大值,如表 8-7、表 8-8 所示。

表 8-7 多遇地震作用下的层间位移角

楼层	X 向层间位移角	Y 向层间位移角
5	0.000 485	0.000 707
4	0.000 795	0.001 058
3	0.001 036	0.001 289
2	0.001 072	0.001 265
1	0.000 880	0.001 044

表 8-8 罕遇地震作用下的层间位移角

楼层	X 向层间位移角	Y 向层间位移角
5	0.001 570	0.002 117
4	0.002 292	0.003 198
3	0.003 098	0.004 096
2	0.003 685	0.004 327
1	0.003 936	0.003 935

在多遇地震作用下,层间弹性位移角限值可按《抗震规范》的规定执行,框架结构弹性层间位移角限值为 1/550 = 0.001 82。由表 8-7 可知,隔震后结构满足层间位移角限值的要求。

在罕遇地震作用下,上部结构的层间弹塑性位移角限值可按《抗震规范》规定的框架结构弹塑性层间位移角限值为 1/50 = 0.02。从表 8-8 可知,隔震后结构满足层间位移角限值的要求。

(4) 罕遇地震作用下支座位移验算。罕遇地震作用下的位移计算采用时程分析法,地震输入采用二维输入,结果列于表 8-9,其中隔震支座的水平位移限值为该支座有效直径的 55% 和支座内部橡胶总厚度的 3.0 倍两者中的较小者。

表 8-9 隔震支座罕遇地震变形验算

	支座型号	最大位移/cm	容许位移/cm	是否满足
X 向地震	CSRY6	14.2	24.0	满足
	CSRY7	14.1	27.0	满足
Y 向地震	CSRY6	11.7	24.0	满足
	CSRY7	11.4	27.0	满足

由此可以看出,在罕遇地震作用下,隔震支座的最大变形满足规范要求。

(5) 隔震建筑抗风验算。根据《抗震规范》,建筑结构采用隔震设计时,风荷载和其他非地震作用的水平荷载标准值产生的总水平力不宜超过结构总重力的10%。

隔震层的设计要求具有足够的初始刚度和屈服承载力,以抵抗风荷载及微小振动作用下产生的位移。《叠层橡胶支座隔震技术规程》(CECS 126:2001)规定,抗风装置应按下式进行验算:

$$\gamma_w V_{wk} \leqslant V_{Rw} \tag{8-8}$$

式中 V_{Rw} ——抗风装置的水平承载力设计值,当抗风装置是隔震支座的组成部分时,取隔震支座的屈服荷载设计值;

γ_w ——风荷载分项系数,取1.4;

V_{wk} ——风荷载作用下隔震层的水平剪力标准值。

本工程风荷载产生的最大水平剪力标准值为1 070.8 kN,而上部结构的总重力荷载约为74 651.53 kN,剪重比为0.014 3<0.1,整个隔震层的铅芯橡胶隔震支座的屈服剪力为

$$Q = 1\ 782.58\ \text{kN} > 1.4 \times 1\ 070.8 = 1\ 499.12\ (\text{kN})$$

隔震建筑抗风满足要求,可以保证隔震层在风载及其他水平荷载下的稳定性及舒适度的要求。

(6) 罕遇地震作用下各层最大水平位移。罕遇地震作用下上部结构各层水平位移如表8-10所示。

表8-10 罕遇地震作用下上部结构各层最大水平位移

楼层	X向最大位移/cm	Y向最大位移/cm
5	19.1	17.1
4	18.7	16.5
3	18.0	15.7
2	17.0	14.5
1	15.8	13.2

(7) 结论。

①采用基础隔震后,结构的周期延长了2倍多,地震作用大为减小;隔震后,结构的水平位移集中在隔震层,基底剪力、层间加速度大大减小,结构呈平动型。

②罕遇地震作用下隔震支座变形值均小于隔震支座容许水平位移。

③隔震支座竖向抗压承载力和抗拉承载力均满足规范要求,不会出现倾覆。

④隔震后水平地震作用计算的水平地震影响系数按《抗震规范》中的公式

$$\alpha_{\text{max1}} = \beta \alpha_{\text{max}} / \psi \tag{8-9}$$

计算,其中β为水平向减震系数,对本工程其值为0.378;ψ为调整系数,对橡胶支座取0.80。得出隔震后水平地震作用计算的水平地震影响系数

$$\alpha_{\text{max1}} = \beta \alpha_{\text{max}} / \psi = 0.472\ 5 \alpha_{\text{max}} \tag{8-10}$$

8.3 消能减震结构

8.3.1 消能建筑技术特点

8.3.1.1 基本概念

传统抗震结构,容许结构及承重构件在地震中出现损坏。结构及承重构件在地震中的损坏过程,就是地震能量的"消能"过程。结构及构件的严重破坏或倒塌,就是地震能量转换或消耗的最终完成。

消能减震结构,就是把结构物的某些非承重构件设计成消能杆件,或在结构的某部位装设消能装置。在风或小震时,这些消能构件或消能装置具有足够的初始刚度,处于弹性状态,结构物仍具有足够的侧向刚度以满足使用要求。当出现中、强地震时,随着结构侧向变形的增大,消能构件或消能装置率先进入非弹性状态,并且迅速衰减结构的地震反应,从而保护主体结构及构件在强地震中免遭破坏,确保主体结构在强地震中的安全。

现以一般的能量表达式说明地震时结构的能量转换过程:

传统抗震结构 $$E_{in} = E_R + E_D + E_S \tag{8-11}$$

消能减震结构 $$E_{in} = E_R + E_D + E_S + E_A \tag{8-12}$$

式中 E_{in}——地震时输入结构的总能量;

E_R——结构的动能和弹性变形能;

E_D——结构的阻尼耗能;

E_S——结构非弹性变形消耗的能量;

E_A——消能装置消耗的能量。

对于传统抗震结构,在强地震作用下,E_D忽略不计,为了终止结构地震反应,必然导致主体结构及承重构件的损坏、严重破坏或倒塌,以消耗输入结构的地震能量。而对于消能减震结构,E_D虽然忽略不计,但消能构件或消能装置率先进入消能工作状态,充分发挥消能作用,大量消耗输入结构的地震能量,这样既能保护主体结构及承重构件免遭破坏,又可以迅速地衰减结构的地震反应,确保结构在地震中的安全。

8.3.1.2 优越性及适用范围

消能减震结构与传统抗震结构相比,具有以下优越性:

(1)安全性。传统抗震结构实质上是把结构自身构件作为"消能"部件。按照传统抗震设计方法,容许结构自身在地震作用下出现不同程度的损坏。由于地震烈度的随机变化性和结构实际抗震能力设计计算的误差,结构在地震中的损坏程度难以控制,特别是出现超烈度地震时,结构甚至难以确保安全。消能减震结构由于特别设置非承重的消能部件,它们具有极大的消能能力,在强地震中能率先消耗结构的地震能量,迅速衰减结构的地震反应,保护主体结构免遭损坏,确保结构在强地震中的安全。另外,消能部件属于"非结构构件",即非承重构件,其功能仅是在结构变形过程中发挥消能作用,而不是承担结构的荷载,即它对结构的承载能力和安全性不构成任何影响或威胁,因此,消能减震结构是一种非常安全可靠的结构。

(2)经济性。传统抗震结构采用"硬抗"地震的方式,即通过加大构件截面尺寸、提高配筋量等途径来提高结构的抗震性能,这种做法既不经济也不安全。消能减震结构是通过"柔性消能"的途径以减小结构的地震反应,因而可以在减小剪力墙的设置、减小构件截面尺寸和减少配筋量的同时,提高结构的抗震性能。据国内外相关工程的统计资料,消能减震结构比传统抗震结构的造价低5%~10%。

(3)技术合理性。传统抗震结构体系是通过加强结构、提高结构的抗侧移刚度来满足抗震要求的,但实际情况是如果采用传统方法,就会导致结构越加强,刚度越大,地震作用也越大,然后继续加强结构,如此恶性循环的结果是,除了存在安全性和经济性问题外,对于采用高强、轻质材料的高层建筑、超高层建筑、大跨度结构及桥梁等结构的发展造成了严重的制约。消能减震结构则是通过设置消能部件,使结构在出现变形时,通过消能装置迅速消耗地震能量,保护主体结构在地震中的安全,结构越高、越柔、跨度越大,消能减震的效果就越明显。因此,消能减震技术必将成为采用高强、轻质材料建造的"高柔结构"抗震设计的合理途径。目前,消能减震技术已被广泛用于"柔性"工程结构,例如,高层建筑、超高层建筑;高柔结构、高耸塔架;大跨度桥梁;柔性管道、管线工程;旧有高柔建筑或结构物的抗震或抗风性能的改善。

8.3.2 消能减震装置

设置消能器的结构被称为消能减震结构,消能器是指通过内部材料或构件的摩擦、弹塑性滞回变形或黏(弹)性滞回变形来耗散或吸收能量的装置。消能减震结构由主体结构和消能部件两部分组成,消能部件是指由消能器和支撑或连接消能器的构件组成的部分,可按消能构件的不同"构造形式"和消能器(消能装置)的不同"消能形式"分类。

8.3.2.1 按消能构件的构造形式分类

(1)消能支撑。消能支撑可以代替一般的结构支撑,在抗震或抗风中发挥支撑的水平刚度和消能减震作用。消能支撑可以做成方框支撑、圆框支撑、交叉杆支撑、斜杆支撑、K形支撑等,如图8-16所示。

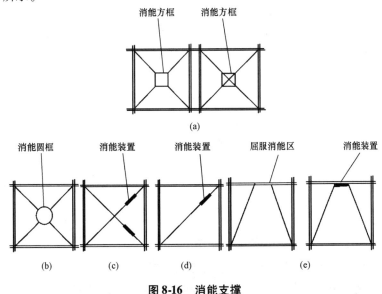

图8-16 消能支撑
(a)方框支撑;(b)圆框支撑;(c)交叉杆支撑;(d)斜杆支撑;(e)K形支撑

(2)消能剪力墙。消能剪力墙可以代替一般结构的剪力墙,在抗震或抗风中发挥剪力墙的水平刚度和消能减震作用。消能剪力墙可做成竖缝剪力墙、横缝剪力墙、斜缝剪力墙、周边缝剪力墙、整体剪力墙、分离式剪力墙等，如图 8-17 所示。

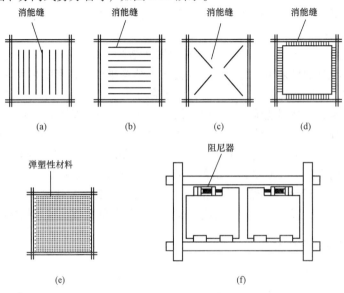

图 8-17 消能剪力墙
(a) 竖缝剪力墙；(b) 横缝剪力墙；(c) 斜缝剪力墙；
(d) 周边缝剪力墙；(e) 整体剪力墙；(f) 分离式剪力墙

（3）消能节点。在结构的梁柱节点或梁节点处装设消能装置，如图 8-18 所示。当结构产生侧向位移，在节点处产生角度变化、转动式错动时，消能装置即发挥消能减震作用。

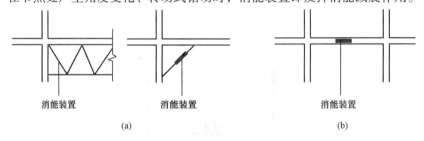

图 8-18 消能节点
(a) 梁柱消能节点；(b) 梁消能节点

（4）消能连接。在结构的缝隙处或结构构件之间的连接处设置消能装置。当结构在缝隙或连接处产生相对变形时，消能装置即发挥消能减震作用。

（5）消能支撑或悬吊构件。对于某些线形结构，设置各种支撑或悬吊消能装置。当线形结构发生震动时，支撑或悬吊件即发挥消能减震作用。

8.3.2.2 按消能装置（消能器）的消能方式分类

消能装置的功能是当构件或节点发生相对位移或转动时，产生较大的阻尼，从而发挥消能减震作用。为了达到最佳消能效果，要求消能装置提供最大的阻尼，即当构件或节点在力或弯矩作用下发生位移或转动时，所做的功最大。力或弯矩与位移或转角的关系曲线所包络的面积越大，消能的能力越大，消能减震效果越显著。

消能形式可分为摩擦消能、钢件非弹性消能、材料塑性变形消能、材料黏弹性消能、液体阻尼消能和混合式消能等几类。目前，根据不同的消能形式所研制开发的消能装置种类很多，大体上可分为位移相关型、速度相关型和复合型三类。位移相关型阻尼器如摩擦阻尼器（见图8-19）、金属屈服阻尼器（见图8-20），主要是通过附加消能构件的滞回耗能来消耗地震输入能，减轻地震作用。速度相关型阻尼器如黏弹性阻尼器（见图8-21）、黏滞阻尼器（见图8-22）。消能构件作用于结构上的阻尼力总是与结构速度方向相反，从而使结构在运动过程中消耗能量，达到消能减震的目的。复合型阻尼器是以上两者的组合。

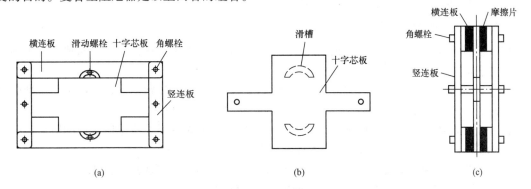

图 8-19 摩擦阻尼器构造图
（a）正视；（b）十字芯板；（c）侧视图

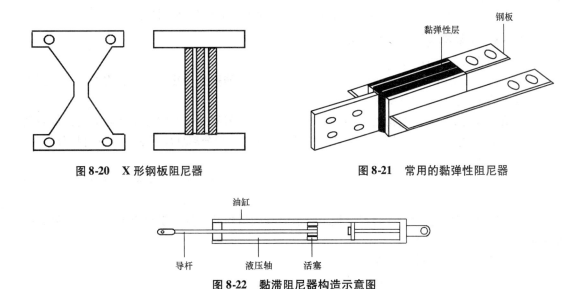

图 8-20 X 形钢板阻尼器　　**图 8-21 常用的黏弹性阻尼器**

图 8-22 黏滞阻尼器构造示意图

8.3.3 消能减震结构设计

8.3.3.1 消能减震结构设计的计算步骤

（1）预估结构的位移，并与未采用消能减震结构的位移进行对比。
（2）求出所需的附加阻尼。
（3）选择消能部件的数量、布置和所提供的阻尼大小。
（4）设计相应的消能部件。
（5）对消能减震体系进行整体分析，确认其是否满足位移控制要求。

8.3.3.2 消能减震装置的布置

（1）消能部件的布置宜使结构在两个主轴方向的动力特性相近。
（2）消能部件的竖向布置宜使结构沿高度方向刚度均匀。
（3）消能部件宜布置在层间相对位移或相对速度较大的楼层，同时，可采用合理形式增加消能器梁端的相对变形或相对速度的技术措施，提高消能器的减震效率。
（4）消能部件的布置不宜使结构出现薄弱构件或薄弱层。

8.3.3.3 消能减震结构的分析要点

（1）消能减震结构分析模型应正确地反映不同荷载工况的传递途径、在不同地震动水准下主体结构和消能器所处的工作状态。
（2）消能减震结构的分析方法应根据主体结构、消能器的工作状态选择，可采用振型分解反应谱法、弹性时程分析法、静力弹塑性分析法和弹塑性时程分析法。
（3）消能减震结构的总阻尼比应为主体结构阻尼比和消能器附加给主体结构的阻尼比的总和，结构阻尼比应根据主体结构处于弹性或弹塑性工作状态分别确定。
（4）消能减震结构的总刚度应为结构刚度和消能部件附加给结构的有效刚度之和。
（5）消能器的恢复力模型应采用成熟的模型并经试验验证。
（6）地震作用下消能减震结构的内力和变形分析，宜采用不少于两个不同软件进行对比分析，计算结果应经分析判断确认其合理、有效后方可用于工程设计。
（7）罕遇地震作用下消能器的设计位移计算，应通过结构整体弹塑性分析确定。

8.3.3.4 消能减震结构设计计算

（1）地震作用效应的计算方法。
①当消能减震结构主体结构处于弹性工作状态，且消能器处于线性工作状态时，可采用振型分解反应谱法、弹性时程分析法。
②当消能减震结构主体结构处于弹性工作状态，且消能器处于非线性工作状态时，可将消能器进行等效线性化，采用附加有效阻尼比和有效刚度的振型分解反应谱法、弹性时程分析法，也可采用弹塑性时程分析法。
③当消能减震结构主体结构进入弹塑性状态时，应采用静力弹塑性分析法或弹塑性时程分析法。
④在弹性时程分析和弹塑性时程分析中，消能减震结构的恢复力模型应包括结构恢复力模型和消能部件的恢复力模型。

（2）消能部件设计参数及附加阻尼比。
①消能部件的设计参数应符合下列规定：
a. 位移相关型消能器与斜撑、支墩等附属构件组成消能部件时，消能部件的恢复力模型参数应符合下式规定：

$$\Delta u_{py}/\Delta u_{sy} \leq 2/3 \tag{8-13}$$

式中 Δu_{py}——消能部件在水平方向的屈服位移或起滑位移；
Δu_{sy}——设置消能部件的主体结构层间屈服位移。

黏弹性消能器的新弹性材料总厚度应符合下式规定：

$$t_v \leq \Delta u_{dmax} / [r] \tag{8-14}$$

式中 t_v——黏弹性消能器的新弹性材料总厚度；
Δu_{dmax}——沿消能方向消能器的最大可能位移；

第 8 章 隔震和消能减震

[r] ——弹性材料允许的最大剪切应变。

b. 速度线性相关型消能器与斜撑、墙体（支墩）或梁等支承构件组成消能部件时，支承构件沿消能器消能方向的刚度应符合下式规定：

$$K_b \geq 6\pi C_D / T_1 \tag{8-15}$$

式中 K_b ——支撑构件沿消能器消能方向的刚度；
C_D ——消能器的线性阻尼系数；
T_1 ——消能减震结构的基本自振周期。

② 消能部件附加给结构的实际有效刚度和有效阻尼比，可按下列方法确定：

a. 位移相关型消能部件和非线性速度相关型消能部件附加给结构的有效刚度可采用等价线性化方法确定。

消能部件附加给结构的有效阻尼比可按下式计算：

$$\zeta_d = \sum_{j=1}^{n} W_{cj} / 4\pi W_s \tag{8-16}$$

式中 ζ_d ——消能减震结构的附加有效阻尼比；
W_{cj} ——第 j 个消能部件在结构预期层间位移下往复循环一周所消耗的能量；
W_s ——消能减震结构在水平地震作用下的总应变能。

不计及扭转影响时，消能减震结构在水平地震作用下的总应变能，可按下式计算：

$$W_s = \sum F_i u_i / 2 \tag{8-17}$$

式中 F_i ——质点 i 的水平地震作用标准值（一般取相应于第一振型的水平地震作用即可）；
u_i ——质点对应于水平地震作用标准值的位移。

b. 速度线性相关型消能器在水平地震作用下所往复一周所消耗的能量，可按下式计算：

$$W_{cj} = (2\pi^2 / T_1) \sum C_j \cos^2(\theta_j) \Delta u_j^2 \tag{8-18}$$

式中 T_1 ——消能减震结构的基本自振周期；
C_j ——第 j 个消能器由试验确定的线性阻尼系数；
θ_j ——第 j 个消能器的消能方向与水平面的夹角；
Δu_j ——第 j 个消能器两端的相对水平位移。

当消能器的阻尼系数和有效刚度与结构振动周期有关时，可取相应于消能减震结构基本自振周期的值。

非线性黏滞消能器在水平地震作用下往复循环一周所消耗的能量，可按下式计算：

$$W_{cj} = \lambda_1 F_{djmax} \Delta u_j \tag{8-19}$$

式中 λ_1 ——阻尼指数的函数，可按表 8-11 取值；
F_{djmax} ——第 j 个消能器在相应水平地震作用下的最大阻尼。

表 8-11 阻尼指数函数的取值

阻尼指数 α	λ_1
0.25	3.7
0.50	3.5
0.75	3.3
1	3.1

位移相关型和速度非线性相关型消能器在水平地震作用下往复循环一周所消耗的能量，可按下式计算：

$$W_{ej} = \sum A_j \tag{8-20}$$

式中 A_j——第 j 个消能器的恢复力对滞回环在相对水平位移 Δu_j 时的面积。

本章小结

（1）隔震与消能减震是建筑结构减轻地震灾害的新技术、新方法和新途径。隔震体系通过延长结构的自振周期、减少结构的水平地震作用，已被国外强震记录所证实。消能减震体系通过消能器增加结构阻尼来减少结构在风作用下的位移是公认的事实，对减少结构水平和竖向的地震反应也是有效的。

（2）隔震技术有多种方案，如橡胶支座隔震、摩擦滑移隔震等。但研究和应用最多的是橡胶支座隔震，其中尤以铅芯橡胶隔震支座应用最为广泛，它能在竖向支承结构的同时，提供水平向柔性和恢复力，并能提供所需的滞变阻尼。隔震层的位置宜设置在上部结构和基础之间，即结构首层底部、地下室底部或顶部。当隔震层位于第一层及以上时，隔震体系的特点与普通隔震结构有较大差异，隔震层以下的结构设置计算也更复杂，需做专门研究。

（3）隔震结构方案确定时应综合考虑建筑高度和层数、最大高宽比、结构类型、场地等因素，经技术与经济比较后确定。

（4）隔震支座布置时应力求使质量中心和刚度中心一致。

（5）隔震结构的构造措施对上部结构、下部结构、隔震支座的放置与连接、穿越隔震层管线的连接、隔震结构与周边防震缝及隔震结构与地面之间的水平隔离缝等做出了要求和规定。

（6）消能器根据消能的机制和材料不同，可分为摩擦阻尼器、金属屈服阻尼器、黏弹性阻尼器、黏滞阻尼器等，根据消能性能和阻尼力与位移或速度的依赖性可分为位移相关型、速度相关型及复合型。

（7）消能器具有较宽的适用范围，不同类型的结构、不同高度的结构均适用，同时消能器不改变结构的基本形式，因此，消能部件外的结构设计可按普通结构类型的要求执行。设计需要解决的问题是：消能部件在结构中的分布和数量，消能器附加给结构的有效阻尼比和有效刚度计算，消能减震体系在罕遇地震作用下的位移计算以及消能部件与主体结构的连接构造等。

思考题

8-1 隔震结构和传统抗震结构有何区别和联系？
8-2 隔震和消能减震有何异同？
8-3 隔震结构的布置应满足哪些要求？
8-4 什么是水平向减震系数？如何取值？
8-5 消能器有哪些类型？其消能原理是什么？
8-6 消能部件附加给消能减震结构的有效刚度和有效阻尼比应如何取值？

附录 A 中国地震烈度表（2008）

地震烈度	地面上人感觉	房屋震害程度		其他现象	参考物理量	
		震害现象	平均震害指数		水平峰加速度 /($m \cdot s^{-2}$)	水平峰值速度 /($m \cdot s^{-1}$)
Ⅰ	无感觉	—	—	—	—	—
Ⅱ	室内个别静止中人有感觉	—	—	—	—	—
Ⅲ	室内少数静止中的人有感觉	门、窗轻微作响	—	悬挂物微动	—	—
Ⅳ	室内多数人，室外少数人有感觉。少数人梦中惊醒	门、窗作响	—	悬挂物明显摆动，器皿作响	—	—
Ⅴ	室内普遍，室外多数人有感觉。多数人梦中惊醒	门窗、屋顶、屋架颤动作响，灰土掉落，抹灰出现细微裂缝，有檐瓦掉落，个别屋顶烟囱掉砖	—	不稳定器物摇动或翻倒	0.31 (0.22~0.44)	0.03 (0.02~0.04)

续表

地震烈度	地面上人感觉	房屋震害程度		其他现象	参考物理量	
		震害现象	平均震害指数		水平峰加速度 /(m·s^{-2})	水平峰值速度 /(m·s^{-1})
VI	多数人站立不稳，少数人惊逃户外	损坏——墙体出现裂缝，檐瓦掉落，少数屋顶烟囱裂缝、掉落	0～0.1	河岸和松软土出现裂缝，饱和砂层出现喷砂冒水；有的独立砖烟囱轻度裂缝	0.63 (0.45～0.89)	0.06 (0.05～0.09)
VII	大多数人惊逃户外，骑自行车的人有感觉。行驶中的汽车驾乘人员有感觉	轻度破坏——局部破坏、开裂，小修或者不需要修理可继续使用	0.11～0.30	河岸出现塌方；饱和砂层常见喷砂冒水，松软土地上地裂缝较多；大多数独立砖烟囱中等破坏	1.25 (0.90～1.77)	0.13 (0.10～0.18)
VIII	多数人摇晃颠簸，行走困难	中等破坏——结构破坏，需要修复才能使用	0.31～0.50	干硬土上也有裂缝；大多数独立砖烟囱严重破坏；树梢折断；房屋破坏；导致人畜伤亡	2.50 (1.78～3.53)	0.25 (0.19～0.35)
IX	行动的人摔倒	严重破坏——结构严重破坏，局部倒塌，修复困难	0.51～0.70	干硬土上许多地方出现裂缝，基岩可能出现裂缝、错动；滑坡塌方常见；独立砖烟囱出现倒塌	5.00 (3.54～7.07)	0.50 (0.36～0.71)
X	骑自行车的人会摔倒，处不稳定状态的人会摔出。有抛起感	大多数倒塌	0.71～0.90	山崩和地震断裂出现；基岩上拱桥破坏；大多数独立砖烟囱从根部破坏或倒毁	10.00 (7.08～14.14)	1.00 (0.72～1.41)

续表

地震烈度	地面上人感觉	房屋震害程度		其他现象	参考物理量	
		震害现象	平均震害指数		水平峰加速度 /（m·s^{-2}）	水平峰值速度 /（m·s^{-1}）
Ⅺ		普遍倒塌	0.91~1.00	地震断裂延续很长；大量山崩滑坡	—	—
Ⅻ	—	—	—	地面剧烈变化，山河改观	—	—

注：1. 评定烈度时，Ⅰ度~Ⅴ度以地面上人的感觉为主；Ⅵ度~Ⅹ度以房屋震害和其他震害现象综合考虑为主，人的感觉仅供参考；Ⅺ度、Ⅻ度以地表现象为主。
2. 在高楼上的感觉要比地面上人的感觉明显，应适当降低评定值。
3. 表中房屋为单层或数层、未经抗震设计或未加固的砖混和砖木房屋。对于质量特别差或特别好的房屋，可根据具体情况，对表中各烈度相应的震害程度和震害指数予以提高或降低。
4. 表中的震害指数是从各类房屋的震害调查和统计中得出的，反映破坏程度的数字指标，0 表示无震害，1 表示倒平。平均震害指数可以在调查区域内用普查或随机抽查的方法确定。
5. 在农村可以自然村为单位，在城镇可以分区进行烈度的评定。面积以 1 km^2 为宜。
6. 凡有地面强震记录资料的地方，表列物理参数可作为综合评定烈度和制定建设工程抗震设防要求的依据。
7. 表中数量词说明："个别"为 10% 以下；"少数"为 10%~50%；"多数"为 50%~70%；"大多数"为 70%~90%；"普遍"为 90% 以上

附录 B 我国主要城镇抗震设防烈度、设计基本地震加速度和设计地震分组

01 首都和直辖市

城市名	设防烈度	加速度	设计地震分组	县级及县级以上城镇
北京	8 度	0.20g	第二组	
天津	8 度	0.20g	第二组	天津市其他地区
	7 度	0.15g	第二组	西青区、静海区、蓟县
上海	7 度	0.10g	第二组	
重庆	7 度	0.10g	第一组	荣昌区、黔江区
	6 度	0.05g	第一组	重庆市其他地区

02 河北省

城市名	设防烈度	加速度	设计地震分组	县级及县级以上城镇
石家庄市	7度	0.15g	第一组	辛集市
	7度	0.10g	第一组	赵县
	7度	0.10g	第二组	石家庄市其他地区
	7度	0.10g	第三组	灵寿县
	6度	0.05g	第三组	行唐县、赞皇县、新乐市
唐山市	8度	0.30g	第二组	路南区、丰南区
	8度	0.20g	第二组	路北区、古冶区、开平区、丰润区、滦县
	7度	0.15g	第三组	曹妃甸区（唐海）、乐亭县、玉田县
	7度	0.15g	第二组	滦南县、迁安市
	7度	0.10g	第三组	迁西县、遵化市
秦皇岛市	7度	0.15g	第二组	卢龙县
	7度	0.10g	第三组	青龙满族自治县、海港区
	7度	0.10g	第二组	抚宁区、北戴河区、昌黎县
	6度	0.05g	第三组	山海关区
邯郸市	8度	0.20g	第二组	峰峰矿区、临漳县、磁县
	7度	0.15g	第二组	邯郸市其他地区
	7度	0.15g	第一组	永年县
	7度	0.10g	第三组	邱县、馆陶县
	7度	0.10g	第二组	涉县、肥乡县、鸡泽县、广平县、曲周县
邢台市	7度	0.15g	第一组	邢台市其他地区
	7度	0.10g	第二组	临城县、广宗县、平乡县、南宫市
	6度	0.05g	第三组	威县、清河县、临西县
保定市	7度	0.15g	第二组	涞水县、定兴县、涿州市、高碑店市
	7度	0.10g	第二组	保定市其他地区
	7度	0.10g	第三组	清苑区、涞源县、安国市
	6度	0.05g	第三组	满城区、阜平县、唐县、望都县、曲阳县、顺平县、定州市
张家口市	8度	0.20g	第二组	下花园区、怀来县、涿鹿县
	7度	0.15g	第二组	张家口市其他地区
	7度	0.10g	第三组	赤城县
	7度	0.10g	第二组	张北县、尚义县、崇礼县
	6度	0.05g	第三组	沽源县
	6度	0.05g	第二组	康保县

续表

城市名	设防烈度	加速度	设计地震分组	县级及县级以上城镇
承德市	7度	0.10g	第三组	鹰手营子矿区、兴隆县
	6度	0.05g	第三组	承德市其他地区
	6度	0.05g	第一组	围场满族蒙古族自治县
沧州市	7度	0.15g	第二组	青县
	7度	0.15g	第一组	肃宁县、献县、任丘市、河间市
	7度	0.10g	第三组	黄骅市
	7度	0.10g	第二组	沧州市其他地区
	6度	0.05g	第三组	海兴县、盐山县、孟村回族自治县
廊坊市	8度	0.20g	第二组	安次区、广阳区、香河县、大厂回族自治县、三河市
	7度	0.15g	第二组	固安县、永清县、文安县
	7度	0.15g	第一组	大城县
	7度	0.05g	第二组	霸州市
衡水市	7度	0.15g	第一组	饶阳县、深州市
	7度	0.10g	第二组	桃城区、武强县、冀州市
	7度	0.10g	第一组	安平县
	6度	0.05g	第三组	枣强县、武邑县、故城县、阜城县
	6度	0.05g	第二组	景县

03 山西省

城市名	设防烈度	加速度	设计地震分组	县级及县级以上城镇
太原市	8度	0.20g	第二组	太原市其他地区
	7度	0.15g	第二组	古交市
	7度	0.10g	第三组	娄烦县
大同市	8度	0.20g	第二组	城区、矿区、南郊区、大同县
	7度	0.15g	第三组	浑源县
	7度	0.15g	第二组	大同市其他地区
阳泉市	7度	0.10g	第三组	盂县
	7度	0.10g	第二组	城区、矿区、郊区、平定县
长治市	7度	0.10g	第三组	平顺县、武乡县、沁县、沁源县
	7度	0.10g	第二组	长治市其他地区
	6度	0.05g	第三组	襄垣县、屯留县、长子县

续表

城市名	设防烈度	加速度	设计地震分组	县级及县级以上城镇
晋城市	7度	0.10g	第三组	沁水县、陵川县
	6度	0.05g	第三组	城区、阳城县、泽州县、高平市
朔州市	8度	0.20g	第二组	山阴县、应县、怀仁县
	7度	0.15g	第二组	朔城区、平鲁区、右玉县
晋中市	8度	0.20g	第二组	晋中市其他地区
	7度	0.10g	第三组	榆社县、和顺县、寿阳县
	7度	0.10g	第二组	昔阳县
	6度	0.05g	第三组	左权县
运城市	8度	0.20g	第三组	永济市
	7度	0.15g	第三组	临猗县、万荣县、闻喜县、稷山县、绛县
	7度	0.15g	第二组	运城市其他地区
	7度	0.10g	第二组	垣曲县
忻州市	8度	0.20g	第二组	忻府区、定襄县、五台县、代县、原平市
	7度	0.15g	第三组	宁武县
	7度	0.15g	第二组	繁峙县
	7度	0.10g	第三组	静乐县、神池县、五寨县
	6度	0.05g	第三组	岢岚县、河曲县、保德县、偏关县
临汾市	8度	0.30g	第二组	洪洞县
	8度	0.20g	第二组	临汾市其他地区
	7度	0.15g	第二组	曲沃县、翼城县、蒲县、侯马市
	7度	0.10g	第三组	安泽县、吉县、乡宁县、隰县
	6度	0.05g	第三组	大宁县、永和县
吕梁市	8度	0.20g	第二组	文水县、交城县、孝义市、汾阳市
	7度	0.10g	第三组	离石区、岚县、中阳县、交口县
	6度	0.05g	第三组	兴县、临县、柳林县、石楼县、方山县

04 内蒙古自治区

城市名	设防烈度	加速度	设计地震分组	县级及县级以上城镇
呼和浩特市	8度	0.20g	第二组	呼和浩特市其他地区
	7度	0.15g	第二组	托克托县、和林格尔县、武川县
	7度	0.10g	第二组	清水河县

续表

城市名	设防烈度	加速度	设计地震分组	县级及县级以上城镇
包头市	8度	0.30g	第二组	土默特右旗
	8度	0.20g	第二组	东河区、石拐区、九原区、昆都仑区、青山区
	7度	0.15g	第二组	固阳县
	6度	0.05g	第三组	白云鄂博矿区、达尔罕茂明安联合旗
乌海市	8度	0.20g	第二组	
赤峰市	8度	0.20g	第一组	元宝山区、宁城县
	7度	0.15g	第一组	红山区、喀喇沁旗
	7度	0.10g	第一组	松山区、阿鲁科尔沁旗、敖汉旗
	6度	0.05g	第一组	赤峰市其他地区
通辽市	7度	0.10g	第一组	科尔沁区、开鲁县
	6度	0.05g	第一组	通辽市其他地区
鄂尔多斯市	8度	0.20g	第二组	达拉特旗
	7度	0.10g	第三组	东胜区、准格尔旗
	6度	0.05g	第三组	鄂托克前旗、鄂托克旗、杭锦旗、伊金霍洛旗
	6度	0.05g	第一组	乌审旗
呼伦贝尔市	7度	0.10g	第一组	扎赉诺尔区、新巴尔虎右旗、扎兰屯市
	6度	0.05g	第一组	呼伦贝尔市其他地区
巴彦淖尔市	8度	0.20g	第二组	杭锦后旗
	8度	0.20g	第一组	磴口县、乌拉特前旗、乌拉特后旗
	7度	0.15g	第二组	临河区、五原县
	7度	0.15g	第二组	乌拉特中旗
乌兰察布市	7度	0.15g	第二组	凉城县、察哈尔右翼前旗、丰镇市
	7度	0.10g	第三组	察哈尔右翼中旗
	7度	0.10g	第二组	集宁区、卓资县、兴和县
	6度	0.05g	第三组	四子王旗
	6度	0.05g	第二组	化德县、商都县、察哈尔右翼后旗
兴安盟	6度	0.05g	第一组	
锡林郭勒盟	6度	0.05g	第三组	太仆寺旗
	6度	0.05g	第二组	正蓝旗
	6度	0.05g	第一组	锡林郭勒盟其他地区
阿拉善盟	8度	0.20g	第二组	阿拉善左旗、阿拉善右旗
	6度	0.02g	第一组	额济纳旗

05 辽宁省

城市名	设防烈度	加速度	设计地震分组	县级及县级以上城镇
沈阳市	7度	0.10g	第一组	沈阳市其他地区
	6度	0.05g	第一组	康平县、法库县、新民市
大连市	8度	0.20g	第一组	瓦房店市、普兰店市
	7度	0.15g	第一组	金州区
	7度	0.10g	第二组	大连市其他地区
	6度	0.05g	第二组	长海市
	6度	0.05g	第一组	庄河市
鞍山市	8度	0.20g	第二组	海城市
	7度	0.10g	第二组	铁东区、铁西区、立山区、千山区、岫岩满族自治县
	7度	0.10g	第一组	台安县
抚顺市	7度	0.10g	第一组	新抚区、东洲区、望花区、顺城区、抚顺县
	6度	0.05g	第一组	新宾满族自治县、清原满族自治县
本溪市	7度	0.10g	第二组	南芬区
	7度	0.10g	第一组	平山区、溪湖区、明山区
	6度	0.05g	第一组	本溪满族自治县、桓仁满族自治县
丹东市	8度	0.20g	第一组	东港市
	7度	0.15g	第一组	元宝区、振兴区、振安区
	6度	0.05g	第二组	凤城市
	6度	0.05g	第一组	宽甸满族自治县
锦州市	6度	0.05g	第二组	古塔区、凌河区、太和区、凌海市
	6度	0.05g	第一组	黑山县、义县、北镇市
营口市	8度	0.20g	第二组	老边区、盖州市、大石桥市
	7度	0.15g	第二组	站前区、西市区、鲅鱼圈区
阜新市	6度	0.05g	第一组	
辽阳市	7度	0.10g	第二组	弓长岭区、宏伟区、辽阳县
	7度	0.10g	第一组	白塔区、文圣区、太子河区、灯塔市
盘锦市	7度	0.10g	第二组	双台子区、兴隆台区、大洼县、盘山县
铁岭市	7度	0.10g	第一组	银州区、清河区、铁岭县、昌图县、开原市
	6度	0.05g	第一组	西丰县、调兵山市

续表

城市名	设防烈度	加速度	设计地震分组	县级及县级以上城镇
朝阳市	7度	0.10g	第二组	凌源市
	7度	0.10g	第一组	双塔区、龙城区、朝阳县、建平县、北票市
	6度	0.05g	第二组	喀喇沁左翼蒙古族自治县
葫芦岛市	6度	0.05g	第二组	连山区、龙港区、南票区
	6度	0.05g	第三组	绥中县、建昌县、兴城市

注：1. 抚顺县政府驻抚顺市顺城区新城路中段；
　　2. 铁岭县政府驻铁岭市银州区工人街道；
　　3. 朝阳县政府驻朝阳市双塔区前进街道

06 吉林省

城市名	设防烈度	加速度	设计地震分组	县级及县级以上城镇
长春市	7度	0.10g	第一组	长春市其他地区
	6度	0.05g	第一组	农安县、榆树市、德惠市
吉林市	8度	0.20g	第一组	舒兰市
	7度	0.10g	第一组	昌邑区、龙潭区、船营区、丰满区、永吉县
	6度	0.05g	第一组	蛟河市、桦甸市、磐石市
四平市	7度	0.10g	第一组	伊通满族自治县
	6度	0.05g	第一组	铁西区、铁东区、梨树县、公主岭市、双辽市
辽源市	6度	0.05g	第一组	
通化市	6度	0.05g	第一组	
白山市	6度	0.05g	第一组	
松原市	8度	0.20g	第一组	宁江区、前郭尔罗斯蒙古族自治县
	7度	0.10g	第一组	乾安县
	6度	0.05g	第一组	长岭县、扶余市
延边朝鲜族自治州	7度	0.15g	第一组	安图县
	6度	0.05g	第一组	延边朝鲜族自治州其他地区
白城市	7度	0.15g	第一组	大安市
	7度	0.10g	第一组	洮北区
	6度	0.05g	第一组	镇赉县、通榆县、洮南市

07 黑龙江省

城市名	设防烈度	加速度	设计地震分组	县级及县级以上城镇
哈尔滨市	8度	0.20g	第一组	方正县
	7度	0.15g	第一组	依兰县、通河县、延寿县
	7度	0.10g	第一组	哈尔滨市其他地区
	6度	0.05g	第一组	平房区、阿城区、宾县、巴彦县、木兰县、双城区
齐齐哈尔市	7度	0.10g	第一组	昂昂溪区、富拉尔基区、泰来县
	6度	0.05g	第一组	齐齐哈尔市其他地区
鸡西市	6度	0.05g	第一组	
鹤岗市	7度	0.10g	第一组	鹤岗市其他地区
	6度	0.05g	第一组	绥滨县
双鸭山市	6度	0.05g	第一组	
大庆市	7度	0.10g	第一组	肇源县
	6度	0.05g	第一组	大庆市其他地区
伊春市	6度	0.05g	第一组	
佳木斯市	7度	0.10g	第一组	向阳区、前进区、东风区、郊区、汤原县
	6度	0.05g	第一组	桦南县、桦川县、抚远县、同江市、富锦市
七台河市	6度	0.05g	第一组	
牡丹江市	6度	0.05g	第一组	
黑河市	6度	0.05g	第一组	
绥化市	7度	0.10g	第一组	北林区、庆安县
	6度	0.05g	第一组	绥化市其他地区
大兴安岭地区	6度	0.05g	第一组	加格达奇区、呼玛县、塔河县、漠河县

08 江苏省

城市名	设防烈度	加速度	设计地震分组	县级及县级以上城镇
南京市	7度	0.10g	第二组	六合区
	7度	0.10g	第一组	南京市其他地区
	6度	0.05g	第一组	高淳区
无锡市	7度	0.10g	第一组	无锡市其他地区
	6度	0.05g	第二组	江阴市

续表

城市名	设防烈度	加速度	设计地震分组	县级及县级以上城镇
常州市	7度	0.10g	第一组	天宁区、钟楼区、新北区、武进区、金坛区、溧阳市
徐州市	8度	0.20g	第二组	睢宁县、新沂市、邳州市
徐州市	7度	0.10g	第三组	鼓楼区、云龙区、贾汪区、泉山区、铜山区
徐州市	7度	0.10g	第二组	沛县
徐州市	6度	0.05g	第二组	丰县
苏州市	7度	0.10g	第一组	苏州市其他地区
苏州市	6度	0.05g	第二组	张家港市
南通市	7度	0.10g	第二组	崇川区、港闸区、海安县、如东县、如皋市
南通市	6度	0.05g	第二组	通州区、启东市、海门市
连云港市	7度	0.15g	第三组	东海县
连云港市	7度	0.10g	第三组	连云区、海州区、赣榆区、灌云县
连云港市	6度	0.05g	第三组	灌南县
淮安市	7度	0.10g	第三组	清河区、淮阴区、清浦区
淮安市	7度	0.10g	第二组	盱眙县
淮安市	6度	0.05g	第三组	淮安区、涟水县、洪泽县、金湖县
盐城市	7度	0.15g	第三组	大丰区
盐城市	7度	0.10g	第三组	盐都区
盐城市	7度	0.10g	第二组	亭湖区、射阳县、东台市
盐城市	6度	0.05g	第三组	响水县、滨海县、阜宁县、建湖县
扬州市	7度	0.15g	第二组	广陵区、江都区
扬州市	7度	0.15g	第一组	邗江区、仪征市
扬州市	7度	0.10g	第二组	高邮市
扬州市	6度	0.05g	第三组	宝应县
镇江市	7度	0.15g	第一组	京口区、润州区
镇江市	7度	0.10g	第一组	丹徒区、丹阳市、扬中市、句容市
泰州市	7度	0.10g	第二组	海陵区、高港区、姜堰区、兴化市
泰州市	6度	0.05g	第二组	靖江市
泰州市	6度	0.05g	第一组	泰兴市
宿迁市	8度	0.30g	第二组	宿城区、宿豫区
宿迁市	8度	0.20g	第二组	泗洪县
宿迁市	7度	0.15g	第三组	沭阳县
宿迁市	7度	0.10g	第三组	泗阳县

09 浙江省

城市名	设防烈度	加速度	设计地震分组	县级及县级以上城镇
杭州市	7度	0.10g	第一组	上城区、下城区、江干区、拱墅区、西湖区、余杭区
	6度	0.05g	第一组	滨江区、萧山区、富阳区、桐庐县、淳安县、建德、临安市
温州市	6度	0.05g	第二组	洞头区、平阳县、苍南县、瑞安市
	6度	0.05g	第一组	温州市其他地区
宁波市	7度	0.10g	第一组	海曙区、江东区、江北区、北仑区、镇海区、鄞州区
	6度	0.05g	第一组	象山县、宁海县、余姚市、慈溪市、奉化市
嘉兴市	7度	0.10g	第一组	南湖区、秀洲区、嘉善县、海宁市、平湖市、桐乡县
	6度	0.05g	第一组	海盐县
湖州市	6度	0.05g	第一组	
绍兴市	6度	0.05g	第一组	
金华市	6度	0.05g	第一组	
衢州市	6度	0.05g	第一组	
舟山市	7度	0.10g	第一组	
台州市	6度	0.05g	第一组	椒江区、黄岩区、路桥区、三门县、天台县、仙居县、温岭市、临海市
	6度	0.05g	第一组	玉环县
丽水市	6度	0.05g	第一组	莲都区、青田县、缙云县、遂昌县、松阳县、云和县、景宁畲族自治县、龙泉市
	6度	0.05g	第二组	庆元县

10 安徽省

城市名	设防烈度	加速度	设计地震分组	县级及县级以上城镇
合肥市	7度	0.10g	第一组	
芜湖市	6度	0.05g	第一组	
蚌埠市	7度	0.15g	第二组	五河县
	7度	0.10g	第二组	固镇县
	7度	0.10g	第一组	龙子湖区、蚌山区、禹会区、淮上区、怀远县

续表

城市名	设防烈度	加速度	设计地震分组	县级及县级以上城镇
淮南市	7度	0.10g	第一组	
马鞍山市	6度	0.05g	第一组	
淮北市	6度	0.05g	第三组	
铜陵市	7度	0.10g	第一组	
安庆市	6度	0.05g	第一组	怀宁县、潜山县、太湖县、宿松县、望江县、岳西县
安庆市	7度	0.10g	第一组	迎江区、大观区、宜秀区、枞阳县、桐城市
黄山市	6度	0.05g	第一组	
滁州市	7度	0.10g	第二组	天长市、明光市
滁州市	7度	0.10g	第一组	定远县、凤阳县
滁州市	6度	0.05g	第二组	琅琊区、南谯区、来安县、全椒县
阜阳市	7度	0.10g	第一组	颍州区、颍东区、颍泉区
阜阳市	6度	0.05g	第一组	临泉县、太和县、阜南县、颍上县、界首市
池州市	7度	0.10g	第一组	贵池区
池州市	6度	0.05g	第一组	东至县、石台县、青阳县
宿州市	7度	0.15g	第二组	泗县
宿州市	7度	0.10g	第三组	萧县
宿州市	7度	0.10g	第二组	灵璧县
宿州市	6度	0.05g	第三组	埇桥区
宿州市	6度	0.05g	第二组	砀山县
六安市	7度	0.15g	第一组	霍山县
六安市	7度	0.10g	第一组	金安区、裕安区、寿县、舒城县
六安市	6度	0.05g	第一组	霍邱县、金寨县
亳州市	7度	0.10g	第二组	谯城区、涡阳县
亳州市	6度	0.05g	第二组	蒙城县
亳州市	6度	0.05g	第一组	利辛县
宣城市	7度	0.10g	第一组	郎溪县
宣城市	6度	0.05g	第一组	宣州区、广德县、泾县、绩溪县、旌德县、宁国市

11 福建省

城市名	设防烈度	加速度	设计地震分组	县级及县级以上城镇
福州市	7度	0.10g	第三组	福州市其他地区
	6度	0.05g	第三组	连江县、永泰县
	6度	0.05g	第二组	闽侯县、罗源县、闽清县
厦门市	7度	0.15g	第三组	思明区、湖里区、集美区、翔安区
	7度	0.15g	第二组	海沧区
	7度	0.10g	第三组	同安区
莆田市	7度	0.10g	第三组	
三明市	6度	0.05g	第一组	
泉州市	7度	0.15g	第三组	鲤城区、丰泽区、洛江区、石狮市、晋江市
	7度	0.15g	第二组	泉港区、惠安县、安溪县、永春县、南安市
	6度	0.10g	第三组	德化县
漳州市	7度	0.15g	第三组	漳浦县
	7度	0.15g	第二组	漳州市其他地区
	7度	0.10g	第三组	云霄县
	7度	0.10g	第二组	平和县、华安县
南平市	6度	0.05g	第二组	政和县
	6度	0.05g	第一组	延平区、建阳区、顺昌县、浦城县、光泽县、松溪县、邵武市、武夷山市、建瓯市
龙岩市	6度	0.05g	第二组	新罗区、永定区、漳平市
	6度	0.05g	第一组	长汀县、上杭县、武平县、连城县
宁德市	6度	0.05g	第二组	蕉城区、霞浦县、周宁县、柘荣县、福安市、福鼎市
	6度	0.05g	第一组	古田县、屏南县、寿宁县

12 江西省

城市名	设防烈度	加速度	设计地震分组	县级及县级以上城镇
南昌市	6度	0.05g	第一组	
景德镇市	6度	0.05g	第一组	
萍乡市	6度	0.05g	第一组	
九江市	6度	0.05g	第一组	
新余市	6度	0.05g	第一组	
鹰潭市	6度	0.05g	第一组	
赣州市	7度	0.10g	第一组	安远县、会昌县、寻乌县、瑞金市
	6度	0.05g	第一组	赣州市其他地区
吉安市	6度	0.05g	第一组	

续表

城市名	设防烈度	加速度	设计地震分组	县级及县级以上城镇
宜春市	6度	0.05g	第一组	
抚州市	6度	0.05g	第一组	
上饶市	6度	0.05g	第一组	

13 山东省

城市名	设防烈度	加速度	设计地震分组	县级及县级以上城镇
济南市	7度	0.10g	第三组	长清区
	7度	0.10g	第二组	平阴县
	6度	0.05g	第三组	济南市其他地区
青岛市	7度	0.10g	第三组	黄岛区、平度市、胶州市、即墨市
	7度	0.10g	第二组	市南区、市北区、崂山区、李沧区、城阳区
	6度	0.05g	第三组	莱西市
淄博市	7度	0.15g	第二组	临淄区
	7度	0.10g	第三组	张店区、周村区、桓台县、高青县、沂源县
	7度	0.10g	第二组	淄川区、博山区
枣庄市	7度	0.15g	第三组	山亭区
	7度	0.15g	第二组	台儿庄区
	7度	0.10g	第三组	市中区、薛城区、峄城区
	7度	0.10g	第二组	滕州市
东营市	7度	0.10g	第三组	东营区、河口区、垦利县、广饶县
	6度	0.05g	第三组	利津县
烟台市	7度	0.15g	第三组	龙口市
	7度	0.15g	第二组	长岛县、蓬莱市
	7度	0.10g	第三组	莱州市、招远市、栖霞市
	7度	0.10g	第二组	芝罘区、福山区、莱山区
	7度	0.10g	第一组	牟平区
	6度	0.05g	第三组	莱阳市、海阳市
泰安市	7度	0.10g	第三组	新泰市
	7度	0.10g	第二组	泰山区、岱岳区、宁阳县
	6度	0.05g	第三组	东平县、肥城市
潍坊市	8度	0.20g	第二组	潍城区、坊子区、奎文区、安丘市
	7度	0.15g	第三组	诸城市
	7度	0.15g	第二组	寒亭区、临朐县、昌乐县、青州市、寿光市、昌邑市
	7度	0.10g	第三组	高密市

续表

城市名	设防烈度	加速度	设计地震分组	县级及县级以上城镇
济宁市	7度	0.10g	第三组	微山县、梁山县
	7度	0.10g	第二组	兖州市、汶上县、泗水县、曲阜市、邹城市
	6度	0.05g	第三组	任城区、金乡县、嘉祥县
	6度	0.05g	第二组	鱼台县
威海市	7度	0.10g	第一组	环翠区、文登区、荣成市
	6度	0.05g	第二组	乳山市
日照市	8度	0.20g	第二组	莒县
	7度	0.15g	第三组	五莲县
	7度	0.10g	第三组	东港区、岚山区
莱芜市	7度	0.10g	第三组	钢城区
	7度	0.10g	第二组	莱城区
临沂市	8度	0.20g	第二组	兰山区、罗庄区、河东区、郯城县、沂水县、莒南县、临沭县
	7度	0.15g	第二组	沂南县、兰陵县、费县
	7度	0.10g	第三组	平邑县、蒙阴县
德州市	7度	0.15g	第二组	平原县、禹城市
	7度	0.10g	第三组	临邑县、齐河县
	7度	0.10g	第二组	德城区、陵城区、夏津县
	6度	0.05g	第三组	宁津县、庆云县、武城县、乐陵市
聊城市	8度	0.20g	第二组	阳谷县、莘县
	7度	0.15g	第二组	东昌府区、茌平县、高唐县
	7度	0.10g	第三组	冠县、临清市
	7度	0.10g	第二组	东阿县
滨州市	7度	0.10g	第三组	滨城区、博兴县、邹平县
	6度	0.05g	第三组	沾化区、惠民县、阳信县、无棣县
菏泽市	8度	0.20g	第二组	鄄城县、东明县
	7度	0.15g	第二组	牡丹区、郓城县、定陶县
	7度	0.10g	第三组	巨野县
	7度	0.10g	第二组	曹县、单县、成武县

14 河南省

城市名	设防烈度	加速度	设计地震分组	县级及县级以上城镇
郑州市	7度	0.15g	第二组	中原区、二七区、管城回族区、金水区、惠济区
	7度	0.10g	第二组	上街区、中牟县、巩义市、荥阳市、新密市、新郑市、登封市
开封市	7度	0.15g	第二组	兰考县
	7度	0.10g	第二组	龙亭区、顺河回族区、鼓楼区、禹王台区、祥符区、通许县、尉氏县
	6度	0.05g	第二组	杞县
洛阳市	7度	0.10g	第二组	洛阳市其他地区
	6度	0.05g	第三组	洛宁县
	6度	0.05g	第二组	嵩县、伊川县
	6度	0.05g	第三组	栾川县、汝阳县
平顶山市	6度	0.05g	第一组	新华区、卫东区、石龙区、湛河区、宝丰县、叶县、鲁山县、舞钢市
	6度	0.05g	第二组	郏县、汝州市
安阳市	8度	0.20g	第二组	文峰区、殷都区、龙安区、北关区、安阳县、汤阴县
	7度	0.15g	第二组	滑县、内黄县
	7度	0.10g	第二组	林州市
鹤壁市	8度	0.20g	第二组	山城区、淇滨区、淇县
	7度	0.15g	第二组	鹤山区、浚县
新乡市	8度	0.20g	第二组	红旗区、卫滨区、凤泉区、牧野区、新乡县、获嘉县、原阳县、延津县、卫辉市、辉县市
	7度	0.15g	第二组	封丘县、长垣县
焦作市	7度	0.15g	第二组	修武县、武陟县
	7度	0.10g	第二组	解放区、中站区、马村区、山阳区、博爱县、温县、沁阳县、孟州市
濮阳市	8度	0.20g	第二组	范县
	7度	0.15g	第二组	华龙区、清丰县、南乐县、台前县、濮阳县
许昌市	7度	0.10g	第一组	魏都区、许昌县、鄢陵县、禹州市、长葛市
	6度	0.05g	第二组	襄城县
漯河市	7度	0.10g	第一组	舞阳县
	6度	0.05g	第一组	召陵区、源汇区、郾城区、临颍县
三门峡市	7度	0.15g	第二组	湖滨区、陕州区、灵宝市
	6度	0.05g	第三组	渑池县、卢氏县
	6度	0.05g	第二组	义马市

续表

城市名	设防烈度	加速度	设计地震分组	县级及县级以上城镇
南阳市	7度	0.10g	第一组	宛城区、卧龙区、西峡县、镇平县、内乡县、唐河县
	6度	0.05g	第一组	南召县、方城县、淅川县、社旗县、新野县、桐柏县、邓州市
商丘市	7度	0.10g	第二组	梁园区、睢阳区、民权县、虞城县
	6度	0.05g	第三组	睢县、永城市
	6度	0.05g	第二组	宁陵县、柘城县、夏邑县
信阳市	7度	0.10g	第一组	罗山县、潢川县、息县
	6度	0.05g	第一组	信阳市其他地区
周口市	7度	0.10g	第一组	扶沟县、太康县
	6度	0.05g	第一组	川汇区、西华县、商水县、沈丘县、郸城县、淮阳县、鹿邑县、项城市
驻马店市	7度	0.10g	第一组	西平县
	6度	0.05g	第一组	驿城区、上蔡县、平舆县、正阳县、确山县、泌阳县、汝南县、遂平县、新蔡县
省直辖县级行政单位	7度	0.10g	第二组	济源市

注：1. 湛河区政府驻平顶山市新华区曙光街街道；
2. 安阳县政府驻安阳市北关区灯塔路街道

15 湖北省

城市名	设防烈度	加速度	设计地震分组	县级及县级以上城镇
武汉市	7度	0.10g	第一组	新洲区
	6度	0.05g	第一组	武汉市其他地区
黄石市	6度	0.05g	第一组	
十堰市	7度	0.15g	第一组	竹山县、竹溪县
	7度	0.10g	第一组	郧阳区、房县
	6度	0.05g	第一组	茅箭区、张湾区、郧西县、丹江口市
宜昌市	6度	0.05g	第一组	
襄阳市	6度	0.05g	第一组	
鄂州市	6度	0.05g	第一组	
荆门市	6度	0.05g	第一组	
孝感市	6度	0.05g	第一组	

续表

城市名	设防烈度	加速度	设计地震分组	县级及县级以上城镇
荆州市	6度	0.05g	第一组	
黄冈市	7度	0.10g	第一组	团风县、罗田县、英山县、麻城市
	6度	0.05g	第一组	黄冈市其他地区
咸宁市	6度	0.05g	第一组	
随州市	6度	0.05g	第一组	
恩施土家族苗族自治州	6度	0.05g	第一组	
省直辖县级行政单位	6度	0.05g	第一组	仙桃市、潜江市、天门市、神农架林区

16 湖南省

城市名	设防烈度	加速度	设计地震分组	县级及县级以上城镇
长沙市	6度	0.05g	第一组	
株洲市	6度	0.05g	第一组	
湘潭市	6度	0.05g	第一组	
衡阳市	6度	0.05g	第一组	
邵阳市	6度	0.05g	第一组	
岳阳市	7度	0.10g	第二组	湘阴县、汨罗市
	7度	0.10g	第一组	岳阳楼区、岳阳县
	6度	0.05g	第一组	云溪区、君山区、华容县、平江县、临湘市
常德市	7度	0.15g	第一组	武陵区、鼎城区
	7度	0.10g	第一组	安乡县、汉寿县、临澧县、澧县、桃源县、津市市
	6度	0.05g	第一组	石门县
张家界市	6度	0.05g	第一组	
益阳市	6度	0.05g	第一组	
郴州市	6度	0.05g	第一组	
永州市	6度	0.05g	第一组	
怀化市	6度	0.05g	第一组	
娄底市	6度	0.05g	第一组	
湘西土家族苗族自治州	6度	0.05g	第一组	

17 广东省

城市名	设防烈度	加速度	设计地震分组	县级及县级以上城镇
广州市	7度	0.10g	第一组	荔湾区、越秀区、海珠区、天河区、白云区、黄浦区、番禺区、南沙区
	6度	0.05g	第一组	花都区、增城区、从化区
韶关市	6度	0.05g	第一组	
深圳市	6度	0.05g	第一组	
珠海市	7度	0.10g	第二组	香洲区、金湾区
	7度	0.10g	第一组	斗门区
汕头市	8度	0.20g	第二组	龙湖区、金平区、濠江区、潮阳区、澄海区、南澳县
	7度	0.15g	第二组	潮南区
佛山市	7度	0.10g	第一组	禅城区、南海区、三水区、高明区、顺德区
江门市	7度	0.10g	第一组	蓬江区、江海区、新会区、鹤山市
	6度	0.05g	第一组	台山市、开平市、恩平市
湛江市	8度	0.20g	第二组	徐闻县
	7度	0.10g	第一组	赤坎区、霞山区、坡头区、麻章区、遂溪县、廉江市、雷州市、吴川市
茂名市	7度	0.10g	第一组	茂南区、电白区、化州市
	6度	0.05g	第一组	高州市、信宜市
肇庆市	7度	0.10g	第一组	端州市、鼎湖区、高要区
	6度	0.05g	第一组	广宁县、怀集县、封开县、德庆县、四会市
惠州市	6度	0.05g	第一组	
梅州市	7度	0.10g	第二组	大埔县
	7度	0.10g	第一组	梅江区、梅县区、丰顺区
	6度	0.05g	第一组	五华县、平远县、蕉岭县、兴宁市
汕尾市	7度	0.10g	第一组	城区、海丰县、陆丰市
	6度	0.05g	第一组	陆河县
河源市	7度	0.10g	第一组	源城区、东源县
	6度	0.05g	第一组	紫金县、龙川县、连平县、和平县
阳江市	7度	0.15g	第一组	江城区
	7度	0.10g	第一组	阳东区、阳西县
	6度	0.05g	第一组	阳春市
清远市	6度	0.05g	第一组	

续表

城市名	设防烈度	加速度	设计地震分组	县级及县级以上城镇
东莞市	6度	0.05g	第一组	
中山市	7度	0.10g	第一组	
潮州市	8度	0.20g	第二组	湘桥区、潮安区
	7度	0.15g	第二组	饶平县
揭阳市	7度	0.15g	第二组	榕城区、揭东区
	7度	0.10g	第二组	惠来县、普宁市
	6度	0.05g	第一组	揭西县
云浮市	6度	0.05g	第一组	

18 广西壮族自治区

城市名	设防烈度	加速度	设计地震分组	县级及县级以上城镇
南宁市	7度	0.15g	第一组	隆安县
	7度	0.10g	第一组	兴宁区、青秀区、江南区、西乡塘区、良庆区、邕宁区、横县
	6度	0.05g	第一组	武鸣区、马山县、上林县、宾阳县
柳州市	6度	0.05g	第一组	
桂林市	6度	0.05g	第一组	
梧州市	6度	0.05g	第一组	
北海市	7度	0.10g	第一组	合浦县
	6度	0.05g	第一组	海城区、银海区、铁山港区
防城港市	6度	0.05g	第一组	港口区、防城区、上思县、东兴市
钦州市	7度	0.15g	第一组	灵山县
	7度	0.10g	第一组	钦南区、钦北区、浦北县
贵港市	6度	0.05g	第一组	
百色市	7度	0.15g	第一组	田东县、平果县、乐业县
	7度	0.10g	第一组	右江区、田阳县、田林县
	6度	0.05g	第二组	西林县、隆林各族自治县
	6度	0.05g	第一组	德保县、那坡县、凌云县
贺州市	6度	0.05g	第一组	
河池市	6度	0.05g	第一组	
来宾市	6度	0.05g	第一组	

续表

城市名	设防烈度	加速度	设计地震分组	县级及县级以上城镇
崇左市	7度	0.10g	第一组	扶绥县
	6度	0.05g	第一组	江州区、宁明县、龙州县、大新县、天等县、凭祥市
玉林市	7度	0.10g	第一组	玉州区、福绵区、陆川县、博白县、兴业县、北流市
	6度	0.05g	第一组	容县
自治区直辖县级行政单位	6度	0.05g	第一组	

19 海南省

城市名	设防烈度	加速度	设计地震分组	县级及县级以上城镇
海口市	8度	0.30g	第二组	秀英区、龙华区、琼山区、美兰区
三亚市	6度	0.05g	第一组	海棠区、吉阳区、天涯区、崖州区
三沙市	7度	0.10g	第一组	
儋州市	7度	0.10g	第二组	
省直辖县级行政单位	8度	0.20g	第二组	文昌市、定安县
	7度	0.15g	第二组	澄迈县
	7度	0.15g	第一组	临高县
	7度	0.10g	第二组	琼海市、屯昌县
	6度	0.05g	第二组	白沙黎族自治县、琼中黎族苗族自治县
	6度	0.05g	第一组	其他省直辖县级行政单位

注：三沙市政府驻西沙永兴岛

20 四川省

城市名	设防烈度	加速度	设计地震分组	县级及县级以上城镇
成都市	8度	0.20g	第二组	都江堰市
	7度	0.15g	第二组	彭州市
	7度	0.10g	第三组	成都市其他地区
自贡市	7度	0.10g	第二组	富顺县
	7度	0.10g	第一组	自流井区、贡井区、大安区、沿滩区
	6度	0.05g	第三组	荣县
攀枝花市	7度	0.15g	第三组	

续表

城市名	设防烈度	加速度	设计地震分组	县级及县级以上城镇
泸州市	6度	0.05g	第二组	泸县
	6度	0.05g	第一组	江阳区、纳溪区、龙马潭区、合江县、叙永县、古蔺县
德阳市	7度	0.15g	第二组	什邡市、绵竹市
	7度	0.10g	第三组	广汉市
	7度	0.10g	第二组	旌阳区、中江县、罗江县
绵阳市	8度	0.20g	第二组	平武县
	7度	0.15g	第二组	北川羌族自治县（新）、江油市
	7度	0.10g	第二组	涪城区、游仙区、安县
	6度	0.05g	第二组	三台县、盐亭县、梓潼县
广元市	7度	0.15g	第二组	朝天区、青川县
	7度	0.10g	第二组	利州区、昭化区、剑阁县
	6度	0.05g	第二组	旺苍县、苍溪县
遂宁市	6度	0.05g	第一组	
内江市	7度	0.10g	第一组	隆昌县
	6度	0.05g	第二组	威远县
	6度	0.05g	第一组	市中区、东兴区、资中县
乐山市	7度	0.15g	第三组	金口河区
	7度	0.15g	第二组	沙湾区、沐川县、峨边彝族自治县、马边彝族自治县
	7度	0.10g	第三组	五通桥区、犍为县、夹江县
	7度	0.10g	第二组	市中区、峨眉山市
	6度	0.05g	第三组	井研县
南充市	6度	0.05g	第二组	阆中市
	6度	0.05g	第一组	南充市其他地区
眉山市	7度	0.10g	第三组	东坡区、彭山区、洪雅县、丹棱县、青神县
	6度	0.05g	第二组	仁寿县
宜宾市	7度	0.10g	第三组	高县
	7度	0.10g	第二组	翠屏区、宜宾县、屏山县
	6度	0.05g	第三组	珙县、筠连县
	6度	0.05g	第二组	南溪区、江安县、长宁县
	6度	0.05g	第一组	兴文县
广安市	6度	0.05g	第一组	

续表

城市名	设防烈度	加速度	设计地震分组	县级及县级以上城镇
达州市	6度	0.05g	第一组	
雅安市	8度	0.20g	第三组	石棉县
	8度	0.20g	第一组	宝兴县
	7度	0.15g	第三组	荥经县、汉源县
	7度	0.15g	第二组	天全县、芦山县
	7度	0.10g	第三组	名山区
	7度	0.10g	第二组	雨城区
巴中市	6度	0.05g	第一组	巴州区、恩阳区、通江县、平昌县
	6度	0.05g	第二组	南江县
资阳市	6度	0.05g	第一组	雁江区、安岳县、乐至县
	6度	0.05g	第二组	简阳市
阿坝藏族羌族自治州	8度	0.20g	第三组	九寨沟县
	8度	0.20g	第二组	松潘县
	8度	0.20g	第一组	汶川县、茂县
	7度	0.15g	第二组	理县、阿坝县
	7度	0.10g	第三组	金川县、小金县、黑水县、壤塘县、若尔盖县、红原县
	7度	0.10g	第二组	马尔康县
甘孜藏族自治州	9度	0.40g	第二组	康定市
	8度	0.30g	第二组	道孚县、炉霍县
	8度	0.20g	第三组	理塘县、甘孜县
	8度	0.20g	第二组	泸定县、德格县、白玉县、巴塘县、得荣县
	7度	0.15g	第三组	九龙县、雅江县、新龙县
	7度	0.15g	第二组	丹巴县
	7度	0.10g	第三组	石渠县、色达县、稻城县
	7度	0.10g	第二组	乡城县
凉山彝族自治州	9度	0.40g	第三组	西昌市
	8度	0.30g	第三组	宁南县、普格县、冕宁县
	8度	0.20g	第三组	盐源县、德昌县、布拖县、昭觉县、喜德县、越西县、雷波县
	7度	0.15g	第三组	木里藏族自治县、会东县、金阳县、甘洛县、美姑县
	7度	0.10g	第三组	会理县

21 贵州省

城市名	设防烈度	加速度	设计地震分组	县级及县级以上城镇
贵阳市	6度	0.05g	第一组	
六盘水市	7度	0.10g	第二组	钟山区
	6度	0.05g	第三组	盘县
	6度	0.05g	第二组	水城县
	6度	0.05g	第一组	六枝特区
遵义市	6度	0.05g	第一组	
安顺市	6度	0.05g	第一组	
铜仁市	6度	0.05g	第一组	
黔西南布依族苗族自治州	7度	0.15g	第一组	望谟县
	7度	0.10g	第二组	普安县、晴隆县
	6度	0.05g	第三组	兴义市
	6度	0.05g	第二组	兴仁县、贞丰县、册亨县、安龙县
黔南布依族苗族自治州	7度	0.10g	第一组	福泉市、贵定县、龙里县
	6度	0.05g	第一组	都匀市、荔波县、瓮安县、独山县、平塘县、罗甸县、长顺县、惠水县、三都水族自治县
毕节市	7度	0.10g	第三组	威宁彝族回族苗族自治县
	6度	0.05g	第三组	赫章县
	6度	0.05g	第二组	七星关区、大方县、纳雍县
	6度	0.05g	第一组	金沙县、黔西县、织金县
黔东南苗族侗族自治州	6度	0.05g	第一组	

22 云南省

城市名	设防烈度	加速度	设计地震分组	县级及县级以上城镇
昆明市	9度	0.40g	第三组	东川区、寻甸回族彝族自治县
	8度	0.30g	第三组	宜良县、嵩明县
	8度	0.20g	第三组	五华区、盘龙区、官渡区、西山区、呈贡区、晋宁县、石林彝族自治县、安宁市
	7度	0.15g	第三组	富民县、禄劝彝族苗族自治县
曲靖市	8度	0.20g	第三组	马龙县、会泽县
	7度	0.15g	第三组	麒麟区、陆良县、沾益县
	7度	0.10g	第三组	师宗县、富源县、罗平县、宣威市

续表

城市名	设防烈度	加速度	设计地震分组	县级及县级以上城镇
玉溪市	8度	0.30g	第三组	江川县、澄江县、通海县、华宁县、峨山彝族自治县
	8度	0.20g	第三组	红塔区、易门县
	7度	0.15g	第三组	新平彝族傣族自治县、元江哈尼族彝族傣族自治县
保山市	8度	0.30g	第三组	龙陵县
	8度	0.20g	第三组	隆阳区、施甸区
	7度	0.15g	第三组	昌宁县
昭通市	8度	0.20g	第三组	巧家县、永善县
	7度	0.15g	第三组	大关县、彝良县、鲁甸县
	7度	0.15g	第二组	绥江县
	7度	0.10g	第三组	昭阳区、延津县
	7度	0.10g	第二组	水富县
	6度	0.05g	第二组	镇雄县、威信县
丽江市	8度	0.30g	第三组	古城区、玉龙纳西族自治县、永胜县
	8度	0.20g	第三组	宁蒗彝族自治县
	7度	0.15g	第三组	华坪县
普洱市	9度	0.40g	第三组	澜沧拉祜族自治县
	8度	0.30g	第三组	孟连傣族拉祜族佤族自治县、西盟佤族自治县
	8度	0.20g	第三组	思茅区、宁洱哈尼族彝族自治县
	7度	0.15g	第三组	景东彝族自治县、景谷傣族彝族自治县
	7度	0.10g	第三组	墨江哈尼族自治县、镇沅彝族哈尼族拉祜族自治县、江城哈尼族彝族自治县
临沧市	8度	0.30g	第三组	双江拉祜族佤族布朗族傣族自治县、耿马傣族佤族自治县、沧源佤族自治县
	8度	0.20g	第三组	临翔区、凤庆县、云县、永德县、镇康县
楚雄彝族自治州	8度	0.20g	第三组	楚雄市、南华县
	7度	0.15g	第三组	双柏县、牟定县、姚安县、大姚县、元谋县、武定县、禄丰县
	7度	0.10g	第三组	永仁县
红河哈尼族彝族自治州	8度	0.30g	第三组	建水县、石屏县
	7度	0.15g	第三组	个旧市、开远市、弥勒市、元阳县、红河县
	7度	0.10g	第三组	蒙自市、泸西县、金平苗族瑶族傣族自治县、绿春县
	7度	0.10g	第一组	河口瑶族自治县
	6度	0.05g	第三组	屏边苗族自治县

续表

城市名	设防烈度	加速度	设计地震分组	县级及县级以上城镇
文山壮族苗族自治州	7度	0.10g	第三组	文山市
	6度	0.05g	第三组	砚山县、丘北县
	6度	0.05g	第二组	广南县
	6度	0.05g	第一组	西畴县、麻栗坡县、马关县、富宁县
西双版纳傣族自治州	8度	0.30g	第三组	勐海县
	8度	0.20g	第三组	景洪市
	7度	0.15g	第三组	勐腊县
大理白族自治州	8度	0.30g	第三组	洱源县、剑川县、鹤庆县
	8度	0.20g	第三组	大理市、漾濞彝族自治县、祥云县、宾川县、弥渡县、南涧彝族自治县、巍山彝族回族自治县
	7度	0.15g	第三组	永平县、云龙县
德宏傣族景颇族自治州	8度	0.30g	第三组	瑞丽市、芒市
	8度	0.20g	第三组	梁河县、盈江县、陇川县
怒江傈僳族自治州	8度	0.20g	第三组	泸水县
	8度	0.20g	第二组	福贡县、贡山独龙族怒族自治县
	7度	0.15g	第三组	兰坪白族普米族自治县
迪庆藏族自治州	8度	0.20g	第二组	
省直辖县级行政单位	8度	0.20g	第三组	

23 西藏自治区

城市名	设防烈度	加速度	设计地震分组	县级及县级以上城镇
拉萨市	9度	0.40g	第三组	当雄县
	8度	0.20g	第三组	城关区、林周县、尼木县、堆龙德庆县
	7度	0.15g	第三组	曲水县、达孜县、墨竹工卡县
昌都市	8度	0.20g	第三组	卡若区、边坝县、洛隆县
	7度	0.15g	第三组	类乌齐县、丁青县、察雅县、八宿县、左贡县
	7度	0.15g	第二组	江达县、芒康县
	7度	0.10g	第三组	贡觉县
山南地区	8度	0.30g	第三组	错那县
	8度	0.20g	第三组	桑日县、曲松县、隆子县
	7度	0.15g	第三组	乃东县、扎囊县、贡嘎县、琼结县、措美县、洛扎县、加查县、浪卡子县

续表

城市名	设防烈度	加速度	设计地震分组	县级及县级以上城镇
日喀则市	8度	0.20g	第三组	仁布县、康马县、聂拉木县
	8度	0.20g	第二组	拉孜县、定结县、亚东县
	7度	0.15g	第三组	桑珠孜区（原日喀则市）、南木林县、江孜县、定日县、萨迦县、白朗县、吉隆县、萨嘎县、岗巴县
	7度	0.15g	第二组	昂仁县、谢通门县、仲巴县
那曲地区	8度	0.30g	第三组	申扎县
	8度	0.20g	第三组	那曲县、安多县、尼玛县
	8度	0.20g	第二组	嘉黎县
	7度	0.15g	第三组	聂荣县、班戈县
	7度	0.15g	第二组	索县、巴青县、双湖县
	7度	0.10g	第三组	比如县
阿里地区	8度	0.20g	第三组	普兰县
	7度	0.15g	第三组	噶尔县、日土县
	7度	0.15g	第二组	札达县、改则县
	7度	0.10g	第三组	革吉县
	7度	0.10g	第二组	措勤县
林芝市	9度	0.40g	第三组	墨脱县
	8度	0.30g	第三组	米林县、波密县
	8度	0.20g	第三组	巴宜区（原林芝县）
	7度	0.15g	第三组	察隅县、朗县
	7度	0.10g	第三组	工布江达县

24 陕西省

城市名	设防烈度	加速度	设计地震分组	县级及县级以上城镇
西安市	8度	0.20g	第二组	
铜川市	7度	0.10g	第三组	王益区、印台区、耀州区
	6度	0.05g	第二组	宜君县
渭南市	8度	0.30g	第二组	华县
	8度	0.20g	第二组	临渭区、潼关县、大荔县、华阴市
	7度	0.15g	第三组	澄城县、富平县
	7度	0.15g	第二组	合阳县、蒲城县、韩城市
	7度	0.10g	第三组	白水县

续表

城市名	设防烈度	加速度	设计地震分组	县级及县级以上城镇
宝鸡市	8度	0.20g	第三组	凤翔县、岐山县、陇县、千阳县
	8度	0.20g	第二组	渭滨区、金台区、陈仓区、扶风县、眉县
	7度	0.15g	第三组	凤县
	7度	0.10g	第三组	麟游县、太白县
咸阳市	8度	0.20g	第二组	秦都区、杨凌区、渭城区、泾阳县、武功县、兴平市
	7度	0.15g	第三组	乾县
	7度	0.15g	第二组	三原县、礼泉县
	7度	0.10g	第三组	永寿县、淳化县
	6度	0.05g	第三组	彬县、长武县、旬邑县
延安市	6度	0.05g	第三组	吴起县、富县、洛川县、宜川县、黄龙县、黄陵县
	6度	0.05g	第二组	延长县、延川县
	6度	0.05g	第一组	宝塔区、子长县、安塞县、志丹县、甘泉县
汉中市	7度	0.15g	第二组	略阳县
	7度	0.10g	第三组	留坝县
	7度	0.10g	第二组	汉台区、南郑县、勉县、宁强县
	6度	0.05g	第三组	城固县、洋县、西乡县、佛坪县
	6度	0.05g	第一组	镇巴县
榆林市	6度	0.05g	第三组	府谷县、定边县、吴堡县
	6度	0.05g	第一组	榆阳区、神木县、横山县、靖边县、绥德县、米脂县、佳县、清涧县、子洲县
安康市	7度	0.10g	第一组	汉滨区、平利县
	6度	0.05g	第三组	汉阴县、石泉县、宁陕县
	6度	0.05g	第二组	紫阳县、旬阳县、白河县、岚皋县
	6度	0.05g	第一组	镇坪县
商洛市	7度	0.15g	第二组	洛南县
	7度	0.10g	第三组	商州区、柞水县
	7度	0.10g	第一组	商南县
	6度	0.05g	第三组	丹凤县、山阳县、镇安县

25 甘肃省

城市名	设防烈度	加速度	设计地震分组	县级及县级以上城镇
兰州市	8度	0.20g	第三组	城关区、七里河区、西固区、安宁区、永登县
	7度	0.15g	第三组	红古区、皋兰县、榆中县
嘉峪关市	8度	0.20g	第二组	
金昌市	7度	0.15g	第三组	
白银市	8度	0.30g	第三组	平川区
	8度	0.20g	第三组	靖远县、会宁县、景泰县
	7度	0.15g	第三组	白银区
天水市	8度	0.30g	第二组	秦州区、麦积区
	8度	0.20g	第三组	清水县、秦安县、武山县、张家川回族自治县
	8度	0.20g	第二组	甘谷县
武威市	8度	0.30g	第三组	古浪县
	8度	0.20g	第三组	凉州区、天祝藏族自治县
	7度	0.10g	第三组	民勤县
张掖市	8度	0.20g	第三组	临泽县
	8度	0.20g	第二组	肃南裕固族自治县、高台县
	7度	0.15g	第三组	甘州区
	7度	0.15g	第二组	民乐县、山丹县
平凉市	8度	0.20g	第三组	华亭县、庄浪县、静宁县
	7度	0.15g	第三组	崆峒区、崇信县
	7度	0.10g	第三组	泾川县、灵台县
酒泉市	8度	0.20g	第二组	肃北蒙古族自治区
	7度	0.15g	第三组	肃州区、玉门市
	7度	0.15g	第二组	金塔县、阿克塞哈萨克族自治县
	7度	0.10g	第三组	瓜州县、敦煌市
庆阳市	7度	0.10g	第三组	西峰区、环县、镇原县
	6度	0.05g	第三组	庆城县、华池县、合水县、正宁县、宁县
定西市	8度	0.20g	第三组	通渭县、陇西县、漳县
	7度	0.15g	第三组	安定区、渭源县、临洮县、岷县
陇南市	8度	0.30g	第二组	西和县、礼县
	8度	0.20g	第三组	两当县
	8度	0.20g	第二组	武都区、成县、文县、康县、徽县、宕昌县
临夏回族自治州	8度	0.20g	第三组	永靖县
	7度	0.15g	第三组	临夏市、康乐市、广河县、和政县、东乡族自治县
	7度	0.15g	第二组	临夏县
	7度	0.10g	第三组	积石山保安族东乡族撒拉族自治县

续表

城市名	设防烈度	加速度	设计地震分组	县级及县级以上城镇
甘南藏族自治州	8度	0.20g	第三组	舟曲县
	8度	0.20g	第二组	玛曲县
	7度	0.15g	第三组	临潭县、卓尼县、迭部县
	7度	0.15g	第二组	合作市、夏河县
	7度	0.10g	第三组	碌曲县

26 青海省

城市名	设防烈度	加速度	设计地震分组	县级及县级以上城镇
西宁市	7度	0.10g	第三组	
海北藏族自治州	8度	0.20g	第二组	祁连县
	7度	0.15g	第三组	门源回族自治县
	7度	0.15g	第二组	海晏县
	7度	0.10g	第三组	刚察县
海东市	7度	0.10g	第三组	
黄南藏族自治州	7度	0.15g	第二组	同仁县
	7度	0.10g	第三组	尖扎县、河南蒙古族自治县
	7度	0.10g	第二组	泽库县
海南藏族自治州	7度	0.15g	第二组	贵德县
	7度	0.10g	第三组	共和县、同德县、兴海县、贵南县
果洛藏族自治州	8度	0.30g	第三组	玛沁县
	8度	0.20g	第三组	甘德县、达日县
	7度	0.15g	第三组	玛多县
	7度	0.10g	第三组	班玛县、久治县
玉树藏族自治州	8度	0.20g	第三组	曲麻莱县
	7度	0.15g	第三组	玉树市、治多县
	7度	0.10g	第三组	称多县
	7度	0.10g	第二组	杂多县、囊谦县
海西蒙古族藏族自治州	7度	0.15g	第三组	德令哈市
	7度	0.15g	第二组	乌兰县
	7度	0.10g	第三组	格尔木市、都兰县、天峻县

27 宁夏回族自治区

城市名	设防烈度	加速度	设计地震分组	县级及县级以上城镇
银川市	8度	0.20g	第三组	灵武市
	8度	0.20g	第二组	兴庆区、西夏区、金凤区、永宁县、贺兰县
石嘴山市	8度	0.20g	第二组	
吴忠市	8度	0.20g	第三组	利通区、红寺堡区、同心县、青铜峡市
	6度	0.05g	第三组	盐池县
固原市	8度	0.20g	第三组	原州区、西吉县、隆德县、泾源县
	7度	0.15g	第三组	彭阳县
中卫市	8度	0.30g	第三组	海原市
	8度	0.20g	第三组	沙坡头区、中宁县

28 新疆维吾尔自治区

城市名	设防烈度	加速度	设计地震分组	县级及县级以上城镇
乌鲁木齐市	8度	0.20g	第二组	
阿克苏地区	8度	0.20g	第二组	阿克苏市、温宿县、库车县、拜城县、乌什县、柯坪县
	7度	0.15g	第二组	新和县
	7度	0.10g	第三组	沙雅县、阿瓦提县、阿瓦提镇
克拉玛依市	8度	0.20g	第三组	独山子区
	7度	0.10g	第三组	克拉玛依区、白碱滩区
	7度	0.10g	第一组	乌尔禾区
吐鲁番市	7度	0.15g	第二组	高昌区（原吐鲁番市）
	7度	0.10g	第二组	鄯善县、托克逊县
哈密地区	8度	0.20g	第二组	巴里坤哈萨克自治县
	7度	0.15g	第二组	伊吾县
	7度	0.10g	第二组	哈密市
昌吉回族自治州	8度	0.20g	第三组	昌吉市、玛纳斯县
	8度	0.20g	第二组	木垒哈萨克自治县
	7度	0.15g	第三组	呼图壁县
	7度	0.15g	第三组	阜康市、吉木萨尔县
	7度	0.10g	第二组	奇台县
博尔塔拉蒙古自治州	8度	0.20g	第三组	精河县
	8度	0.20g	第二组	阿拉山口市
	7度	0.15g	第三组	博乐市、温泉县

续表

城市名	设防烈度	加速度	设计地震分组	县级及县级以上城镇
巴音郭楞蒙古自治州	8度	0.20g	第二组	库尔勒市、焉耆回族自治县、和静镇、和硕县、博湖县
	7度	0.15g	第二组	轮台县
	7度	0.10g	第二组	且末县
	7度	0.10g	第三组	尉犁县、若羌县
克孜勒苏柯尔克孜自治州	9度	0.40g	第三组	乌恰县
	8度	0.30g	第三组	阿图什市
	8度	0.20g	第三组	阿克陶县
	8度	0.20g	第二组	阿合奇县
喀什地区	9度	0.40g	第三组	塔什库尔干塔吉克自治县
	8度	0.30g	第三组	喀什市、疏附县、英吉沙县
	8度	0.20g	第三组	疏勒县、岳普湖县、伽师县、巴楚县
	7度	0.15g	第三组	泽普县、叶城县
	7度	0.10g	第三组	莎车县、麦盖提县
和田地区	7度	0.15g	第二组	和田市、和田县、墨玉县、洛浦县、策勒县
	7度	0.10g	第三组	皮山县
	7度	0.10g	第二组	于田县、民丰县
伊犁哈萨克自治州	8度	0.30g	第三组	昭苏县、特克斯县、尼勒克县
	8度	0.20g	第三组	伊宁市、奎屯市、霍尔果斯市、伊宁县、霍城县、巩留县、新源县
	7度	0.15g	第三组	察布查尔锡伯自治县
阿勒泰地区	8度	0.20g	第三组	富蕴县、青河县
	7度	0.15g	第二组	阿勒泰市、哈巴河县
	7度	0.10g	第二组	布尔津县
	6度	0.05g	第三组	福海县、吉木乃县
塔城地区	8度	0.20g	第三组	乌苏市、沙湾县
	7度	0.15g	第二组	托里县
	7度	0.15g	第一组	和布克赛尔蒙古自治县
	7度	0.10g	第二组	裕民县
	7度	0.10g	第一组	塔城市、额敏县
自治区直辖县级行政单位	8度	0.20g	第三组	石河子市、可克达拉市
	8度	0.20g	第二组	铁门关市
	7度	0.15g	第三组	图木舒克市、五家渠市、双河市
	7度	0.10g	第二组	北屯市、阿拉尔市

注：1. 乌鲁木齐县政府驻乌鲁木齐市水磨沟区南湖南路街道；
2. 和田县政府驻和田市古江巴格街道

29 港澳地区和台湾省

城市名	设防烈度	加速度	设计地震分组	县级及县级以上城镇
香港特别行政区	7度	0.15g	第二组	
澳门特别行政区	7度	0.10g	第二组	
台湾省	9度	0.40g	第三组	嘉义县、嘉义市、云林县、南投县、彰化县、台中市、苗栗县、花莲县
	9度	0.40g	第二组	台南县、台中县
	8度	0.30g	第三组	台北市、台北县、基隆市、桃园县、新竹县、新竹市、宜兰县、台东县、屏东县
	8度	0.20g	第三组	高雄市、高雄县、金门县
	8度	0.20g	第二组	澎湖县
	6度	0.05g	第二组	马祖县

附录C D 值法计算表格

表 C1 反弯点高度比 y_0（倒三角形节点荷载）

m	n	$\bar{K}$												
		0.1	0.2	0.3	0.4	0.5	0.6	0.7	0.8	0.9	1.0	2.0	3.0	4.0	5.0
1	1	0.80	0.75	0.70	0.65	0.65	0.60	0.60	0.60	0.60	0.55	0.55	0.55	0.55	0.55
2	2	0.50	0.45	0.40	0.40	0.40	0.40	0.40	0.40	0.40	0.45	0.45	0.45	0.45	0.50
2	1	1.00	0.85	0.25	0.70	0.65	0.65	0.65	0.65	0.60	0.60	0.55	0.55	0.55	0.55
3	3	0.25	0.25	0.25	0.30	0.30	0.35	0.35	0.35	0.40	0.40	0.45	0.45	0.45	0.50
3	2	0.60	0.50	0.50	0.50	0.50	0.45	0.45	0.45	0.45	0.45	0.50	0.50	0.55	0.50
3	1	1.15	0.90	0.80	0.75	0.75	0.70	0.70	0.65	0.65	0.65	0.55	0.55	0.55	0.55
4	4	0.10	0.15	0.20	0.25	0.30	0.35	0.35	0.35	0.40	0.45	0.45	0.45	0.45	0.50
4	3	0.35	0.35	0.35	0.40	0.40	0.40	0.40	0.40	0.45	0.45	0.45	0.50	0.50	0.50
4	2	0.70	0.60	0.55	0.50	0.50	0.50	0.50	0.50	0.50	0.50	0.50	0.50	0.50	0.50
4	1	1.20	0.95	0.85	0.80	0.75	0.70	0.70	0.65	0.65	0.55	0.55	0.55	0.55	0.55

续表

m	n	$\bar{K}$												
		0.1	0.2	0.3	0.4	0.5	0.6	0.7	0.8	0.9	1.0	2.0	3.0	4.0	5.0
5	5	−0.05	0.10	0.20	0.25	0.30	0.30	0.35	0.35	0.35	0.35	0.40	0.45	0.45	0.45
	4	0.20	0.25	0.35	0.35	0.40	0.40	0.40	0.40	0.45	0.45	0.45	0.50	0.50	0.50
	3	0.45	0.40	0.45	0.45	0.45	0.45	0.45	0.45	0.45	0.50	0.50	0.50	0.50	0.50
	2	0.75	0.60	0.55	0.55	0.55	0.50	0.50	0.50	0.50	0.50	0.50	0.50	0.50	0.50
	1	1.30	1.00	0.85	0.80	0.75	0.70	0.70	0.70	0.65	0.65	0.60	0.55	0.55	0.55
6	6	−0.15	0.05	0.15	0.20	0.25	0.30	0.30	0.35	0.35	0.35	0.40	0.45	0.45	0.45
	5	0.01	0.25	0.30	0.35	0.35	0.40	0.40	0.40	0.45	0.45	0.45	0.50	0.50	0.50
	4	0.30	0.35	0.40	0.40	0.45	0.45	0.45	0.45	0.45	0.45	0.50	0.50	0.50	0.50
	3	0.50	0.45	0.45	0.45	0.45	0.45	0.45	0.45	0.50	0.50	0.50	0.50	0.50	0.50
	2	0.80	0.65	0.55	0.55	0.55	0.50	0.50	0.50	0.50	0.50	0.50	0.50	0.50	0.50
	1	1.30	1.00	0.85	0.80	0.75	0.70	0.70	0.65	0.65	0.65	0.60	0.55	0.55	0.55
7	7	−0.20	0.05	0.15	0.20	0.25	0.30	0.30	0.35	0.35	0.35	0.45	0.45	0.45	0.45
	6	0.05	0.20	0.30	0.35	0.35	0.40	0.40	0.40	0.40	0.45	0.50	0.50	0.50	0.50
	5	0.20	0.30	0.35	0.40	0.40	0.45	0.45	0.45	0.45	0.45	0.50	0.50	0.50	0.50
	4	0.35	0.40	0.40	0.45	0.45	0.45	0.45	0.45	0.45	0.45	0.50	0.50	0.50	0.50
	3	0.55	0.50	0.50	0.50	0.50	0.50	0.50	0.50	0.50	0.50	0.50	0.50	0.50	0.50
	2	0.80	0.65	0.60	0.55	0.55	0.55	0.50	0.50	0.50	0.50	0.50	0.50	0.50	0.50
	1	1.30	1.00	0.90	0.80	0.75	0.70	0.70	0.70	0.65	0.65	0.60	0.55	0.55	0.55
8	8	−0.20	0.06	0.15	0.20	0.25	0.30	0.30	0.35	0.35	0.35	0.45	0.45	0.45	0.45
	7	0.00	0.20	0.30	0.35	0.35	0.40	0.40	0.40	0.40	0.45	0.50	0.50	0.50	0.50
	6	0.15	0.30	0.35	0.40	0.40	0.45	0.45	0.45	0.45	0.45	0.50	0.50	0.50	0.50
	5	0.30	0.35	0.40	0.45	0.45	0.45	0.45	0.45	0.45	0.45	0.50	0.50	0.50	0.50
	4	0.40	0.45	0.45	0.45	0.45	0.45	0.45	0.50	0.50	0.50	0.50	0.50	0.50	0.50
	3	0.60	0.50	0.50	0.50	0.50	0.50	0.50	0.50	0.50	0.50	0.50	0.50	0.50	0.50
	2	0.85	0.65	0.60	0.55	0.55	0.55	0.50	0.50	0.50	0.50	0.50	0.50	0.50	0.50
	1	1.30	1.00	0.90	0.80	0.75	0.70	0.70	0.70	0.65	0.65	0.60	0.55	0.55	0.55
9	9	−0.25	0.00	0.15	0.20	0.25	0.30	0.30	0.35	0.35	0.40	0.45	0.45	0.45	0.45
	8	0.00	0.20	0.30	0.35	0.35	0.40	0.40	0.40	0.40	0.45	0.50	0.50	0.50	0.50
	7	0.15	0.30	0.35	0.40	0.40	0.45	0.45	0.45	0.45	0.45	0.50	0.50	0.50	0.50
	6	0.25	0.35	0.40	0.40	0.45	0.45	0.45	0.45	0.45	0.50	0.50	0.50	0.50	0.50
	5	0.35	0.40	0.45	0.45	0.45	0.45	0.45	0.45	0.50	0.50	0.50	0.50	0.50	0.50
	4	0.45	0.45	0.45	0.45	0.45	0.50	0.50	0.50	0.50	0.50	0.50	0.50	0.50	0.50
	3	0.60	0.50	0.50	0.50	0.50	0.50	0.50	0.50	0.50	0.50	0.50	0.50	0.50	0.50
	2	0.85	0.65	0.60	0.55	0.55	0.55	0.55	0.50	0.50	0.50	0.50	0.50	0.50	0.50
	1	1.35	1.00	0.90	0.80	0.75	0.75	0.70	0.70	0.65	0.65	0.60	0.55	0.55	0.55

续表

m	n	$\bar{K}$													
		0.1	0.2	0.3	0.4	0.5	0.6	0.7	0.8	0.9	1.0	2.0	3.0	4.0	5.0
10	10	-0.25	0.00	0.15	0.20	0.25	0.30	0.30	0.35	0.35	0.40	0.45	0.45	0.45	0.45
	9	-0.05	0.20	0.30	0.35	0.35	0.40	0.40	0.40	0.40	0.45	0.45	0.50	0.50	0.50
	8	-0.10	0.30	0.35	0.40	0.40	0.40	0.45	0.45	0.45	0.45	0.50	0.50	0.50	0.50
	7	0.20	0.35	0.40	0.40	0.45	0.45	0.45	0.45	0.45	0.50	0.50	0.50	0.50	0.50
	6	0.30	0.40	0.40	0.45	0.45	0.45	0.45	0.45	0.45	0.50	0.50	0.50	0.50	0.50
	5	0.40	0.45	0.45	0.45	0.45	0.45	0.45	0.50	0.50	0.50	0.50	0.50	0.50	0.50
	4	0.50	0.45	0.45	0.45	0.50	0.50	0.50	0.50	0.50	0.50	0.50	0.50	0.50	0.50
	3	0.60	0.55	0.50	0.50	0.50	0.50	0.50	0.50	0.50	0.50	0.50	0.50	0.50	0.50
	2	0.85	0.65	0.60	0.55	0.55	0.55	0.55	0.50	0.50	0.50	0.50	0.50	0.50	0.50
	1	1.35	1.00	0.90	0.80	0.75	0.75	0.70	0.70	0.65	0.65	0.60	0.55	0.55	0.55
11	11	-0.25	0.00	0.15	0.20	0.25	0.30	0.30	0.30	0.35	0.35	0.45	0.45	0.45	0.45
	10	0.05	0.20	0.25	0.30	0.35	0.40	0.40	0.40	0.40	0.45	0.45	0.50	0.50	0.50
	9	0.10	0.30	0.35	0.40	0.40	0.40	0.45	0.45	0.45	0.45	0.50	0.50	0.50	0.50
	8	0.20	0.35	0.40	0.40	0.45	0.45	0.45	0.45	0.45	0.45	0.50	0.50	0.50	0.50
	7	0.25	0.40	0.40	0.45	0.45	0.45	0.45	0.45	0.45	0.50	0.50	0.50	0.50	0.50
	6	0.35	0.40	0.45	0.45	0.45	0.45	0.45	0.50	0.50	0.50	0.50	0.50	0.50	0.50
	5	0.40	0.44	0.45	0.45	0.45	0.50	0.50	0.50	0.50	0.50	0.50	0.50	0.50	0.50
	4	0.50	0.50	0.50	0.50	0.50	0.50	0.50	0.50	0.50	0.50	0.50	0.50	0.50	0.50
	3	0.65	0.55	0.50	0.50	0.50	0.50	0.50	0.50	0.50	0.50	0.50	0.50	0.50	0.50
	2	0.85	0.65	0.60	0.55	0.50	0.55	0.50	0.50	0.50	0.50	0.50	0.50	0.50	0.50
	1	1.35	1.50	0.90	0.80	0.75	0.75	0.70	0.70	0.65	0.65	0.60	0.55	0.55	0.55
12	1	-0.30	0.00	0.15	0.20	0.25	0.30	0.30	0.30	0.35	0.35	0.40	0.45	0.45	0.45
	2	-0.10	0.20	0.25	0.30	0.35	0.40	0.40	0.40	0.40	0.40	0.45	0.45	0.50	0.50
	3	0.05	0.25	0.35	0.40	0.40	0.40	0.45	0.45	0.45	0.45	0.45	0.50	0.50	0.50
	4	0.15	0.30	0.40	0.40	0.45	0.45	0.45	0.45	0.45	0.45	0.45	0.50	0.50	0.50
	5	0.25	0.35	0.40	0.45	0.45	0.45	0.45	0.45	0.45	0.45	0.50	0.50	0.50	0.50
	6	0.30	0.40	0.40	0.45	0.45	0.45	0.45	0.45	0.45	0.45	0.50	0.50	0.50	0.50
	7	0.35	0.40	0.40	0.45	0.45	0.45	0.50	0.50	0.50	0.50	0.50	0.50	0.50	0.50
	8	0.35	0.45	0.45	0.45	0.50	0.50	0.50	0.50	0.50	0.50	0.50	0.50	0.50	0.50
	中间	0.45	0.45	0.45	0.45	0.50	0.50	0.50	0.50	0.50	0.50	0.50	0.50	0.50	0.50
	4	0.55	0.50	0.50	0.50	0.50	0.50	0.50	0.50	0.50	0.50	0.50	0.50	0.50	0.50
	3	0.65	0.55	0.50	0.50	0.50	0.50	0.50	0.50	0.50	0.50	0.50	0.50	0.50	0.50
	2	0.70	0.70	0.60	0.55	0.55	0.55	0.55	0.50	0.50	0.50	0.50	0.50	0.50	0.50
	1	1.35	1.05	0.90	0.80	0.75	0.75	0.70	0.70	0.65	0.65	0.60	0.55	0.55	0.55

注:m为总层数;n为所在楼层的位置;$\bar{K}$为平均线刚度比

表 C2　上下层横梁线刚度比对 y_0 的修正值 y_1

α_1	$\bar{K}$													
	0.1	0.2	0.3	0.4	0.5	0.6	0.7	0.8	0.9	1.0	2.0	3.0	4.0	5.0
0.4	0.55	0.40	0.30	0.25	0.20	0.20	0.20	0.10	0.15	0.15	0.05	0.05	0.05	0.05
0.5	0.45	0.30	0.20	0.20	0.15	0.15	0.15	0.10	0.10	0.10	0.05	0.05	0.05	0.05
0.6	0.30	0.20	0.15	0.15	0.10	0.10	0.10	0.10	0.05	0.05	0.05	0.05	0.0	0.0
0.7	0.20	0.15	0.10	0.10	0.10	0.10	0.05	0.05	0.05	0.05	0.05	0.0	0.0	0.0
0.8	0.15	0.10	0.05	0.05	0.05	0.05	0.05	0.05	0.05	0.0	0.0	0.0	0.0	0.0
0.9	0.05	0.05	0.05	0.05	0.0	0.0	0.0	0.0	0.0	0.0	0.0	0.0	0.0	0.0

表 C3　上下层高变化对 y_0 的修正值 y_2 和 y_3

α_2	α_3	$\bar{K}$													
		0.1	0.2	0.3	0.4	0.5	0.6	0.7	0.8	0.9	1.0	2.0	3.0	4.0	5.0
2.0		0.25	0.15	0.15	0.10	0.10	0.10	0.10	0.10	0.05	0.05	0.05	0.05	0.0	0.0
1.8		0.20	0.15	0.10	0.10	0.10	0.05	0.05	0.05	0.05	0.05	0.05	0.0	0.0	0.0
1.6	0.4	0.15	0.10	0.10	0.05	0.05	0.05	0.05	0.05	0.05	0.05	0.0	0.0	0.0	0.0
1.4	0.6	0.10	0.05	0.05	0.05	0.05	0.05	0.05	0.05	0.05	0.0	0.0	0.0	0.0	0.0
1.2	0.8	0.05	0.05	0.05	0.0	0.0	0.0	0.0	0.0	0.0	0.0	0.0	0.0	0.0	0.0
1.0	1.0	0.0	0.0	0.0	0.0	0.0	0.0	0.0	0.0	0.0	0.0	0.0	0.0	0.0	0.0
0.8	1.2	−0.05	−0.05	−0.05	0.0	0.0	0.0	0.0	0.0	0.0	0.0	0.0	0.0	0.0	0.0
0.6	1.4	−0.10	−0.05	−0.05	−0.05	−0.05	−0.05	−0.05	−0.05	−0.05	0.0	0.0	0.0	0.0	0.0
0.4	1.6	−0.15	−0.10	−0.10	−0.05	−0.05	−0.05	−0.05	−0.05	−0.05	0.0	0.0	0.0	0.0	0.0
	1.8	−0.20	−0.15	−0.10	−0.10	−0.10	−0.05	−0.05	−0.05	−0.05	−0.05	0.0	0.0	0.0	0.0
	2.0	−0.25	−0.15	−0.15	−0.10	−0.10	−0.10	−0.10	−0.10	−0.05	−0.05	−0.05	0.0	0.0	0.0

参考文献

[1] 中华人民共和国住房和城乡建设部,中华人民共和国国家质量监督检验检疫总局. GB 50011—2010 建筑抗震设计规范(2016 年版)[S]. 北京:中国建筑工业出版社,2016.

[2] 中华人民共和国住房和城乡建设部. GB 50010—2010 混凝土结构设计规范(2015 年版)[S]. 北京:中国建筑工业出版社,2015.

[3] 中华人民共和国住房和城乡建设部,中华人民共和国国家质量监督检验检疫总局. GB 50017—2017 钢结构设计标准[S]. 北京:中国建筑工业出版社,2018.

[4] 中华人民共和国住房和城乡建设部. GB 50007—2011 建筑地基基础设计规范[S]. 北京:中国计划出版社,2012.

[5] 中华人民共和国住房和城乡建设部. JGJ 3—2010 高层建筑混凝土结构技术规程[S]. 北京:中国建筑工业出版社,2011.

[6] 中华人民共和国住房和城乡建设部. JGJ 297—2013 建筑消能减震技术规程[S]. 北京:中国建筑工业出版社,2013.

[7] 丰定国. 工程结构抗震[M]. 北京:地震出版社,2002.

[8] 周福霖. 工程结构减震控制[M]. 北京:地震出版社,1997.

[9] 王社良. 抗震结构设计[M]. 4 版. 武汉:武汉理工大学出版社,2001.

[10] 郭继武. 建筑结构抗震[M]. 北京:清华大学出版社,2012.

[11] 苏经宇,曾德民,田杰. 隔震建筑概论[M]. 北京:冶金工业出版社,2012.

[12] 祝英杰. 结构抗震设计[M]. 北京:北京大学出版社,2009.

[13] 沈聚敏,周锡元,高小旺,等. 抗震工程学[M]. 2 版. 北京:中国建筑工业出版社,2015.

[14] 吕西林. 建筑结构抗震设计理论与实例[M]. 4 版. 上海:同济大学出版社,2015.

[15] 姚谦峰,苏三庆. 地震工程[M]. 西安:陕西科学技术出版社,2001.